TUJIE ZHUSUJI
CAOZUO YU WEIXIU

注塑机操作与维修

刘朝福　编著

化学工业出版社

·北京·

图书在版编目（CIP）数据

图解注塑机操作与维修/刘朝福编著.—北京：化学工业出版社，2015.3（2025.3重印）

ISBN 978-7-122-23249-6

Ⅰ.①图… Ⅱ.①刘… Ⅲ.①注塑机-操作-图解 ②注塑机-机械维修-图解 Ⅳ.①TQ320.5-64

中国版本图书馆CIP数据核字（2015）第043793号

责任编辑：贾　娜　　　　装帧设计：刘丽华

责任校对：蒋　宇

出版发行：化学工业出版社（北京市东城区青年湖南街13号　邮政编码100011）

印　　装：北京盛通数码印刷有限公司

787mm×1092mm　1/16　印张14¾　字数398千字　2025年3月北京第1版第13次印刷

购书咨询：010-64518888　　　　售后服务：010-64518899

网　　址：http://www.cip.com.cn

凡购买本书，如有缺损质量问题，本社销售中心负责调换。

定　　价：59.00元

前言

塑料作为重要的工程材料，在现代工业生产和生活中发挥着重要的作用，塑料制品具有轻质、美观、绝缘、耐腐蚀、低成本等特性，因此，塑料及其制品的发展极大地提高了人们的工作效率和生活水平。

在塑料的各种成型工艺中，注塑成型是应用最为广泛的一种。实践表明，注塑成型具有材料适用性强、可以一次性成型出结构复杂的制品、工艺条件成熟、制品精度高、生产成本低等优点，因此，注塑成型的制品在塑料制品中所占的比重不断增加，相关的设备和工艺等也得到了快速的发展。

本书针对注塑人员的需求，重点讲解了以下几个方面的内容：一是注塑机的结构及其操作方法和要领；二是注塑工艺条件的选择与调校，以及注塑成型中可能出现的各种缺陷及相应的解决方法；三是注塑机的维修及常见故障的处理等。

本书从生产需求出发，突出实际应用，着眼于提高读者的实际技术水平，具有很强的实用性；全书的文字通俗易懂，图表丰富翔实，包含了许多经过实践检验的措施和方法。本书可为从事注塑生产、注塑机操作、注塑工艺调校、注塑机保养与维修等相关工作的技术人员提供帮助，还可供大中专院校相关专业师生学习参考。

本书由桂林电子科技大学信息科技学院刘朝福编著，在编写过程中，众多人员和单位参与了书稿的讨论或提供了技术资料，包括杨连发、何玉林、张燕、冯翠云、刘建伟、谢海涌、韦雪岩、史双喜、陈婕、宾恩均、王毓敏、秦国华、魏加兴、覃军伦、柏子刚等，以及宁波海天塑机集团、广州金发科技有限公司、富得巴（香港）有限公司、柳州高华机械有限公司、柳州裕信方盛汽车饰件有限公司、深圳友鑫达塑胶电子有限公司、三星电子（惠州）有限公司、柳州东风汽车有限公司等，在此一并表示感谢。

由于笔者水平所限，书中疏漏和不足之处在所难免，敬请广大读者提出宝贵意见。

编　者

前言

编者

目录

第1章　注塑机的类型及结构　1

1.1　注塑机的组成……1
1.1.1　注塑机的基本结构……1
1.1.2　注塑机的工作过程……2
1.2　注塑机的类型……3
1.2.1　立式注塑机……3
1.2.2　卧式注塑机……3
1.2.3　角式注塑机……3
1.2.4　柱塞式注塑机……4
1.3　注塑机的注射装置……4
1.3.1　注射装置的功能……4
1.3.2　注射装置的典型结构……5
1.3.3　注射装置的关键部件——螺杆……8
1.3.4　注射装置的关键部件——螺杆头……9
1.3.5　注射装置的关键部件——料筒……10
1.3.6　注射装置的关键部件——喷嘴……11
1.4　注塑机的合模装置……14
1.4.1　合模装置的功能……14
1.4.2　合模装置具体结构——单缸直压式合模装置……14
1.4.3　合模装置具体结构——充液式合模装置……15
1.4.4　合模装置具体结构——增压式合模装置……15
1.4.5　合模装置具体结构——充液增压式合模装置……16
1.4.6　合模装置具体结构——稳压式合模装置……16
1.4.7　合模装置具体结构——液压-单曲肘合模装置……17
1.4.8　合模装置具体结构——液压-双曲肘合模装置……18
1.4.9　合模装置具体结构——机械式合模装置……19
1.4.10　调模装置……20
1.5　注塑机的顶出装置……20
1.6　注塑机的安全防护装置……21

第2章 注塑成型的工艺条件 23

2.1 注塑成型的原理与工艺流程 …… 23
2.1.1 注塑成型的原理 …… 23
2.1.2 塑料在注塑成型过程中的变化 …… 24
2.2 注塑成型的工艺条件 …… 25
2.2.1 注射压力 …… 25
2.2.2 保压压力 …… 26
2.2.3 螺杆的背压 …… 27
2.2.4 锁模力 …… 28
2.2.5 料筒温度 …… 28
2.2.6 模具温度 …… 29
2.2.7 注射速率 …… 29
2.2.8 注射量 …… 30
2.2.9 螺杆的射出位置 …… 30
2.2.10 注射时间 …… 30
2.2.11 冷却时间 …… 31
2.2.12 螺杆转速 …… 31
2.2.13 防涎量（螺杆松退量） …… 31
2.2.14 残料量 …… 31
2.2.15 注塑过程模腔压力的变化 …… 32
2.2.16 注塑成型过程时间-压力分布 …… 34
2.2.17 设定工艺参数的一般流程与要点 …… 34
2.3 注塑成型的准备工作 …… 37
2.3.1 塑料的配色 …… 37
2.3.2 塑料的干燥 …… 37
2.3.3 嵌件的预热 …… 38
2.3.4 脱模剂的选用 …… 38
2.4 多级注射成型工艺 …… 39
2.4.1 注射速度对熔体充模的影响 …… 39
2.4.2 多级注射成型的工艺原理 …… 40
2.4.3 多级注射成型的工艺设置 …… 41
2.5 塑件的后期处理 …… 44
2.5.1 退火处理 …… 44
2.5.2 调湿处理 …… 45

第3章 注塑机的操作 46

3.1 注塑机操作流程与要点 …… 46
3.1.1 准备工作 …… 46
3.1.2 模具的安装 …… 47
3.1.3 注塑机运行过程中的注意事项 …… 50
3.1.4 注塑机的停机操作 …… 50

3.1.5 模具的拆卸 …… 51
3.2 国产注塑机的操作与调试（以海天牌注塑机为例） …… 52
3.2.1 操作面板 …… 52
3.2.2 基本操作 …… 56
3.2.3 开关模的设定 …… 58
3.2.4 注射参数的设定 …… 60
3.2.5 储料射退的设定 …… 63
3.2.6 脱模吹气的设定 …… 65
3.2.7 中子设定 …… 66
3.2.8 座台/调模设定 …… 68
3.2.9 温度设定 …… 69
3.2.10 主要参数的快速设定 …… 70
3.2.11 生产管理 …… 71
3.2.12 参数校正 …… 74
3.2.13 I/O 的设定 …… 75
3.2.14 模具数据的设定 …… 77
3.2.15 系统参数的设定 …… 78
3.2.16 程序的传输 …… 81
3.3 进口注塑机的操作与调试（以克劳斯玛菲牌注塑机为例） …… 82
3.3.1 克劳斯玛菲注塑机简介 …… 82
3.3.2 克劳斯玛菲注塑机的操作系统 …… 83
3.3.3 克劳斯玛菲注塑机的参数设置 …… 86
3.3.4 克劳斯玛菲注塑机的维护 …… 108
第4章 注塑生产常见问题及解决方法 125
4.1 注塑过程常见问题及解决方法 …… 125
4.1.1 下料不顺畅 …… 125
4.1.2 塑化噪声 …… 125
4.1.3 螺杆打滑 …… 126
4.1.4 喷嘴堵塞 …… 126
4.1.5 喷嘴流涎 …… 126
4.1.6 喷嘴漏胶 …… 127
4.1.7 压模 …… 127
4.1.8 制品粘前模 …… 127
4.1.9 水口料（流道凝料）粘模 …… 128
4.1.10 水口（主流道前端部）拉丝 …… 128
4.1.11 开模困难 …… 129
4.1.12 其他异常现象 …… 129
4.2 塑件常见缺陷及解决方法 …… 130
4.2.1 欠注（缺料） …… 130
4.2.2 缩水 …… 132
4.2.3 鼓包 …… 133

4.2.4 缩孔（真空泡）……134
4.2.5 溢边（飞边、批锋）……135
4.2.6 熔接痕……136
4.2.7 气泡（气穴）……138
4.2.8 翘曲（变形）……139
4.2.9 收缩痕……140
4.2.10 银纹（料花）……141
4.2.11 水波纹……142
4.2.12 喷射纹（蛇形纹）……143
4.2.13 气纹（阴影）……144
4.2.14 黑条（黑纹）……144
4.2.15 裂纹（龟裂）……145
4.2.16 烧焦（碳化）……146
4.2.17 黑点……147
4.2.18 顶白（顶爆）……148
4.2.19 拉伤（拖花）……149
4.2.20 色差（光泽差别）……149
4.2.21 混色……150
4.2.22 表面无光泽或光泽不均匀……151
4.2.23 透明度不足……151
4.2.24 表面浮纤……152
4.2.25 尺寸超差……152
4.2.26 起皮……153
4.2.27 冷料斑……153
4.2.28 塑件强度不足（脆性大）……154
4.2.29 金属嵌件不良……154
4.2.30 通孔变盲孔……155
4.2.31 内应力过大……155
4.2.32 白点……156
4.3 制品缺陷的分析与处理……156
4.3.1 注塑成型的特点……156
4.3.2 制品缺陷的调查与了解……157
4.3.3 处理制品缺陷的DAMIC流程……157
4.3.4 系统性验证与分析方法……158
4.3.5 影响制品质量的因素……158
第5章 注塑机的安装、维护与保养 159
5.1 注塑机的安装……159
5.1.1 新机器的安装……159
5.1.2 导向式拉索安装……161
5.1.3 二板滑脚（垫铁）支承机构的安装……163
5.2 注塑机的维护与保养（以海天牌注塑机为例）……164

5.2.1 维护与保养计划 …… 164
5.2.2 日常检查 …… 165
5.2.3 滑脚（减振垫铁）的调整 …… 167
5.2.4 螺杆和料筒的保养 …… 168
5.2.5 合模装置的保养 …… 173
5.2.6 液压系统的保养 …… 174
5.2.7 电控系统的维护 …… 177
5.3 注塑机的润滑（以海天牌注塑机为例）…… 178
5.3.1 注塑机的润滑系统 …… 178
5.3.2 润滑油的选择 …… 179
5.3.3 定阻式润滑 …… 179
5.3.4 定量加压式润滑 …… 180
5.3.5 合模装置的润滑 …… 181
5.3.6 注射装置的润滑 …… 181
5.3.7 润滑系统的保养 …… 181
第6章 注塑机的维修 183
6.1 机械装置的维修 …… 183
6.1.1 注塑机性能检测 …… 183
6.1.2 注射装置的维修 …… 184
6.1.3 合模装置的维修 …… 184
6.1.4 海天牌注塑机常见机械故障及解决方法 …… 185
6.2 液压系统的维修 …… 188
6.2.1 注塑机液压系统维修要点 …… 188
6.2.2 液压系统的三个基本功能要求 …… 189
6.2.3 液压元件的安装 …… 190
6.2.4 液压元件的拆解 …… 191
6.2.5 液压泵的类型 …… 192
6.2.6 齿轮泵的维修 …… 192
6.2.7 叶片泵的维修 …… 193
6.2.8 柱塞泵的维修 …… 195
6.2.9 液压马达的维修 …… 197
6.2.10 液压缸的维修 …… 198
6.2.11 普通单向阀的维修 …… 200
6.2.12 液控单向阀的维修 …… 201
6.2.13 换向阀的维修 …… 202
6.2.14 溢流阀的维修 …… 206
6.2.15 顺序阀的维修 …… 208
6.2.16 减压阀的维修 …… 210
6.2.17 压力继电器的维修 …… 211
6.2.18 节流阀的维修 …… 213
6.2.19 调速阀的维修 …… 213

6.2.20 注塑机典型动作的液压回路······214
6.3 电气控制系统的维修······217
6.3.1 注塑机电控系统的组成与类型······217
6.3.2 电控元器件的功能符号······218
6.3.3 注塑机电气故障查找方法······219
6.3.4 海天牌微注塑机电控系统维修示例······220
6.3.5 海天牌注塑机维修答疑······224
参考文献 226

第1章 注塑机的类型及结构

1.1 注塑机的组成

1.1.1 注塑机的基本结构

注塑机是一种机、电、液一体化的设备，总体结构较为复杂，具体的类型也较多，其中螺杆式注塑机是应用最为广泛的一类注塑机，其基本结构如图 1-1 所示。

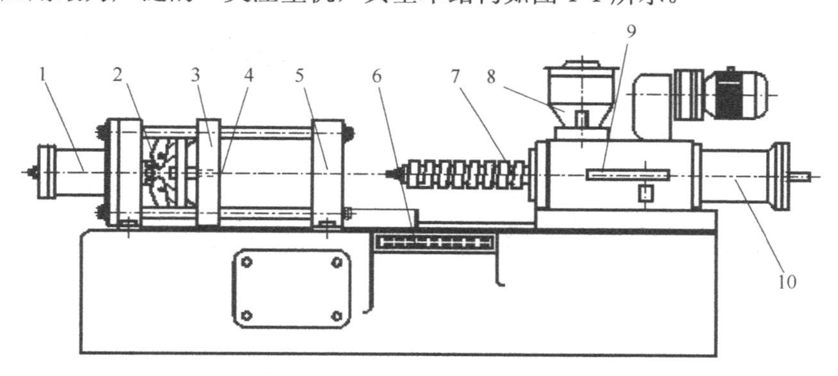

（a）结构图

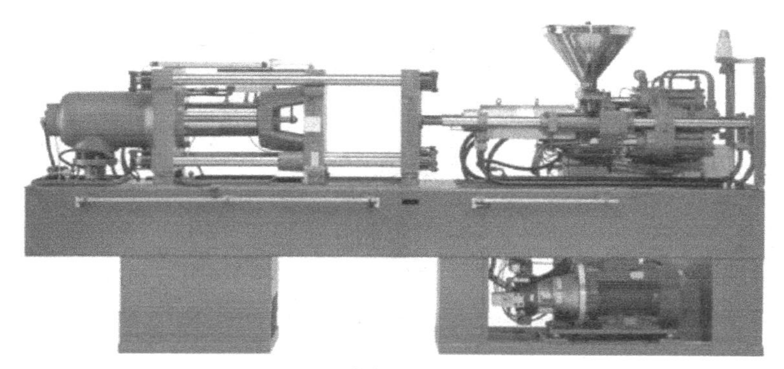

（b）实物图

图 1-1　螺杆式注塑机

1—锁模液压缸；2—合模机构；3—移动模具安装板；4—顶杆；5—固定板；6—控制台；7—料筒；8—料斗；9—螺杆行程开关；10—注射液压缸

根据结构与功能的不同，一般把注塑机分为机身，注射、合模、液压、润滑、冷却系统，电气与控制系统，安全防护等装置或系统，如图 1-2 所示为业界广泛使用的海天牌注塑机的基本结构和系统。

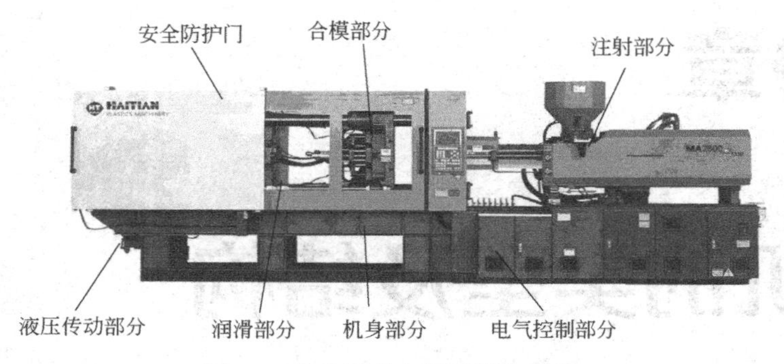

图 1-2 注塑机的主要结构和系统

1.1.2 注塑机的工作过程

不管注塑机的类型是哪一种，其工作过程基本是一样的，都是按照下述过程进行工作：塑化—合模—注射—保压—冷却定型—开模取出制品，上述过程循环进行，如图 1-3 所示，注塑生产即可以连续进行，如图 1-4 所示。

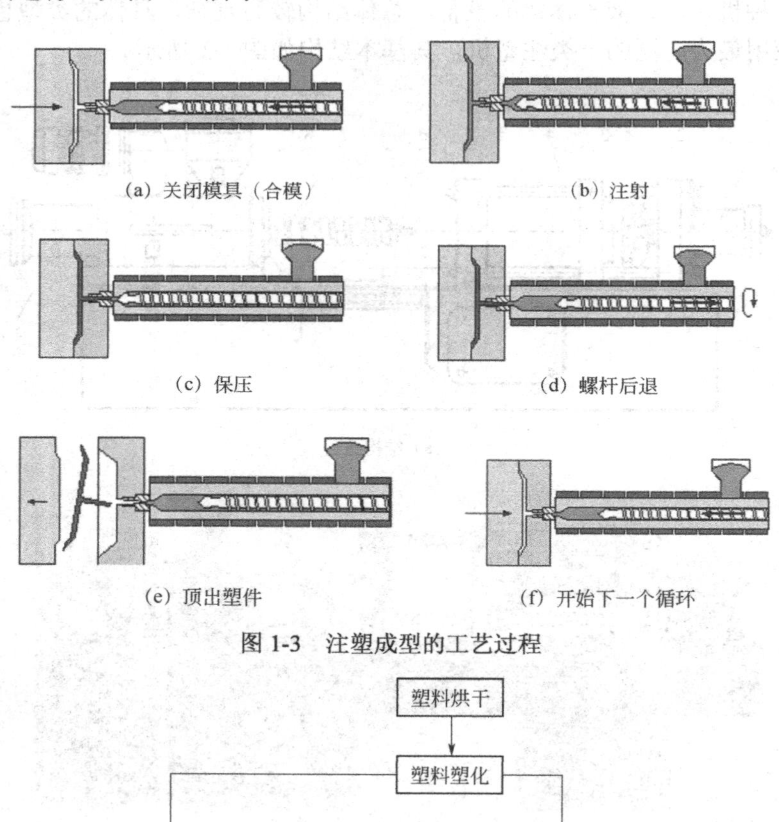

图 1-3 注塑成型的工艺过程

图 1-4 注塑成型工作循环图

1.2 注塑机的类型

1.2.1 立式注塑机

立式注塑机如图 1-5 所示。立式注塑机的注塑装置与合模装置的轴线在同一直线上，并与水平面垂直。立式注塑机的优点是占地面积小，模具拆装方便，成型时嵌件的安放比较方便。缺点是机身比较高，机器的稳定性差，加料不方便，塑件脱模后通常靠人工取出，不容易实现全自动化操作。因此，这种形式多用于注塑量比较小的小型注塑机。

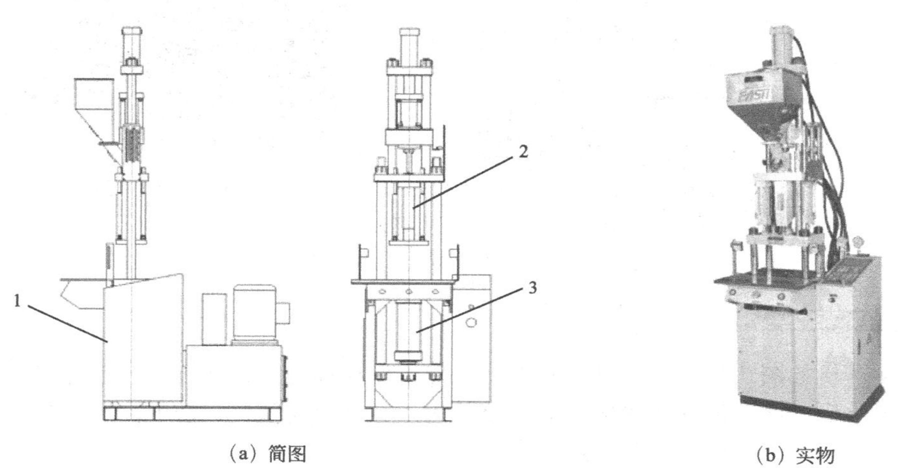

（a）简图　　（b）实物

图 1-5　立式注塑机

1—机身；2—注塑装置；3—合模装置

1.2.2 卧式注塑机

卧式注塑机如图 1-6 所示，卧式注塑机的注塑装置与合模装置的轴线重合，并呈水平排列。卧式注塑机的特点是机身底、机器的稳定性好、操作与维修方便。所以，卧式注塑机使用广泛，大、中、小型都适用，是目前国内外注塑机中的基本形式。

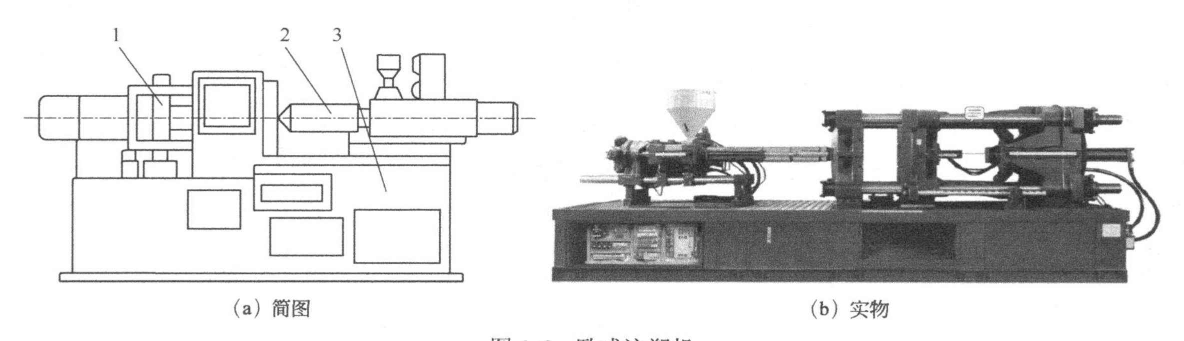

（a）简图　　（b）实物

图 1-6　卧式注塑机

1—合模装置；2—注塑装置；3—机身

1.2.3 角式注塑机

角式注塑机如图 1-7 所示。角式注塑机注塑装置的轴线与合模装置的轴线成 90°夹角。因此，角式注塑机的优缺点介于立、卧两类注塑机之间，使用也比较普遍，在大、中、小型注塑机中都有应用。它特别适合于成型中心不允许留有痕迹的塑件，因为使用立式或卧式注塑机成型塑件时，模具必须设计成多模腔或偏置一边的模腔。但是，这经常受到注塑机模板尺寸的限制。在这种情况下，使用角式注塑机就不存在该问题，因为此时熔料是沿着模具的分型面进入模腔的。

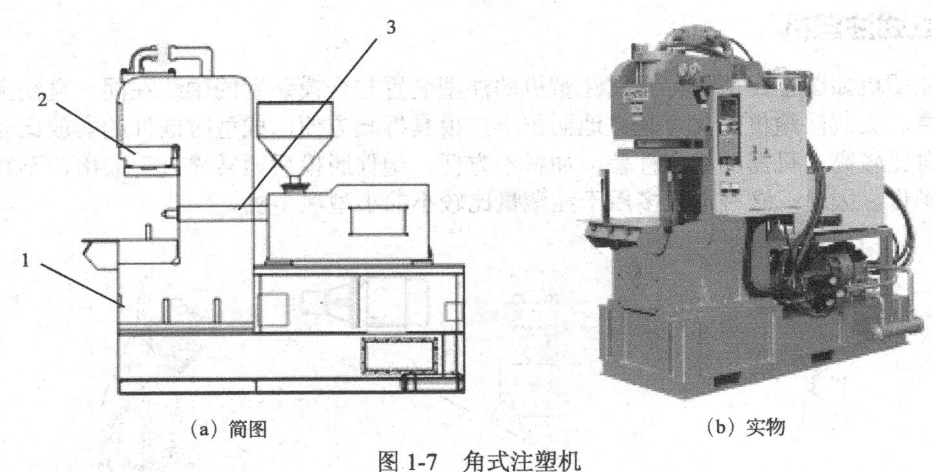

（a）简图　　（b）实物

图 1-7　角式注塑机

1—机身；2—合模装置；3—注塑装置

1.2.4　柱塞式注塑机

柱塞式注塑机如图 1-8 所示。柱塞式注塑机的工作原理是，先通过螺杆对塑料进行彻底加热、熔融、塑化后，再利用柱塞将熔体射入模具内。其优点是塑化、注射分开进行，柱塞与料筒的配合比较精密，熔体泄漏少，缺点是结构复杂。

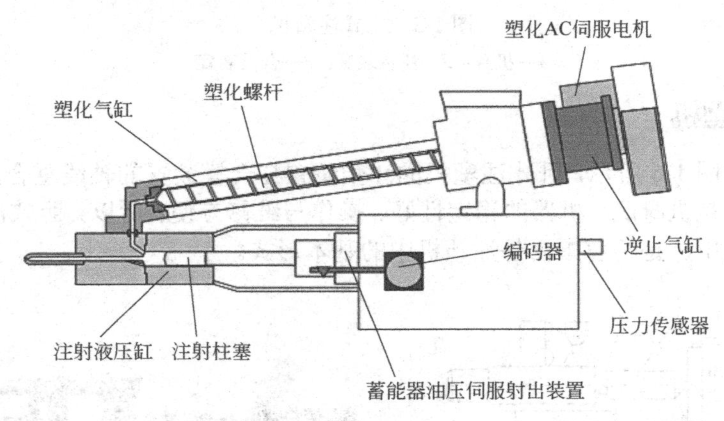

图 1-8　柱塞式注塑机

1.3　注塑机的注射装置

1.3.1　注射装置的功能

注塑机的注射装置如图 1-9 所示。其工作过程原理是，注料斗中加入塑料原料，塑料从料斗落到加料座进入料筒加料口，在液压马达旋转力的带动下螺杆转动，不断把熔融塑料推送到螺杆头前端，后经注射油缸推动，螺杆前移，止退环受注塑力的反作用将止退环后退封住螺杆螺槽，阻止熔融塑料逆向流动，从而将熔融塑料推出喷嘴口射入模具。

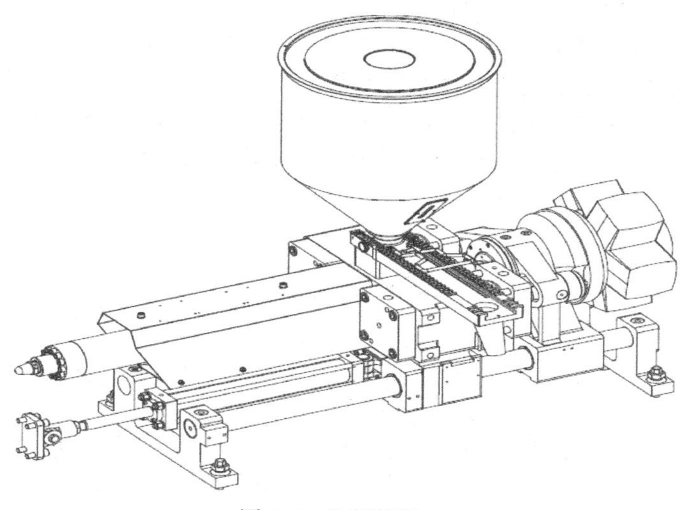

图 1-9　注射装置

1.3.2　注射装置的典型结构

（1）单缸注射——液压马达直接驱动式

单缸注射——液压马达直接驱动螺杆的基本结构形式，如图 1-10 所示。预塑时，液压马达 5 带动塑化机构 1 中的螺杆旋转，推动螺杆中的物料向螺杆头部的储料室内聚集，与此同时螺杆在物料的反力作用下向后退，所以螺杆做的是边旋转边后退的复合运动（为了防止活塞随之转动，损害密封），在活塞和活塞杆之间装有滚动轴承 2 注射时，注射油缸 3 的右腔进高压油，推动注射活塞座通过推力轴承推动活塞杆注射。活塞杆一端与螺杆键连接，一端与油马达主轴套键连接，在防涎时，注射油缸左腔进高压油，通过位于活塞杆与螺杆尾端的卡环，拉动螺杆直线后移，从而降低螺杆头部的熔体压力，完成防涎动作。

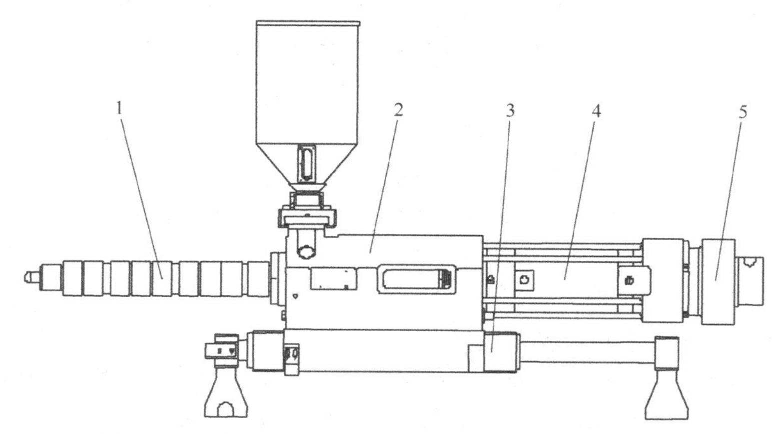

图 1-10　单缸注射——液压马达驱动注塑装置结构示意图

1—塑化机构；2—滚动轴承；3—注射油缸；4—整移油缸；5—液压马达

此种结构特点是，在注射活塞与活塞杆之间布置有滚动轴承和径向轴承，结构较复杂，由于螺杆、液压马达、注射油缸是一线式排列，导致轴向尺寸加大，注射座的尾部偏载因素加大，影响其稳定性。整移油缸 4 固定在注射座下部的机座上。现在许多注塑机常用两个整移油缸平排对称布置固定在前模板与注塑座之间，其活塞杆和缸体的自由端分别固定在前模板和注射座上，使喷嘴推力稳定可靠。

（2）单缸注射——伺服电机驱动式

单缸注射——伺服电机驱动螺杆注射装置的基本结构形式，如图 1-11 所示。此种装置的特点是，预塑时螺杆由伺服电机通过减速箱驱动螺杆，其转速可实现精确的数学控制，使螺杆塑化稳定，计量准确，从而提高了注射精度。伺服电机安装在减速箱的高速轴上，更加节能，但结构复杂，轴向尺寸加长，造成悬臂或重量偏载。而采用高速高精度的齿轮减速箱，则需提高制造成本，否则会加剧噪声。

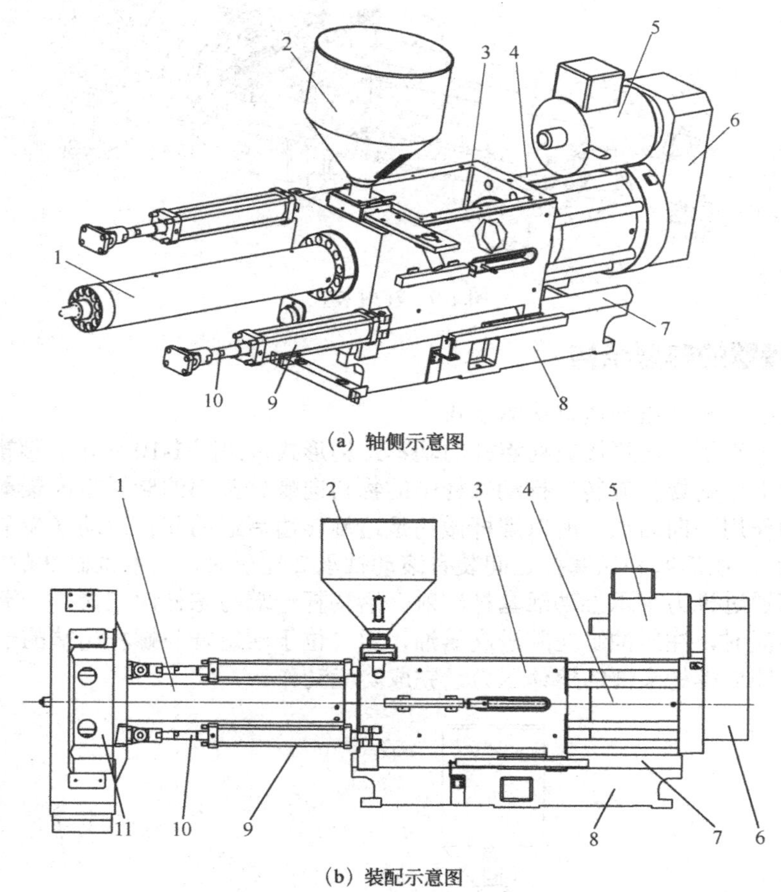

图 1-11　单缸注射——伺服电机驱动注塑装置示意图

1—塑化机构；2—料斗；3—注塑座；4—注射油缸；5—伺服电机；6—减速箱；7—导轨；8—底座；9—整移油缸；10—活塞杆；11—前模板

（3）双缸注射——液压马达直接驱动式

双缸注射——液压马达直接驱动螺杆注射装置的基本结构形式，如图 1-12 所示。预塑时，在塑化机构 1 中的螺杆，通过液压马达 5 驱动主轴旋转，主轴一端与螺杆键链接，另一端与液压马达轴键连接。螺杆旋转时，塑化并将塑化好熔料推到螺杆前的储料室中，与此同时，螺杆在其物料的反作用下后退，并通过推力轴承使推力座 4 后退，通过螺母拉动双活塞杆直线后退，完成计量。注射时，注射油缸 3 的杆腔进油通过轴承推动活塞杆完成动作。活塞的杆腔进油推动活塞杆及螺杆完成注射动作。防涎时，油缸左腔进油推动活塞，通过调整螺母带动固定在推力座上的主轴套及其与之用卡箍相连的螺杆一并后退，四个调整螺母另一个作用是调整螺杆位于料筒中的轴向极限位置，完成防涎动作。

此种塑化装置的优点是轴向尺寸短，各部重量在注射座上的分配均衡，工作稳定，并便于液压管路和阀板的布置，使之与油缸及液压马达接近，管路短，有利于提高控制精度、节能等。

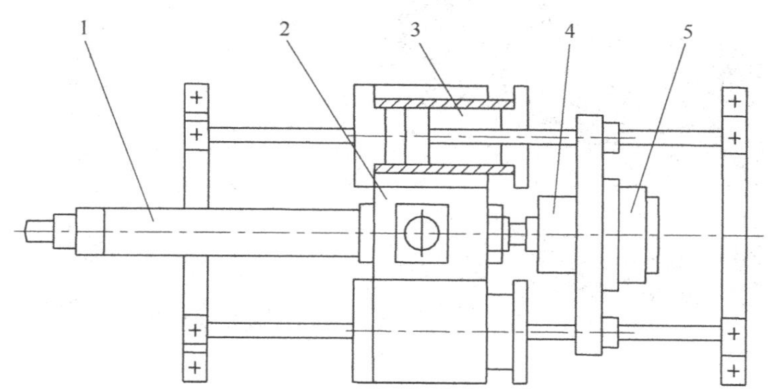

图 1-12 双缸注射——液压马达直接驱动注塑装置结构示意图

1—塑化机构；2—注射座；3—注射油缸；4—推力座；5—液压马达

（4）电动注射装置

电动注射装置如图 1-13 所示。其工作原理是，预塑时，螺杆由伺服电机驱动主轴旋转，主轴通过止推轴承固定在推力座上，与螺杆和带轮相连接，注射时，另一独立伺服电机通过同步带减速，驱动固定在止推轴承上的滚珠螺母旋转，使滚珠丝杠产生轴向运动，推动螺杆完成注射动作。防涎动作时，伺服电机带动螺母反转，螺杆直线后移，使螺杆头部的熔体卸压，完成防涎动作，如图 1-14 所示。

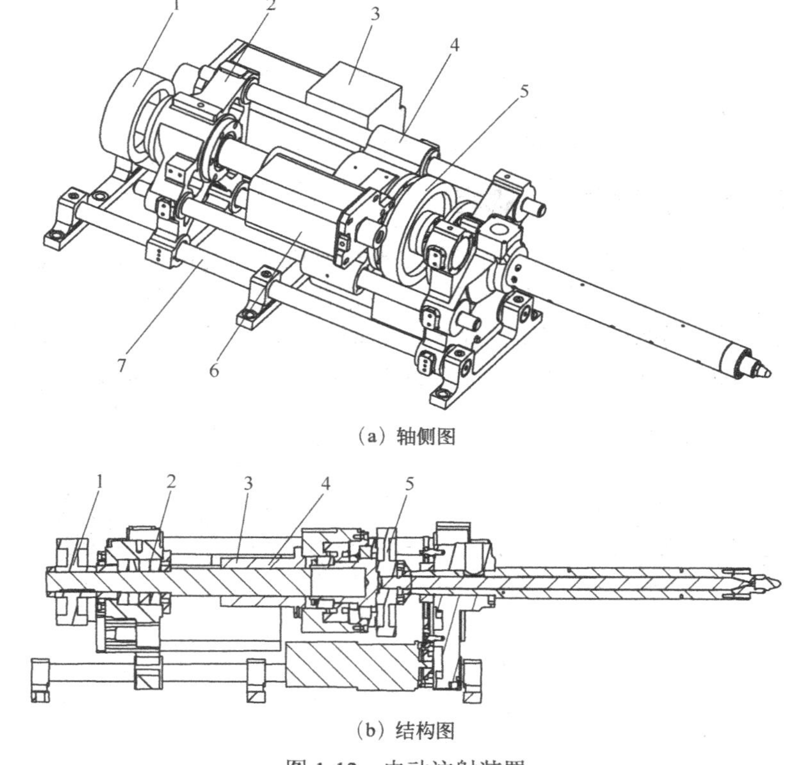

（a）轴侧图

（b）结构图

图 1-13 电动注射装置

1—同步轮；2—轴承座；3—注射伺服电机；4—传动轴；5—传动座； 6—预塑伺服电机；7—导柱

(a) 料筒前端视图

(b) 料筒后端视图

(c) 伺服电机

图 1-14 FANUC 电动注射装置

1—料斗座；2—注射座；3—注射伺服电机；4—注射同步带及带轮；
5—注射座移动电机；6—注射座拉杆；7—预塑伺服电机

1.3.3 注射装置的关键部件——螺杆

螺杆是注射装置的关键部件，主要功能是对塑料原料进行搅拌、剪切并将熔融的塑料熔体注入模具内。螺杆的基本结构如图 1-15 所示，其几何参数将直接影响塑料的塑化质量、注射效率、使用寿命，并将最终影响注塑机的注塑成型周期和制品质量。普通螺杆螺纹有效长度（L）通常分成加料段（输送段，L_1）、压缩段（塑化段，L_2）、均化段（计量段，L_3）。

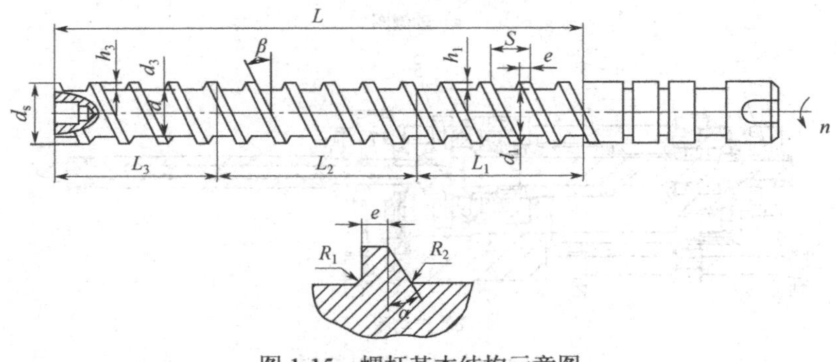

图 1-15 螺杆基本结构示意图

知识拓展

（1）螺杆的类型

根据塑料性质不同，可分为渐变型螺杆、突变型螺杆、通用型螺杆，如图1-16所示。

① 渐变型螺杆：压缩段较长，塑化时能量转换缓和，多用于聚氯乙烯等，软化温度较宽的、高黏度的非结晶型塑料。

② 突变型螺杆：压缩段较短，塑化时能量转换较剧烈，多用于聚烯烃、聚酰胺类的结晶型塑料。

③ 通用型螺杆：适应性比较强的通用型螺杆，可适应多种塑料的加工，避免频繁更换螺杆，有利于提高生产效率。

普通螺杆各段长度如下所列：

螺杆类型	加料段（L_1）	压缩段（L_2）	均化段（L_3）
渐变型	25%～30%	50%	15%～20%
突变型	65%～70%	15%～5%	20%～25%
通用型	45%～50%	20%～30%	20%～30%

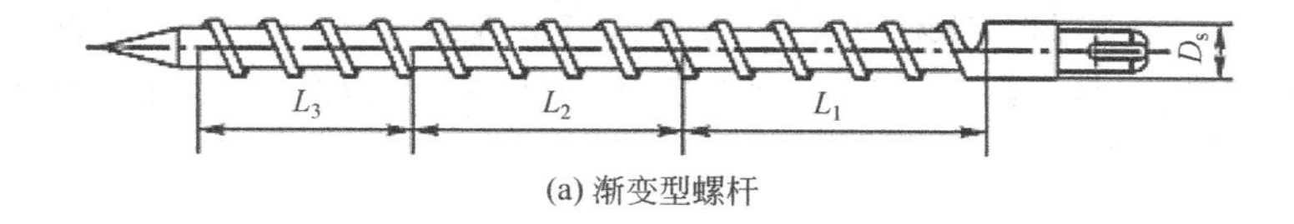

(a) 渐变型螺杆

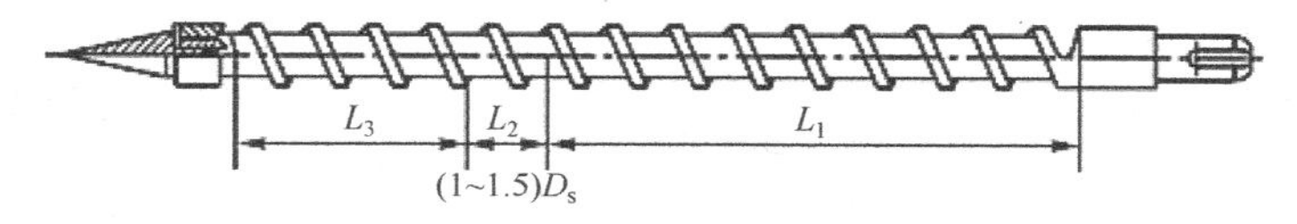

(b) 突变型螺杆

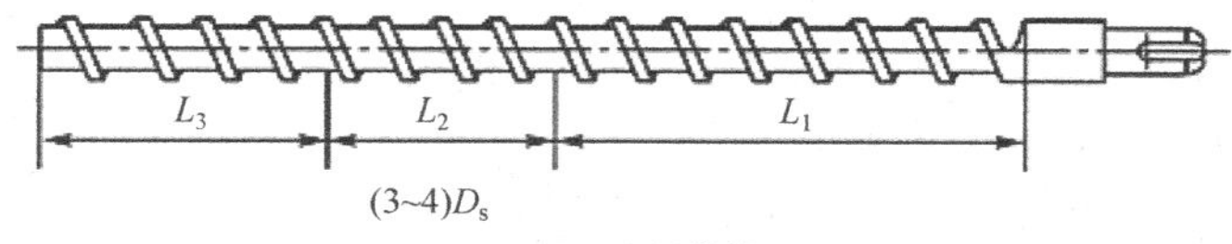

(c) 通用型螺杆

图1-16　螺杆的类型

（2）螺杆的压缩比（ε）

压缩比是指计量段螺槽深度（h_1）与均化段螺槽深度（h_3）之比。压缩比大，会增强剪切效果，但会减弱塑化能力，但过大的压缩比将可能对塑料原料造成过度的剪切导致原料老化、烧焦等不良现象。

通用型螺杆 ε 一般取 2.3～2.6；对于结晶型塑料，如聚丙烯、聚乙烯、聚酰胺以及复合塑料，ε 一般取 2.6～3.0；对高黏度的塑料，如硬聚氯乙烯、丁二烯与ABS共混，高冲击聚苯乙烯、AS、聚甲醛、聚碳酸酯、有机玻璃、聚苯醚等，ε 一般取 1.8～2.3。

（3）螺杆材料与热处理

目前，国内常用的材料为38CrMoAl，或者日本的SACM645。国内螺杆的热处理，一般采取镀铬工艺，镀铬之前高频淬火或氮化，然后镀铬，厚度0.03～0.05mm。此种螺杆适于阻燃性塑料，如透明PC、PMMA。但镀铬层容易脱落，耐蚀性差，所以多采用不锈钢材料。

1.3.4　注射装置的关键部件——螺杆头

螺杆头的结构如图1-17所示，其作用是预塑时，能将塑化好的熔体放流到储料室中，而在高压注射时，又能有效地封闭螺杆头前部的熔体，防止倒流。

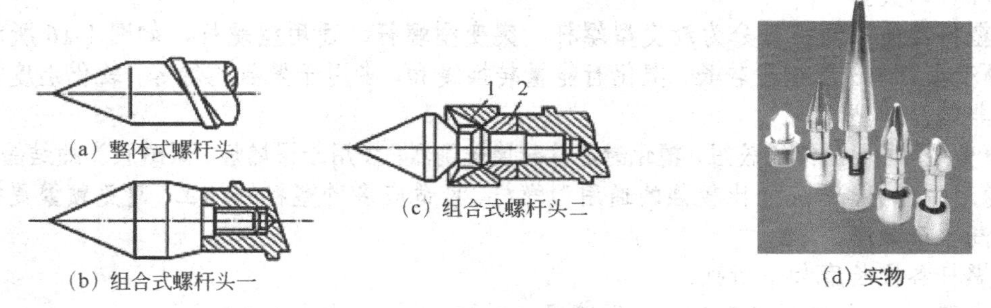

图 1-17 螺杆头结构示意图

1—前料筒；2—止逆环

螺杆头分两大类：带止逆环的和不带止逆环的。

① 带止逆环的螺杆头。预塑时，螺杆均化段的熔体将止逆环推开，通过与螺杆头形成的间隙，流入储料室中；注射时，螺杆头部的熔体压力形成推力，将止逆环退回将流道封堵，防止回流。螺杆头的止逆环要灵活、光洁，有的要求增强混炼效果等，因此，具体的结构又有多种形式，如图 1-18 所示。

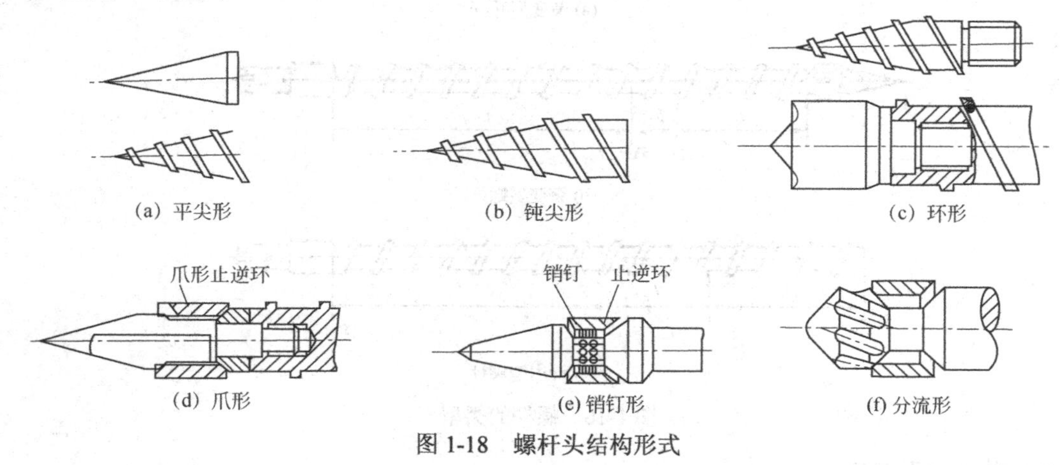

图 1-18 螺杆头结构形式

② 对高黏度物料如 PMMA、PC、AC 或者热稳定性差的物料如 PVC，为减少剪切作用和物料的滞留时间，可不用止逆环。但此时在注射时会产生反流，会延长熔体的充模时间。

特别注意

为顺利进行生产，螺杆头应满足如下技术要求：

① 止逆环与料筒配合间隙要适宜，既要防止熔料回泄又要灵活；

② 既有足够的流通截面，又要保证止逆环端面有回程力，使在注射时快速封闭；

③ 止逆环属易磨损件，应采用硬度高的耐磨、耐蚀合金材料制造；

④ 结构上应拆装方便，便于清洗；

⑤ 螺杆头的螺纹与螺杆的螺纹方向相反，防止预塑时螺杆头松脱。

1.3.5 注射装置的关键部件——料筒

料筒大多数采用整体结构，如图 1-19 所示。料筒是塑化机构中的重要零件，内装螺杆外装加热圈，承受复合应力和热应力的作用。定位子口 1 与料筒前体径向定位，并用端面封闭熔体，用多个螺钉旋入螺孔 2 内将前体与料筒压紧。螺孔 3 装热电偶，要与热电偶紧密接触，防止虚浮，否则会影响温度测量精度。

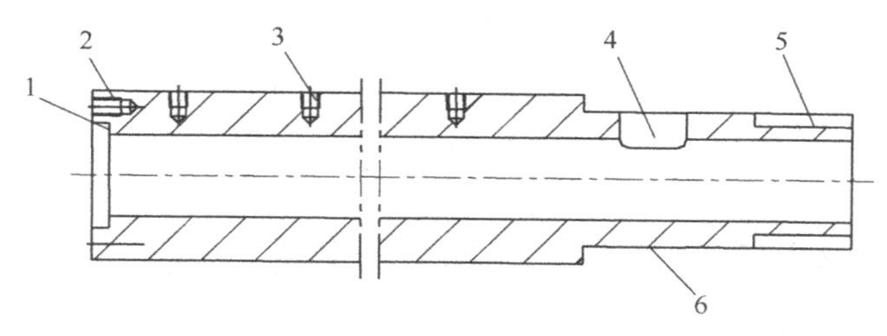

图 1-19　料筒结构示意图

1—定位子口；2，3—螺孔；4—加料口；5—尾螺纹；6—定位

知识拓展

（1）料筒间隙

料筒间隙是指料筒内壁与螺杆外径的单面间隙。此间隙太大塑化能力降低，注射回泄量增加，注射时间延长；如果太小，热膨胀作用，使螺杆与料筒摩擦加剧，能耗加大，甚至卡死，此间隙 Δ =（0.002 ~ 0.005）d_s，如表 1-1 所列。

表 1-1　料筒间隙值

mm

螺杆直径	≥15 ~ 25	>25 ~ 50	>50 ~ 80	>80 ~ 110	>110 ~ 150	>150 ~ 200	>200 ~ 240	>240
最大径向间隙	≤0.12	≤0.20	≤0.30	≤0.35	≤0.15	≤0.50	≤0.60	≤0.70

（2）料筒的加热与冷却

料筒加热方式有电阻加热、陶瓷加热、铸铝加热，应根据使用场合和加工物料合理配置。常用的有电阻加热和陶瓷加热，后者较前者承载功率大。

①为根据注塑工艺要求，料筒需分段控制，小型机三段，大型机五段。控制长度为（3～5）d_s，温控精度 ±（1.5～2）℃。而对热固性塑料或热稳定性塑料，为 ±1℃。

② 注塑机料筒内产生的剪切热比挤出机要小，常规下，料筒不专设冷却系统，靠自然冷却，但是为了保证螺杆加料段的输送效率和防止物料堵塞料口，在加料口处设置冷却水套，并在料筒上开沟槽。

1.3.6　注射装置的关键部件——喷嘴

喷嘴是连接注射装置与模具流道之间的重要零部件。其主要功能包括：预塑时，在螺杆头部建立背压，阻止熔体从喷嘴流出；注射时，建立注射压力，产生剪切效应，加速能量转换，提高熔体温度均化效果；保压时，起保温补缩作用。

喷嘴可分为敞开式喷嘴、锁闭喷嘴、热流道喷嘴和多流道喷嘴。其中敞开式喷嘴结构形式，如图 1-20 所示。敞开式喷嘴结构简单，制造容易，压力损失小，但容易发生流涎。敞开式喷嘴又分为轴孔型和长锥型。轴孔型喷嘴，d=2～3mm，L=（10～15）d，适宜中低黏度、热稳定性好，如 PE、ABS、PS 等薄壁制品；长锥型喷嘴，D=（3～5）d，适宜高黏度、热稳定性差，如 PMMA、PVC 等厚壁制品。

自锁型喷嘴的结构形式有多种，如图 1-21 所示。此种结构主要用于加工某些低黏度的塑料，如尼龙（PA）类塑料，目的是防止预塑时发生流涎。

自锁型喷嘴的具体结构有很多种，其中图 1-21（a）～（f）的自锁原理基本相同，具体是在预塑时，靠弹簧力通过挡圈和导杆将顶针压住，用其锥面将喷嘴孔封死；注射时，在高压作用下，用熔体压力在顶针锥面上所形成的轴向力，通过导杆、挡圈将弹簧压缩，高压熔体从喷嘴孔注入模具流道，此种喷嘴注射时压力损失大，结构复杂，清洗不便，防流涎可靠性差，容易从配合面泄漏。

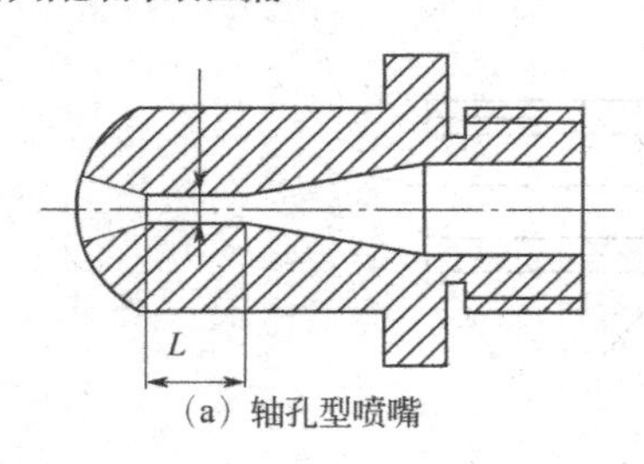

（a）轴孔型喷嘴

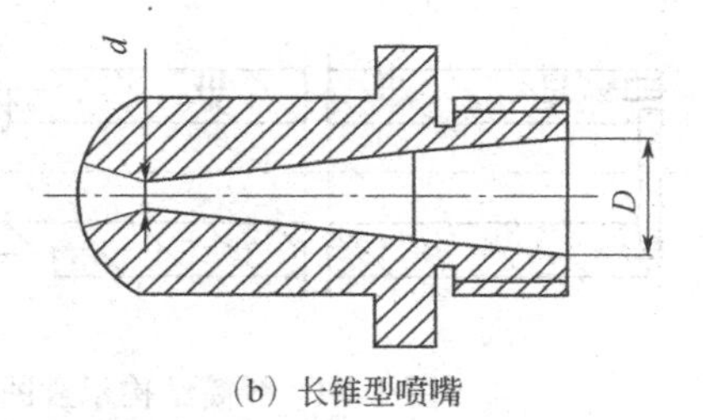

（b）长锥型喷嘴

（c）实物

图 1-20 敞开式喷嘴

图 1-21（g）、（h）结构的动作原理是借助注射座的移动力将喷嘴打开或关闭：预塑时，喷嘴与模具主浇套脱开，熔料在背压作用下，使喷嘴芯前移封闭进料斜孔；注射时，注射座前移，主浇套将喷嘴芯推后，斜孔打开，熔体注入模腔。

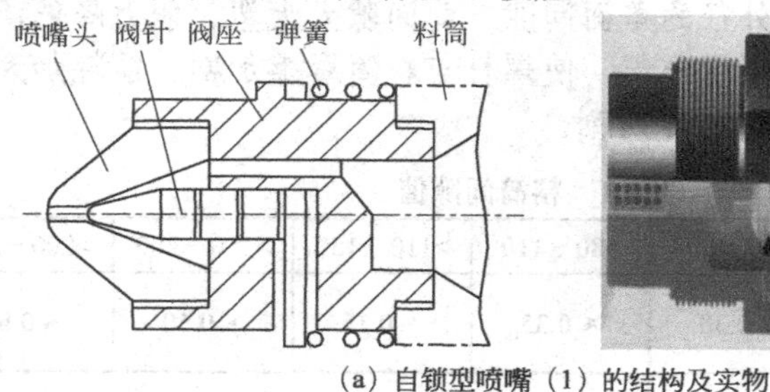

（a）自锁型喷嘴（1）的结构及实物

（b）自锁型喷嘴（2）的结构

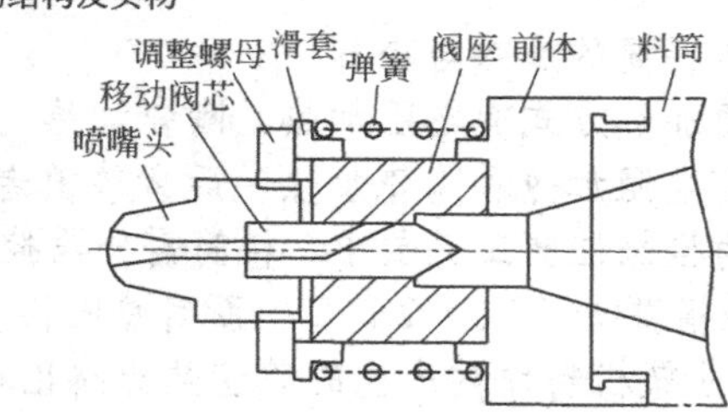

（c）自锁型喷嘴（3）的结构

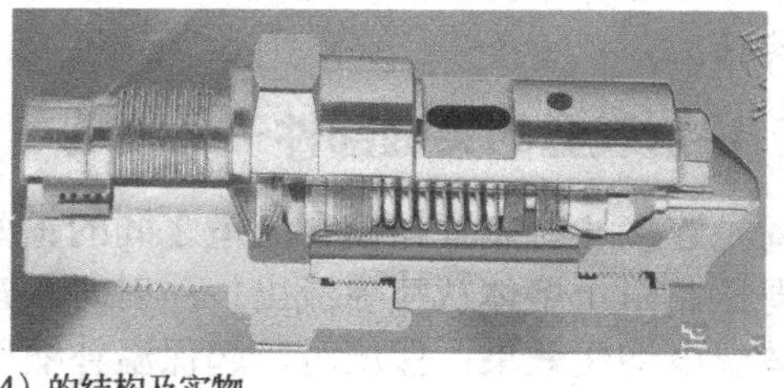

（d）自锁型喷嘴（4）的结构及实物

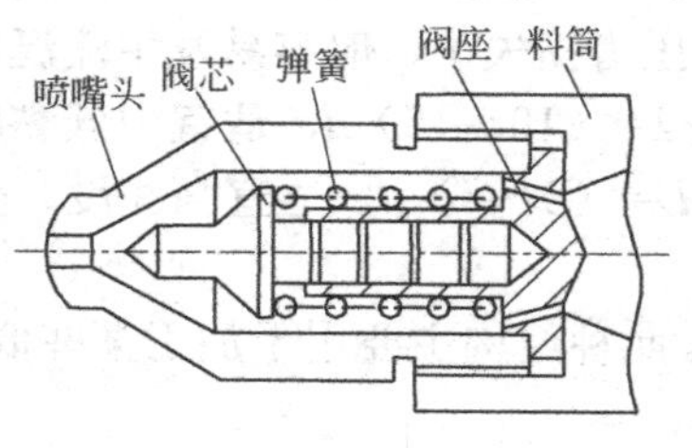

（e）自锁型喷嘴（5）的结构

（f）自锁型喷嘴（6）的结构

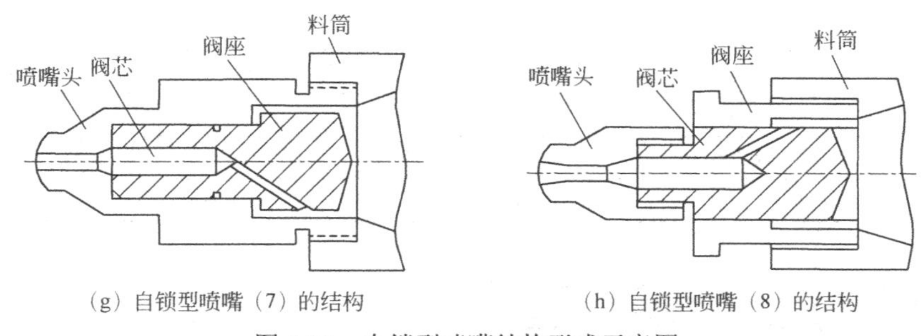

(g) 自锁型喷嘴 (7) 的结构　　(h) 自锁型喷嘴 (8) 的结构

图 1-21　自锁型喷嘴结构形式示意图

液压控制式喷嘴的结构形式如图 1-22 所示。喷嘴顶针在外力操纵下，在预塑时封死，注射时打开。此种喷嘴钉针的封口动作参加注塑机的控制程序，需设置喷嘴控制油缸。

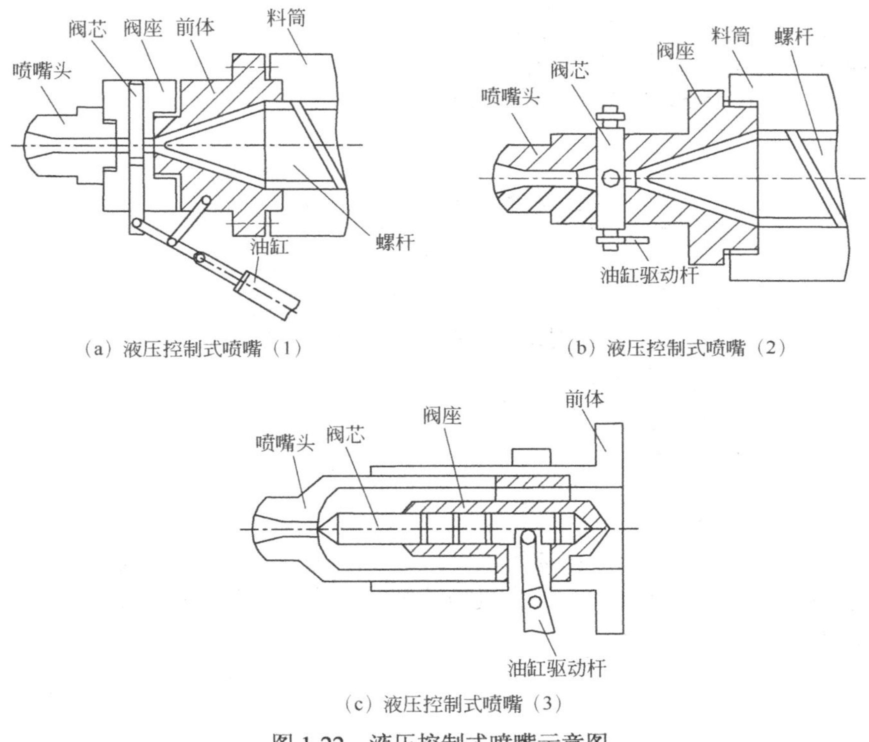

(a) 液压控制式喷嘴 (1)　　(b) 液压控制式喷嘴 (2)

(c) 液压控制式喷嘴 (3)

图 1-22　液压控制式喷嘴示意图

此种结构喷嘴顶针和导套之间的密封十分重要，在较大的背压作用下，熔体有泄漏可能，为此需与防涎程序配合。

知识拓展

喷嘴的选择与安装。

① 喷嘴安装：喷嘴头与模具的浇套要同心，两个球面应配合紧密，否则会溢料。一般要求两个球面半径名义尺寸相同，而取喷嘴球面为负公差，而其口径略小于浇套口径 0.5～1mm 为宜，二者同轴度公差≤0.25～0.3mm。

② 喷嘴口径：喷嘴口径尺寸关系到压力损失、剪切发热以及补缩作用，与材料、注塑座及喷嘴结构形式有关，如表 1-2 所示。

对高黏度物料取（0.1～0.6）d_s；低黏度物料取（0.05～0.07）d_s（d_s表示螺杆直径）。

表 1-2 喷嘴口径 mm

机器注射量		30～200g	250～800g	1000～200g
开式喷嘴	通用料	2～3	3.5～4.5	5～6
	硬聚氯乙烯类	3～4	5～6	6～7
锁闭式喷嘴		2～3	3～4	4～5

1.4 注塑机的合模装置

1.4.1 合模装置的功能

合模装置也称锁模装置，如图 1-23 所示，其主要功能是：

① 实现模具的可靠开合动作和行程；

② 在注射和保压时，提供足够的锁模力；

③ 开模时提供顶出制件的行程及相应的顶出力。

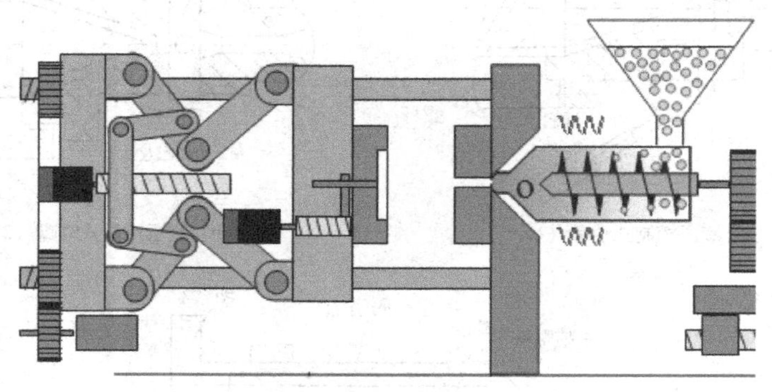

图 1-23 合模装置

如图 1-24 所示，合模装置一般由前后固定模板、活动模板、拉杆、液压缸、连杆、模具调整机构（调模机构）、顶出机构及安全保护机构等组成。具体的类型有三类，分别是液压式、机械式和液压-机械式。

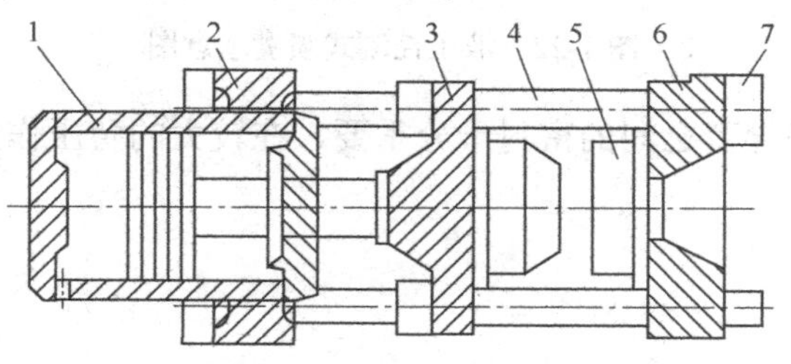

图 1-24 液压式合模装置

1—合模液压缸；2—后固定模板；3—移动模板；4—拉杆；5—模具；6—前固定模板；7—拉杆螺母

1.4.2 合模装置具体结构——单缸直压式合模装置

单缸直压式合模装置如图 1-25 所示，压力油进入液压缸的左腔时，推动活塞向右移动，模具闭合。待油压升至预定值后，模具锁紧。当油液换向进入液压缸右腔时，模具打开。

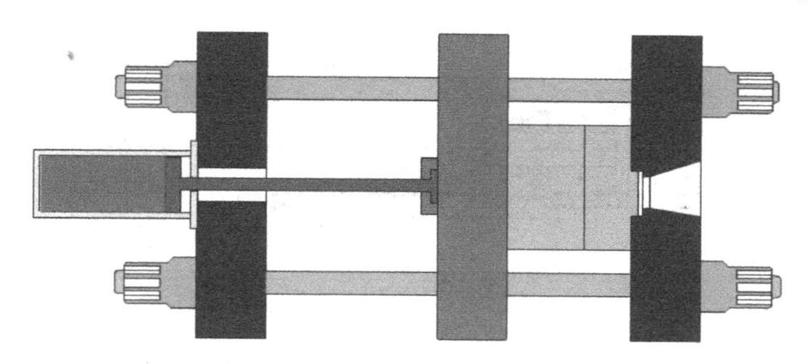

图 1-25　单缸直压式合模装置

单缸直压式合模装置结构简单，但难以满足力与行程速度双重要求。主要用于中、小型机器。

1.4.3　合模装置具体结构——充液式合模装置

如图 1-26 所示，充液式液压合模装置采用两个不同缸径的液压缸分别满足行程速度和力的不同要求；但结构较笨重、刚性差、功耗大，油液易发热和变质。在中、大型机中较常采用。

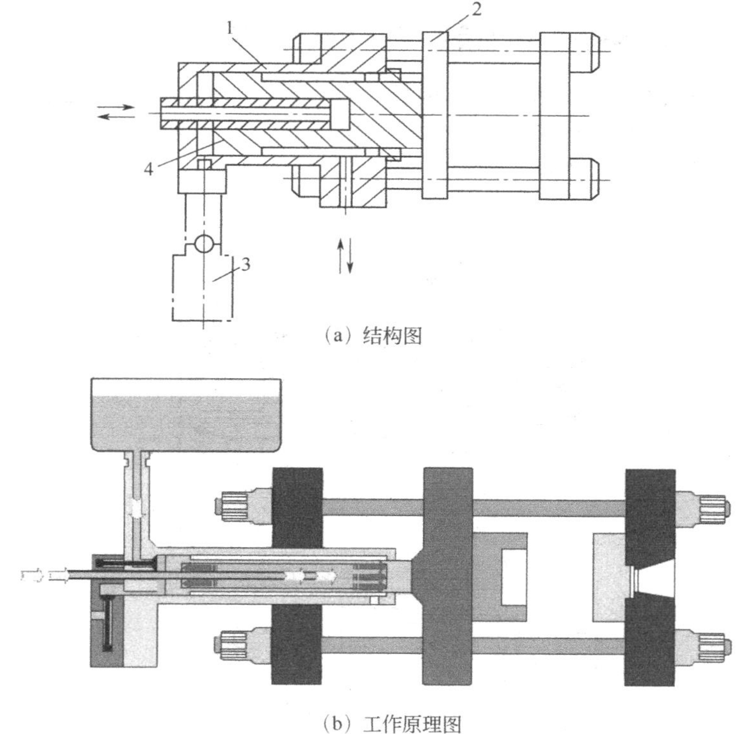

(a) 结构图

(b) 工作原理图

图 1-26　充液式液压合模装置

1，4—合模液压缸；2—动模板；3—充液阀

1.4.4　合模装置具体结构——增压式合模装置

增压式合模装置如图 1-27 所示，其不需要增大缸径，而是依靠提高油液压力的方法满足锁模力要求，但受密封技术限制。主要用于中小型注塑机。

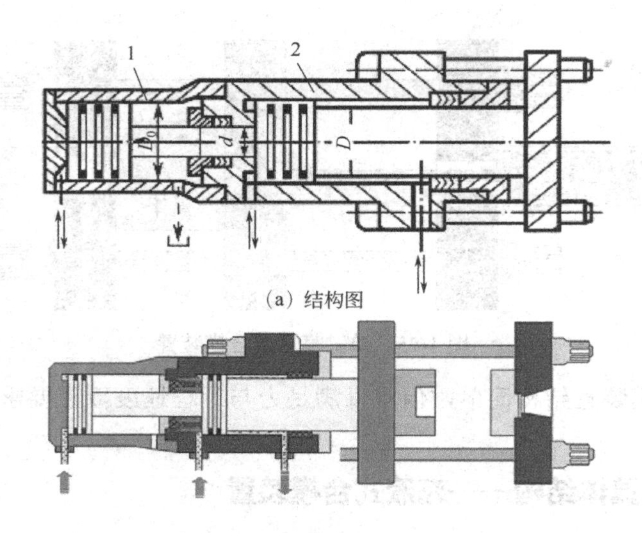

（a）结构图

（b）工作原理图

图 1-27 增压式合模装置

1—增压液压缸；2—合模液压缸

1.4.5 合模装置具体结构——充液增压式合模装置

充液增压式合模装置如图 1-28 所示，模具闭合后，压力油进入增压油缸，使合模油缸内的油增压，由于合模油缸面积大及高压油的作用，保证了最终合模力的要求。其特点是，结合结构紧凑，效率高，主要用于大型机器。

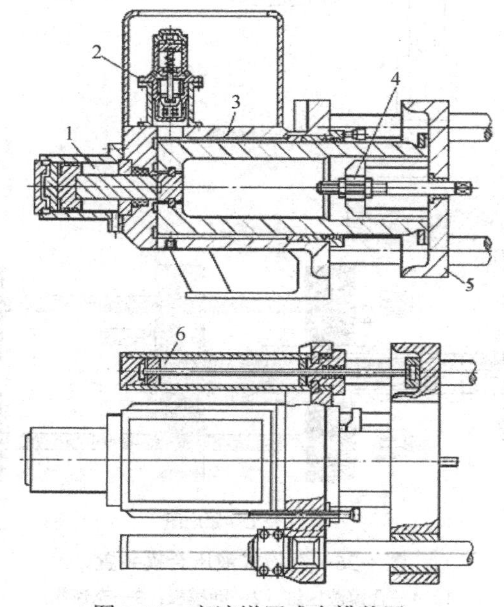

图 1-28 充液增压式合模装置

1—增压液压缸；2—充液阀；3—合模液压缸；4—顶出装置；5—动模板；6—移模液压缸

1.4.6 合模装置具体结构——稳压式合模装置

稳压式合模装置如图 1-29 所示，其特点是合模液压缸直径较大，产生很大的锁模力，通过锁模活塞、闸板和移模液压缸传到动模板上，使模具可靠锁紧。小直径快速移模液压缸和大直径短行程的稳压合模液压缸组合，减小注塑机尺寸，缩短升压时间。一般用于 3000～ 5000kN 以上的大型注塑机合模装置。

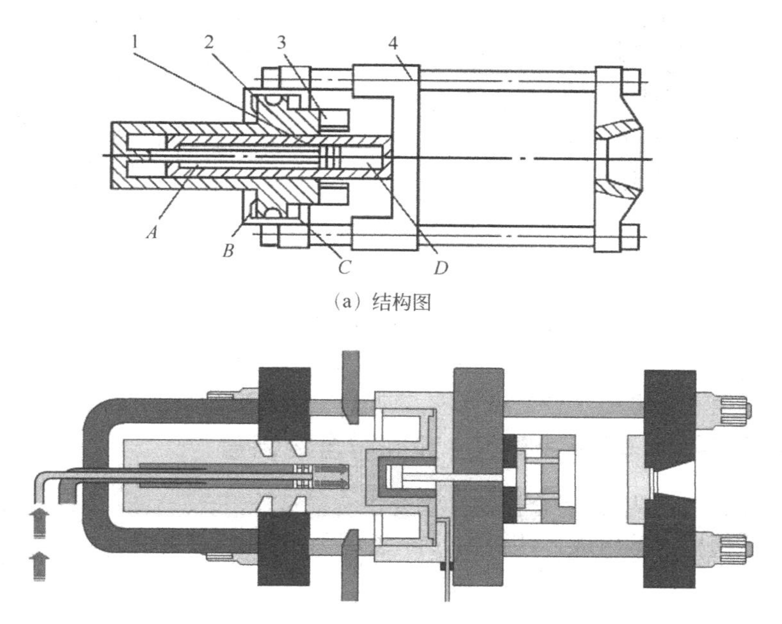

（a）结构图

（b）工作原理图

图 1-29　稳压式合模装置（液压—闸板式）

1—移模活塞；2—合模活塞；3—闸板；4—动模板；*A*、*D*—行程液压腔；*B*、*C*—微调液压腔

1.4.7　合模装置具体结构——液压-单曲肘合模装置

液压-单曲肘合模装置如图 1-30 所示，该装置的特点是，机身长度短，模板易受力不均，两模板距离的调整较容易，具有机械增力作用（约 10 多倍），主要用于锁模力在 1000kN 以下的小型注塑机。

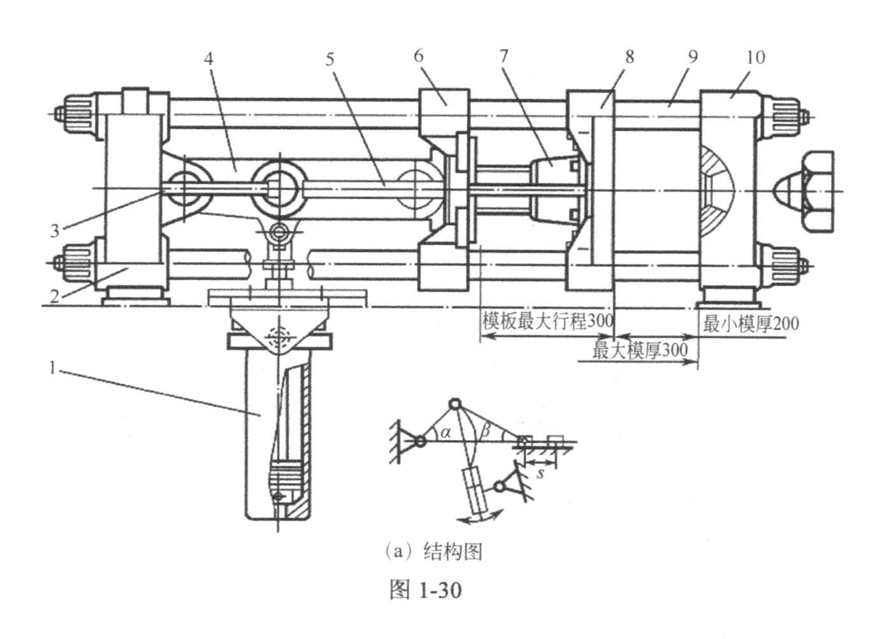

（a）结构图

图 1-30

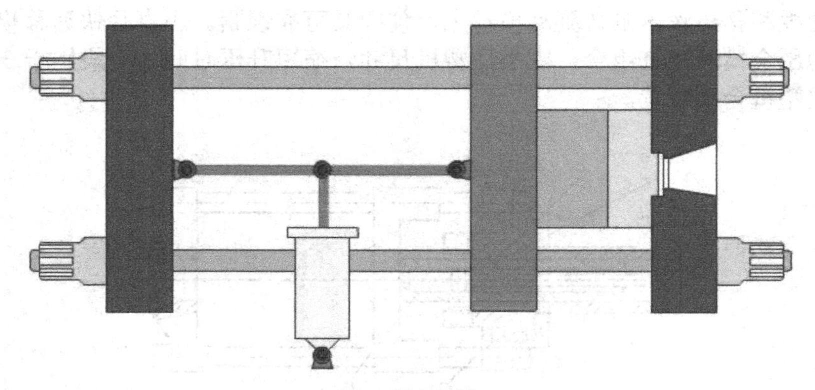

（b）工作原理图

图 1-30　液压-单曲肘合模装置

1—合模液压缸；2—后模板；3—调节螺钉；4—单曲肘连杆机构；5—顶出杆；6—支架；7—调距螺母；8—移动模板；9—拉杆；10—前模板

1.4.8　合模装置具体结构——液压-双曲肘合模装置

如图 1-31 所示，液压-双曲肘合模装置主要由合模液压缸 1、后模板 2、曲肘 3、调距螺母 4、移动模板 5、前模板 6 等组成，该机构的特点如下。

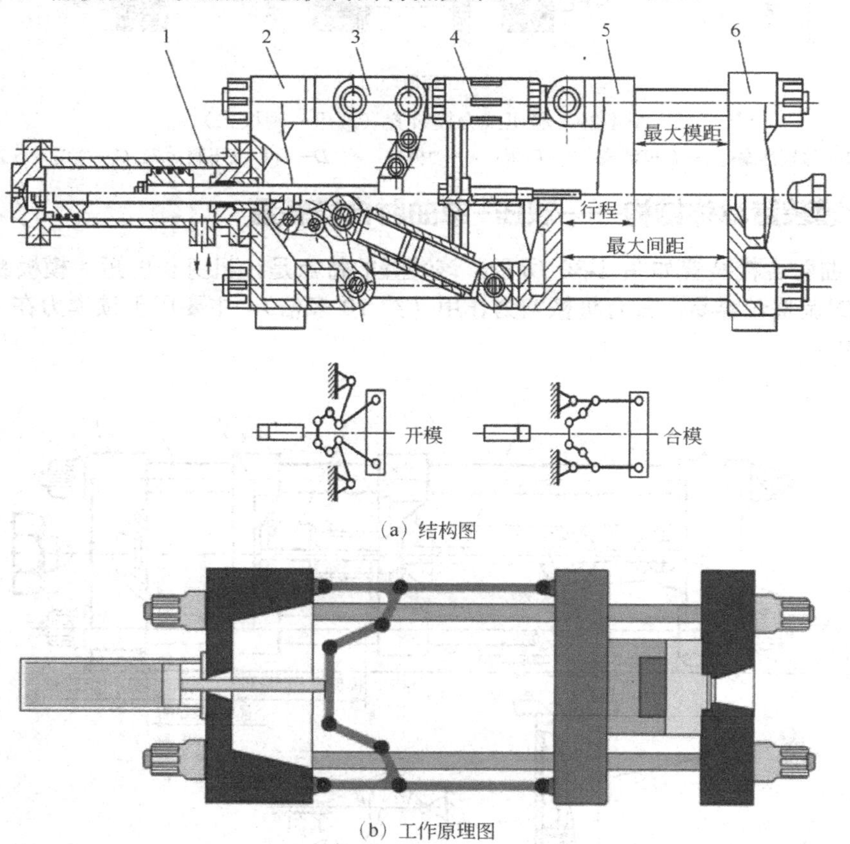

（a）结构图

（b）工作原理图

图 1-31　液压-双曲肘合模装置

1—合模液压缸；2—后模板；3—曲肘；4—调距螺母；5—移动模板；6—前模板

① 模板受力条件好，模板尺寸可加大，但行程范围不大；

② 外翻式双曲肘机构有利于扩大开模行程；

③ 具有增力作用，增力倍数的大小同肘杆机构的形式、各肘杆的尺寸以及相互位置有关；

④ 具有自锁作用；

⑤ 模板的运动速度从合模开始到结束是变化的；

⑥ 必须设置专门的调模机构调节模板间距、锁模力和合模速度，不如液压合模装置的适应性大和使用方便；

⑦ 曲肘机构容易磨损，加工精度要求也高；

⑧ 在中、小型注塑机中均有采用。

根据曲肘结构特点，液压-双曲肘合模装置又区分为内翻式、外翻式和液压撑板式，如图1-32所示。

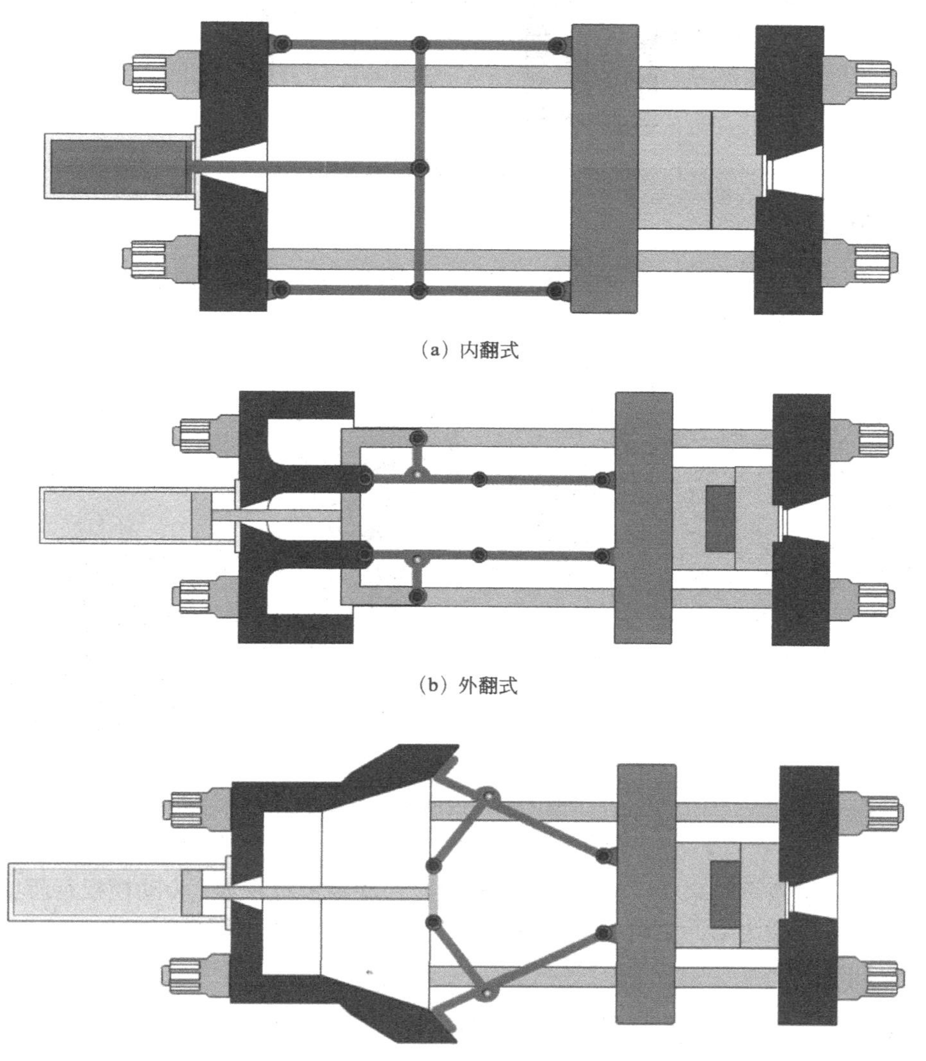

(a) 内翻式

(b) 外翻式

(c) 液压撑板式

图1-32 液压-双曲肘合模装置类型

1.4.9 合模装置具体结构——机械式合模装置

机械式合模装置如图1-33所示，其利用电动机、减速器、曲柄及连杆等机构实现开合模动作和提供锁模力。

其特点如下：

① 体积小、质量轻；

② 结构简单、制造容易；

③ 机构受力及运动特性差；

④ 在运动中产生的冲击和振动较大，可调整的模具厚度范围小；

⑤ 应用较少。

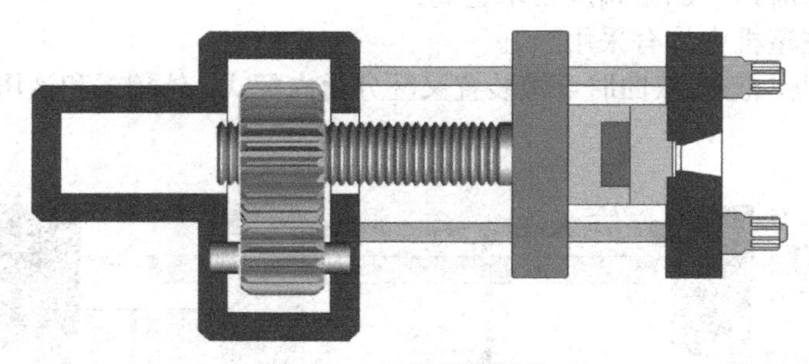

图1-33 机械式合模装置

1.4.10 调模装置

如图1-34所示，调模装置主要由液压马达1、齿圈2、定位轮4、调模螺母的外啮合齿轮5等组成，均固定在后模板3上。

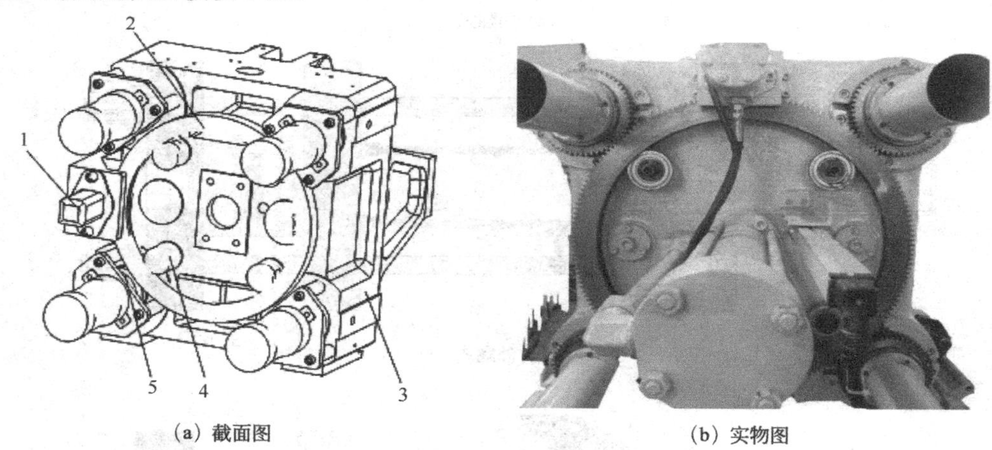

(a) 截面图 (b) 实物图

图1-34 调模装置

1—液压马达；2—齿圈；3—后模板；4—定位轮；5—外啮合齿轮

调模是利用合模液压缸来实现的，调模行程包含在动模板行程内，为动模板行程的一部分。该类合模装置一般只规定动、定模板间的最大开距，而不明确给出调模行程。

特别注意

为防止合模液压缸超越工作行程，必须限制模具的最小厚度，严禁注塑机在无模情况下进行合模操作。

1.5 注塑机的顶出装置

顶出装置用于开模后顶出塑料制件，常用的具体机构有机械顶出和液压顶出机构。

① 机械顶出机构的顶杆长度可调，顶杆的数目、位置随合模装置的特点、制件的大小而定。结构简单，但顶出在开模结束时进行，模具内顶板的复位要在闭模开始后进行。

② 液压顶出机构如图1-35所示，主要由顶出油缸5、顶出杆11等组成，其中顶出油缸固定在动模板3的支铰座。其顶出力、速度、位置、行程和顶出次数可调并可自行复位，能在开模过程中及开模后顶出制件。有利于缩短注塑机循环周期和实现自动化生产，应用广泛。

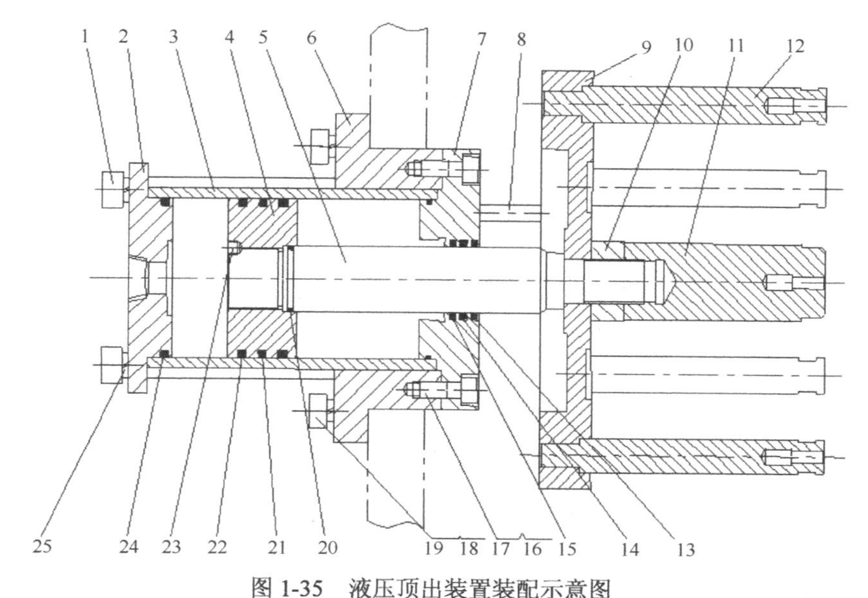

图1-35　液压顶出装置装配示意图

1，17，19，23—螺钉；2～8—顶出油缸各零件；9—顶出近接开关杆；10～12—顶出机构各件；13～16，18，20～22，24，25—密封圈

1.6 注塑机的安全防护装置

为保证人、机和模具的绝对安全，除应设置电气、液压保险外，还应设置安全防护装置（保险装置），如图1-36所示，可以防止误动作，预防电气、液压的安全保险装置或程序失灵时，在安全门未关闭的状态下，动模板失去合模能力。

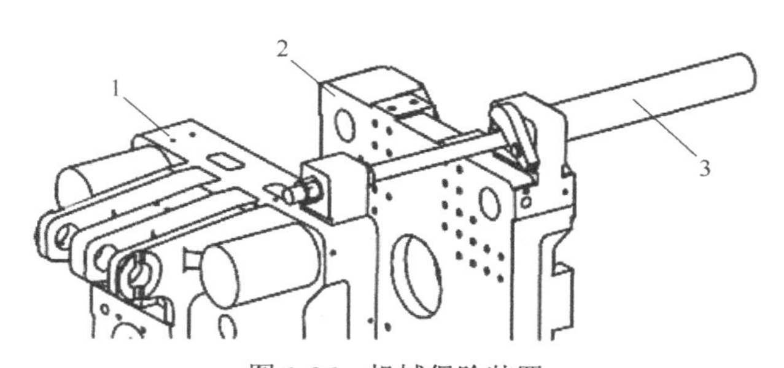

图1-36　机械保险装置

1—动模板；2—前模板；3—机械保险装置

机械保险装置的具体结构如图1-37所示。其工作原理是，带有螺纹的机械保险杆2，通过螺母1调节轴向位置并固紧在二板上，保险挡板3通过支承套6、垫圈9及螺钉10固定在头板

上，并以此为支点可以摆动。当安全门未关闭时，挡板 3 在自由状态下，头部重于带有轴承 7 及其螺钉 8 的尾部，向前倾斜，置于保险杆 2 和头板的穿孔之间。在此情况，如果动模板无论何种原因而发生闭模动作都将被挡板 3 阻止无法继续闭模。而且，这时的曲肘连杆位置处于曲肘角 α 较大的初始状态，这时的力放大比小，所以动模板的推力亦较小，容易被挡板止住。只有当安全门完全关闭时，固定在安全门上的保险触板 11 才压下挡板尾部的轴承，使之前部抬起，让开保险杆进入头板的穿孔位置，才能使二板闭模到底实现锁模，为此起到对模具及人身安全的保护作用。

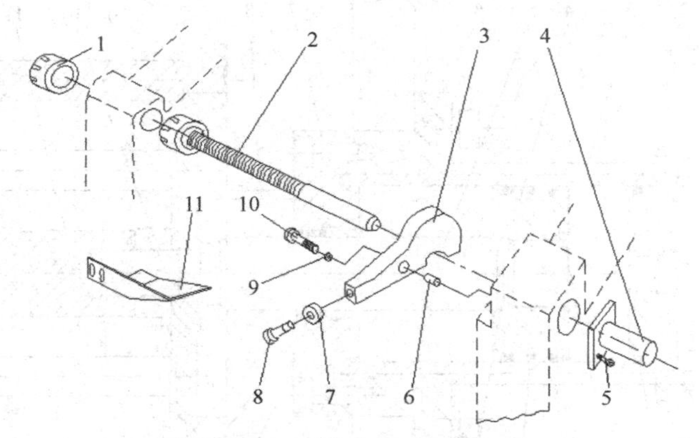

图 1-37 机械保险装置具体结构

1—螺母；2—机械保险杆；3，4—保险挡板及其保险罩；5，8，10—螺钉；
6，9—支承套及其垫圈；7—轴承套及其垫圈；11—保险触板

第2章

注塑成型的工艺条件

2.1 注塑成型的原理与工艺流程

2.1.1 注塑成型的原理

注塑成型也称塑料注射成型，其基本设备是注塑机和注塑模具，图 2-1 所示为螺杆式注塑机的注塑成型原理图。其原理是，将粒状或粉状的塑料加入注射机料筒，经加热熔融后，由注射机的螺杆高压高速推动熔融塑料通过料筒前端喷嘴，快速射入已经闭合的模具型腔，充满型腔的熔体在受压情况下，经冷却固化而保持型腔所赋予的形状，然后打开模具，取出制品。

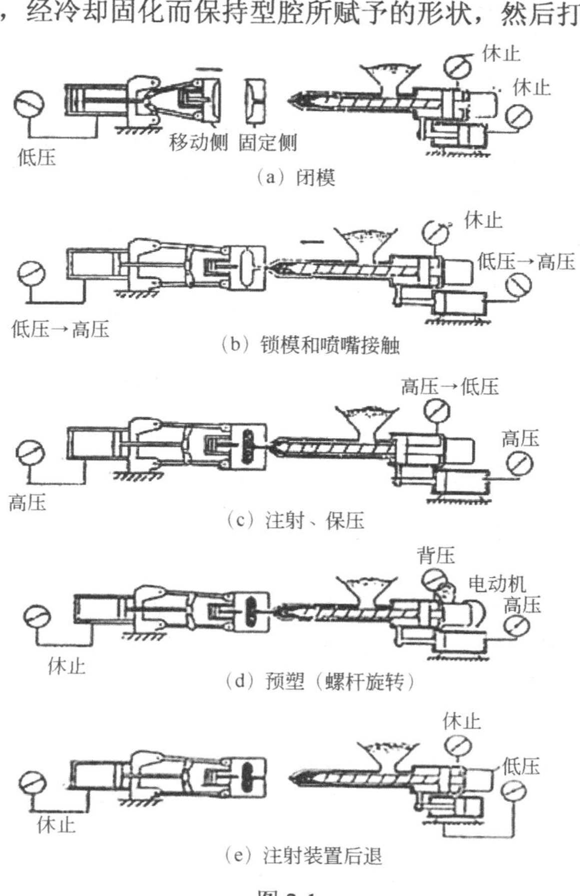

图 2-1

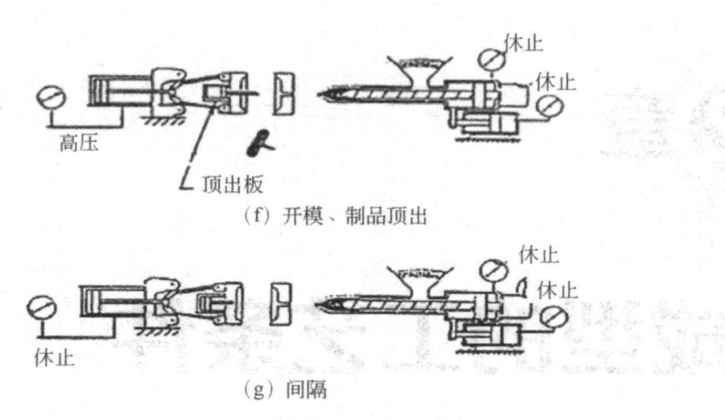

(f) 开模、制品顶出

(g) 间隔

图 2-1 螺杆式注射机注塑成型原理

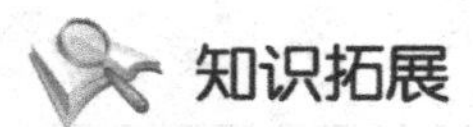
知识拓展

实际工作时，注塑机可以省略喷嘴前进、后退的工作过程，而使喷嘴一直接触模具。标准动作的成型称为移动成型，反之，上述成型称为接触成型。接触成型时，由于喷嘴前端一直与模具相接触，喷嘴前端部分会因模具温度低而冷却，导致喷嘴口被凝固的树脂堵塞，不能进行注射或凝固的树脂就会注入成型品使之成为次品。如果不担心上述情况的话，采用这种方法可以缩短成型周期，所以应尽量采用喷嘴接触成型法。

2.1.2 塑料在注塑成型过程中的变化

塑料原料在注塑过程中，依次会发生软化、熔融、流动、赋形及固化等变化，如图 2-2 所示。

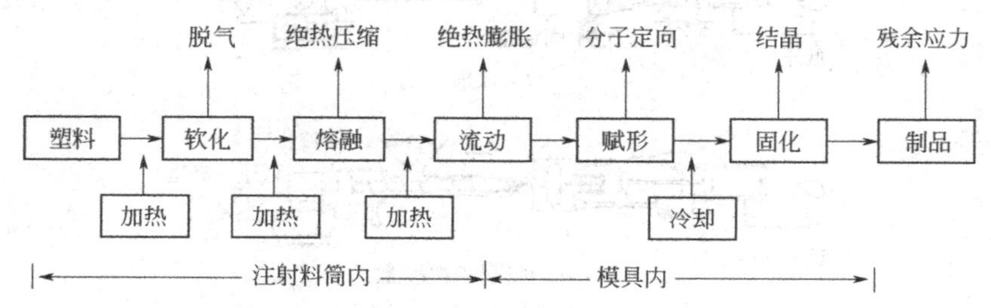

图 2-2 塑料在注塑成型过程中物理化学变化

(1) 软化和熔融

图 2-3 所示为注塑机的料筒及螺杆结构，因料筒外部设有圆形加热器，在螺杆的转动下，塑料一边前进一边熔融，最后经喷嘴注射到模具内。

(2) 流动

从图 2-4 中可知，熔体在模腔的壁面附近流动极慢，而在模腔的中心部分流动较快，塑料的分子在流动较快的区域中被拉伸和取向。塑料在这样的状态下经冷却固化成为制品后，由于和流动的平行方向及垂直方向产生的收缩率之差，往往会造成制品的变形和翘曲。

(3) 赋形和固化

熔融塑料在注射时，经喷嘴进入模具中被赋予形状，并经冷却和固化而成为制品。但熔融塑料被充填到模具中的时间实际上只有数秒，要想观察其充填过程是非常困难的，如图 2-5 所示。

熔融塑料被赋予形状后就进入了固化过程，在固化过程中发生的主要现象是收缩，固化时因冷却引起的收缩和因结晶化而引起的收缩将同时进行。图 2-6 表示三种不同结晶性的聚乙烯在温度下降时的收缩情况。

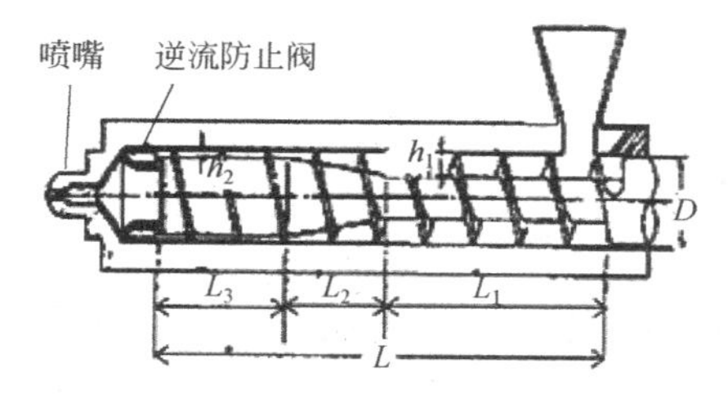

图 2-3 注塑机料筒和螺杆结构示意

L_1—送料段；L_2—压缩段；L_3—计量段；

h_1/h_2—压缩比；D—螺杆直径

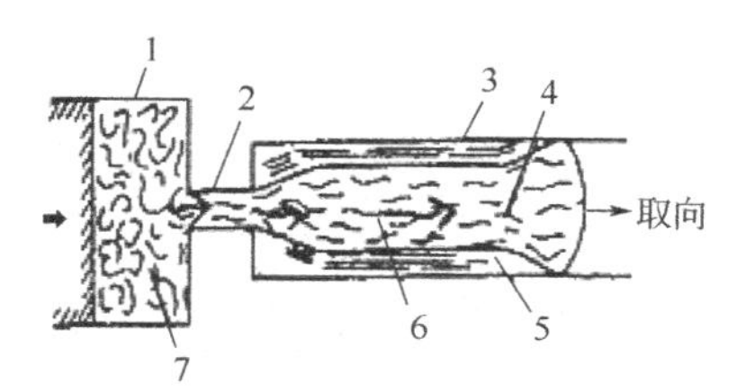

图 2-4 注塑时塑料流动引起的分子取向（定向作用）

1—注塑机；2—树脂注入模具（实际上由主流道、浇口组成）；

3—模具（型腔内部）；4—中心处流速较快的部分；

5—沿模腔壁面而流速极慢的部分；6—同取向而拉

伸展开的树脂分子；7—缠绕在一起的树脂分子

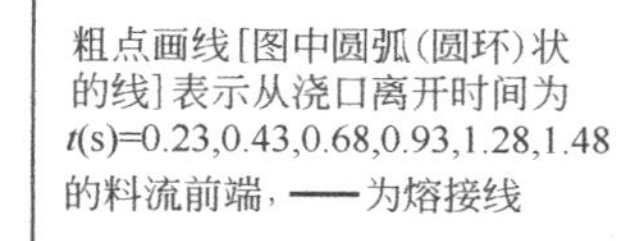

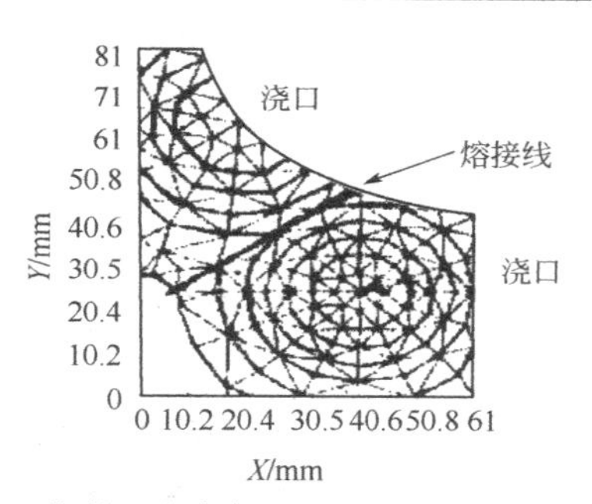

图 2-5 塑件（汽车车门）注塑时料流前端即熔接线

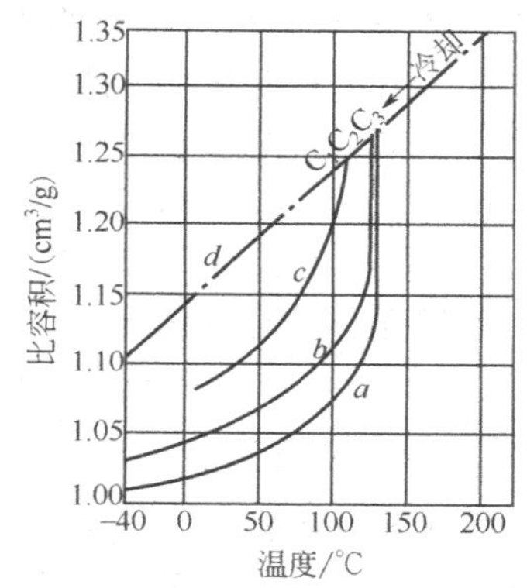

图 2-6 不同温度下聚乙烯（PE）的密度变化

a—相对密度为0.9645的PE曲线；

b—相对密度为0.95的PE曲线；

c—相对密度为0.918的PE曲线

d—三根曲线的对比线

2.2 注塑成型的工艺条件

2.2.1 注射压力

注射压力是为了克服熔体在流动过程中的阻力，流动过程中存在的阻力需要注塑机的压力来抵消，给予熔体一定的充填速度及对熔体进行压实、补缩，以保证充填过程顺利进行。

如图 2-7 所示，在注塑过程中，注塑机喷嘴处的压力最高，以克服熔体全程中的流动阻力；其后，注射压力随着流动长度往熔体最前端逐步降低，如果模腔内部排气良好，则熔体前端最后的压力就是大气压。

如图 2-8 所示，随着流动长度的增加，沿途需要克服的阻力也增加，注射压力也随着增大。为了维持恒定的压力梯度以保证熔体充填速度均一，必须随着流动长度的变化而相应地增加注射压力，因而必须相应增加熔体入口处的压力，以维持需要的注塑流动速度。

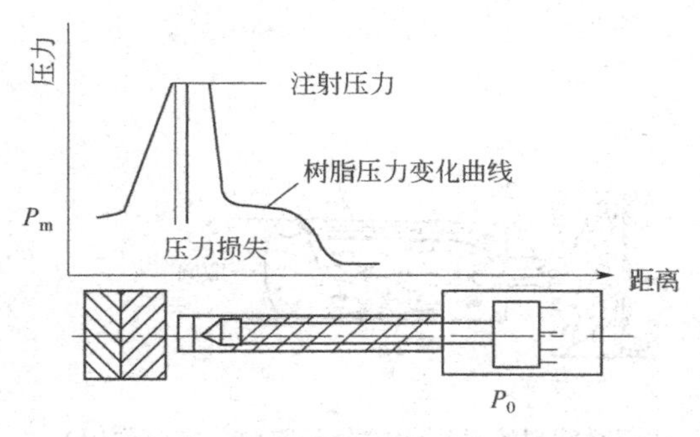

图 2-7 注射压力形成与消耗

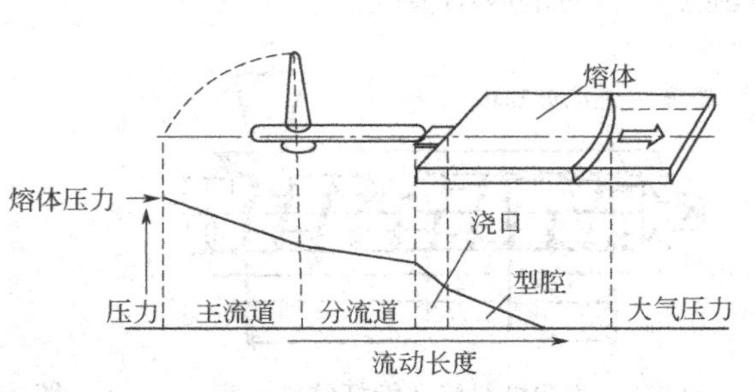

图 2-8 注射压力沿着熔体流动路径上的分布

2.2.2 保压压力

在注射过程将近结束时，注射压力切换为保压压力后，就会进入保压阶段。保压过程中注塑机由喷嘴向型腔补料，以填充由于制件收缩而空出的容积；如果型腔充满后不进行保压，制件大约会收缩 25%，特别是筋处由于收缩过大而形成收缩痕迹。保压压力一般为充填最大压力的85%左右，当然要根据实际情况来确定。

图 2-9 中，1 表示注射开始；2 表示模腔充填接近饱和；3 表示填充过程中发生了保压切换位置；4 代表型腔已经充满，填充过程进入补塑阶段，后填充阶段包含保压和冷却两个过程；5 表示延迟保压开始；6 表示延迟保压结束。

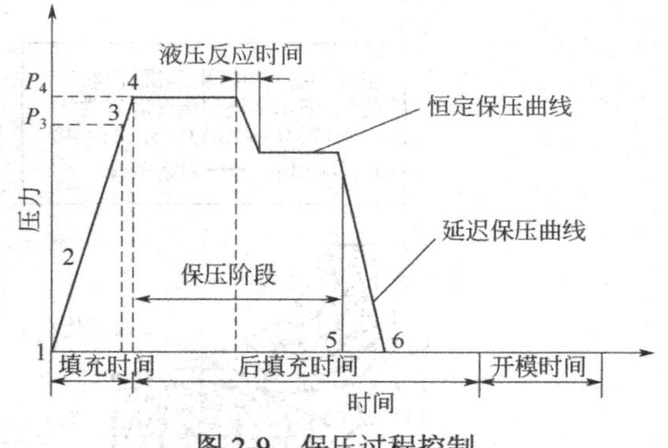

图 2-9 保压过程控制

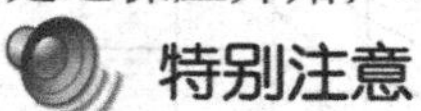

特别注意

经验表明，保压时间过长或过短都对成型不利。过长会使得保压不均匀，塑件内部应力增大，塑件容易变形，严重时会发生应力开裂；过短则保压不充分，制件体积收缩严重，表面质量差。

保压曲线分为两部分，一部分是恒定压力的保压，大约需要 2～3s，称为恒定保压曲线；另一部分是保压压力逐步减小释放，大约需要 1s，称为延迟保压曲线，延迟保压曲线对于成型制件的影响非常明显。如果恒定保压曲线变长，制件体积收缩会减小，反之则增大；如果延迟保压曲线斜率变大，延迟保压时间变短，制件体积收缩会变大，反之则变小；如果延迟保压曲线分段且延长，制件体积收缩变小，反之则变大。

知识拓展

注塑填充过程中，当型腔快要充满时，螺杆的运动从流动速率控制转换到压力控制，这个转化点称为保压切换控制点。保压切换对于成型工艺的控制很重要，保压切换点以前熔体前进的速度和压力很大，保压切换后，螺杆向前挤压推动熔体前进的压力较小。如果不进行保压切换，当型腔充满时压力会很大，造成注射压力陡增，所需锁模力也会变大，甚至会出现飞边等一系列的缺陷。

注塑机中的保压切换一般都是按照注塑位置进行的，也就是说当螺杆进行到某一位置即发生保压切换，保压切换的位置、时间和压力如图 2-10 所示。

图 2-11 所示为不同的保压设置而可能得到的结果。其中：图（a）为经过优化的设置，没有出现错误，可以期望得到高质量的零件；图（b）的模腔压力出现尖峰，原因是 *V-P* 切换过迟（过度注射）；图（c）是在压缩前压力下降，原因是 *V-P* 切换过早（充填失控，注塑件翘曲）；

图（d）是保压阶段中压力下降，导致压力保持时间过短，熔体回流，浇口附近出现凹痕；图（e）为制品残余压力大，原因是模具刚度不够大，或者是 *V-P* 切换太迟，注射阶段模具板发生变形，导致熔体凝固后应力没有释放。

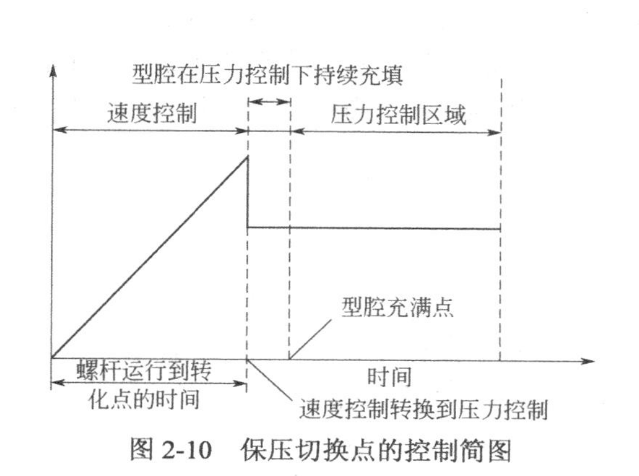

图 2-10　保压切换点的控制简图

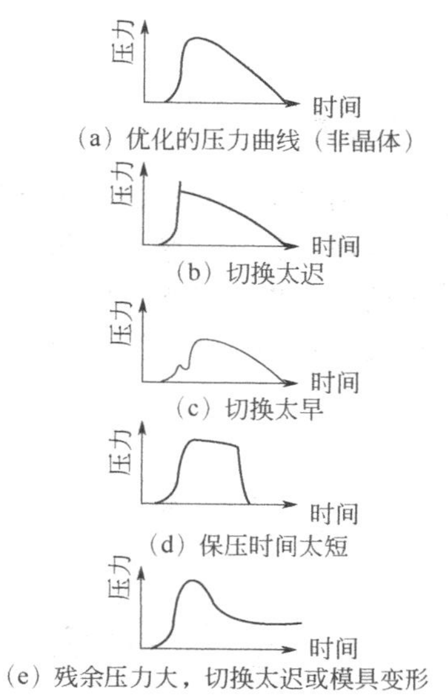

图 2-11　不同的保压设置得到不同结果

2.2.3　螺杆的背压

在塑料熔融、塑化过程中，熔体不断移向料筒前端（计量室内），且越来越多，逐渐形成一个压力，推动螺杆向后退。为了阻止螺杆后退过快，确保熔体均匀压实，需要给螺杆提供一个反方向的压力，这个反方向阻止螺杆后退的压力称为背压，如图 2-12 所示。

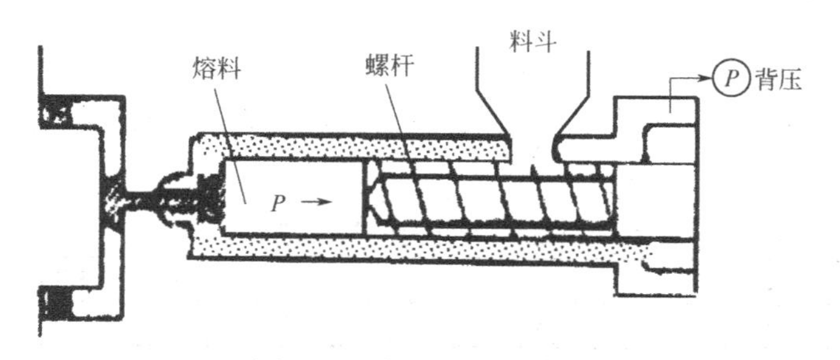

图 2-12　背压的形成原理

知识拓展

背压亦称塑化压力，它的控制是通过调节注射油缸的回油节流阀实现的。预塑化螺杆注射油缸后部都设有背压阀，调节螺杆旋转后退时注射油缸泄油的速度，使油缸保持一定的压力；全电动机的螺杆后移速度（阻力）是由 AC 伺服阀控制的。

特别注意

适当调校背压对注塑质量有很大的好处。在注塑成型中，适当调整背压的大小，可以获得如下好处。

① 能将料筒内的熔体压实，增加密度，提高注射量、制品重量和尺寸的稳定性。

② 可将熔体内的气体“挤出”，减少制品表面的气花、内部气泡，提高光泽均匀性。

③ 减慢螺杆后退速度，使料筒内的熔体充分塑化，增加色粉、色母与熔体的混合均匀度，避免制品出现混色现象。

④ 适当提升背压，可改善制品表面的缩水和产品周边的走胶情况。

⑤ 能提升熔体的温度，使熔体塑化质量提高，改善熔体充模时的流动性，使制品表面无冷胶纹。

2.2.4 锁模力

锁模力是为了抵抗塑料熔体对模具的涨力而设定的，其大小根据注射压力等具体情况决定。但实际上，塑料熔体从注塑机的料筒喷嘴射出后，要经过模具的主流道、分流道、浇口而进入模腔，途中的压力损失是很大的。如图 2-13 所示，*a* 表示注射压力在料筒至进入模具的整个过程中变化情况，从图中压力变化可知，到达模腔的末端时其压力将下降到仅相当于初始注射压力的 20%。

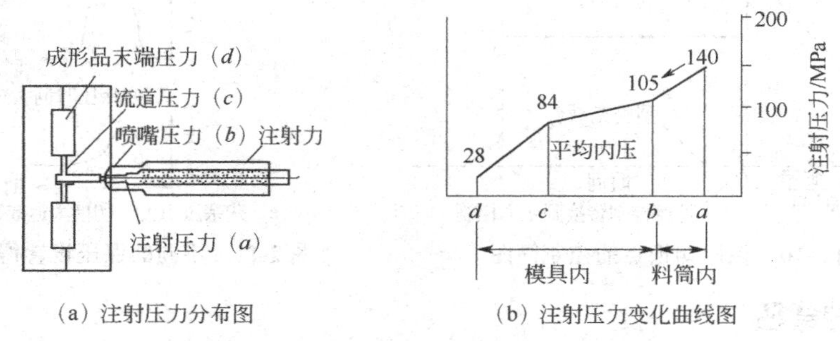

（a）注射压力分布图　　（b）注射压力变化曲线图

图 2-13　注射压力和模具内压力示意图

2.2.5 料筒温度

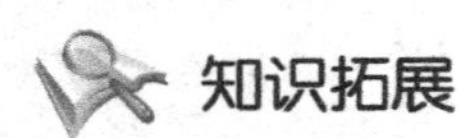

知识拓展

料筒温度是影响注射压力的重要因素，注塑机料筒一般有 5～6 个加热段，每种原料都有其合适的成型温度，具体的成型温度可以参阅供应商提供的数据，表 2-1 所示是部分塑料的成型温度。

表 2-1　常用塑料的成型温度　　℃

ABS	PP	PS	PC	POM	PVC
235	225	235	300	205	190

熔体温度必须控制在一定的范围内，温度太低，熔体塑化不良影响成型件的质量，增加工艺难度；温度太高，原料容易分解。在实际的注塑成型过程中，熔体温度往往比料筒温度高，高出的数值与注塑速率和材料的性能有关，最高可达 30℃。这是由于熔体通过浇口时受到剪切而产生很高的热量造成的，如图 2-14 所示。

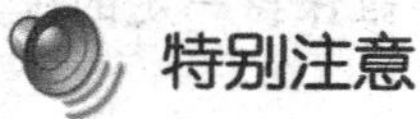

特别注意

关于注射温度即喷嘴附近的温度调整的大体原则，主要是根据塑料的基本情况来考虑。如具有活性原子团的聚合物（多为缩合物）的最佳注射温度一般离熔点较近，寻找和考察其最佳温度时，每次进行 2～3℃范围的小幅度调节即可。而对于不具有活性原子团的聚合物，其最佳注射温度比熔点要高得多（50℃前后），而且考察其最大佳注射温度，要进行 5～10℃范围的较大幅度的调节，如图 2-15 所示。

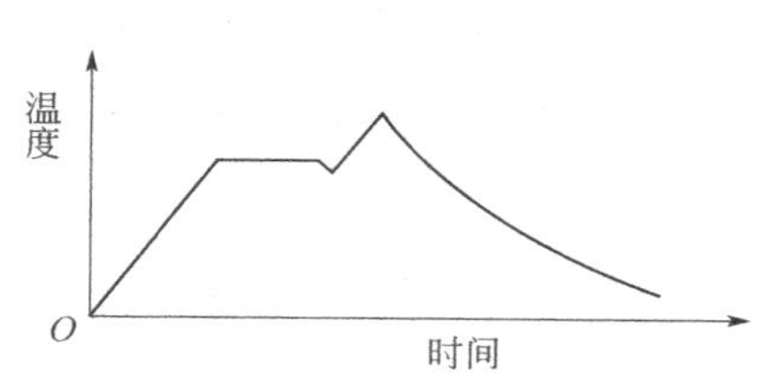

图 2-14　注塑过程中熔体温度的变化

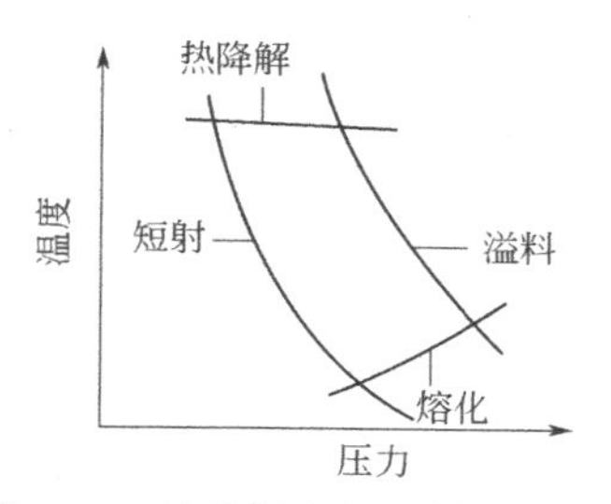

图 2-15　熔体温度与注射压力的关系

2.2.6　模具温度

注塑成型时模具温度分布情况如图 2-16 所示。为了保证制品的质量，对模具温度的设定也存在着最佳温度，如制造对外观要求较高的 ABS 盒状制品时，可将模腔中制品的外表面侧（即固定模板侧）温度设定在 50～65℃，而将内表面侧（动模板侧）的温度设在低于外表面侧 10℃左右，此时得到的制品其表面无缩痕、外观好。又如，模具温度较高的话，制品表面的转印性能较好，特别是成型表面有花纹等制品时，就应注意适当提高模具温度。

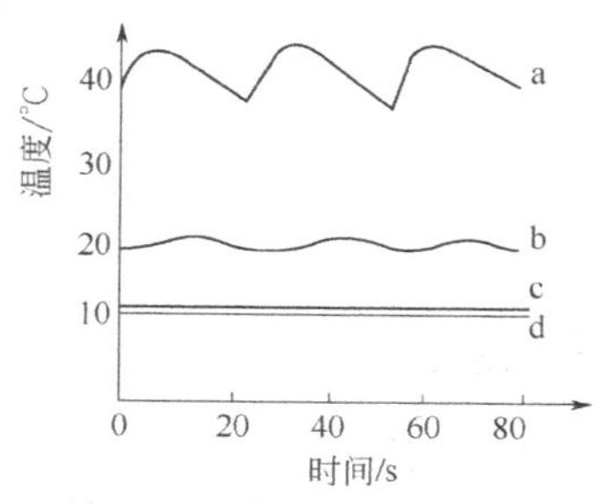

图 2-16　模具内不同位置的温度-时间曲线

a—模腔表面；b—冷却管路壁面；
c—冷却管路出口；d—冷却管路进口

经验总结

对结晶性塑料而言，其结晶速度取决于冷却速度，如果提高模具温度，由于冷却慢，可以使其结晶度变大，有利于提高和改善其制品的尺寸精度和力学性能等。如尼龙塑料、聚甲塑料、PBT 塑料等结晶性塑料，都因这样的缘由而需采用较高的模具温度。表 2-2 所示为常见热塑性塑料注塑成型时的模具温度。

表 2-2　常见热塑性塑料注塑成型时的模具温度

塑料种类	模温/℃	塑料种类	模温/℃
HDPE	60～70	PA6	40～80
LDPE	35～55	PA610	20～60
PE	40～60	PA1010	40～80
PP	55～65	POM	90～120
PS	30～65	PC	90～120
PVC	30～60	氯化聚醚	80～110
PMMA	40～60	聚苯醚	110～150
ABS	50～80	聚砜	130～150
改性 PS	40～60	聚三氟氯乙烯	110～130

2.2.7　注射速率

注射速率是指螺杆前进将塑料熔体充填到模腔时的速率，一般用单位时间的注射质量（g/s）或螺杆前进的速率（m/s）表示，它和注射压力都是注射条件中的重要条件之一。充模速率不同，可能出现不同的效果，图 2-17 所示为低速和高速充模时的料流情况。

低速注射时，料流速率慢，熔体从浇口开始渐向型腔远端流动，料流前端呈球形，先进入型腔的熔体先冷却而导致流速减慢，接近型腔壁的部分冷却成高弹态的薄壳，而远离型腔壁的部分仍为黏流态的热流，继续延伸球状的流端，至完全充满型腔后，冷却壳的厚度加大而变硬。这种慢速充模由于熔体进入型腔进时间长，冷却使得黏度增大，流动阻力也增大，需要用较高注射压力充模。

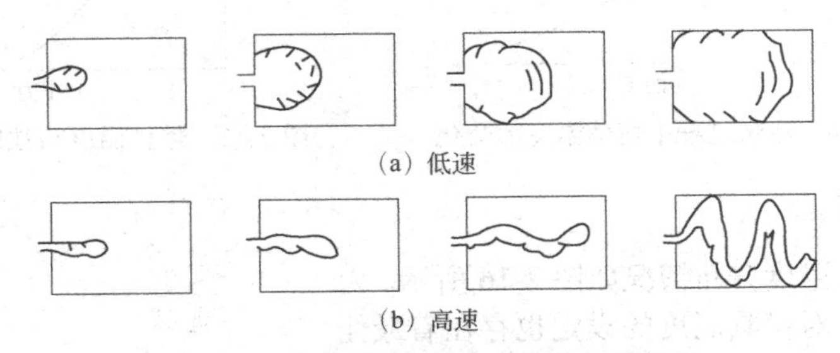
(a) 低速

(b) 高速

图 2-17 两种不同注射速率下的充模情况

2.2.8 注射量

注射量为制品和主流道、分流道等加在一起时的总质量（g)，如果其值小于注塑机最大注射量（g)，在理论上是可以成型的。但是，一般情况下，注射量应小于注塑机的额定注射量的85%。但实际使用的注射量如果太小的话，塑料会因在料筒中的滞留时间过长而产生热分解，为避免这种现象的发生，实际注射量应该在注塑机的额定注射量 30%以上。因此，一般注射量最好设定在注塑机额定注射量的 30%～85%之间。

2.2.9 螺杆的射出位置

知识拓展

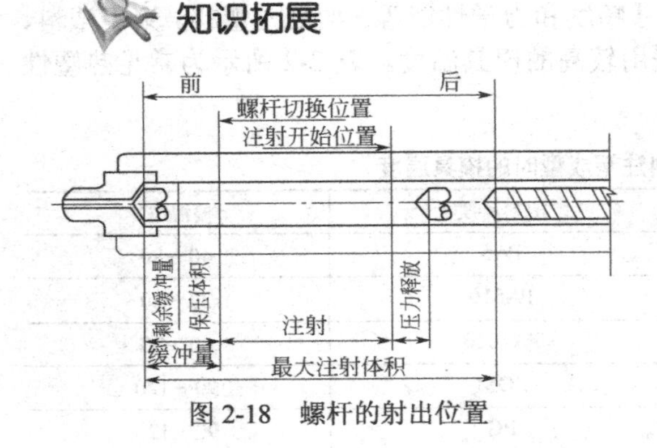

图 2-18 螺杆的射出位置

注射位置是注塑工艺中最重要的参数之一，注射位置一般是根据塑件和凝料（水口料）的总质量来确定的，有时要根据所用的塑料种类、模具结构、产品质量等来合理设定积压段注射的位置。

大多数塑料制品的注塑成型，均采用三段以上的注射方式，注射的位置包括残量位置、注射的各段位置、熔体终点位置及倒索（抽胶）位置等，如图 2-18 所示。

2.2.10 注射时间

注射时间就是施加压力于螺杆的时间，包含塑料的流动、模具充填、保压所需的时间，因此注射时间、注射速度和注射压力都是重要的成型条件，至于寻找正确的注射时间可以用两种方法进行：外观设定方法和重量设定方法。

尽管注射时间很短，对于成型周期的影响也很小，但是注射时间的调整对于浇口、流道和型腔等压力控制有着很大作用。合理的注射时间有助于熔体实现理想充填，而且对于提高制品的表面质量以及减小尺寸公差值有着非常重要的意义。

注射时间要远远低于冷却时间，大约为冷却时间的 1/15～1/10，这个规律可以作为预测塑件全部成型时间的依据，如图 2-19 所示。

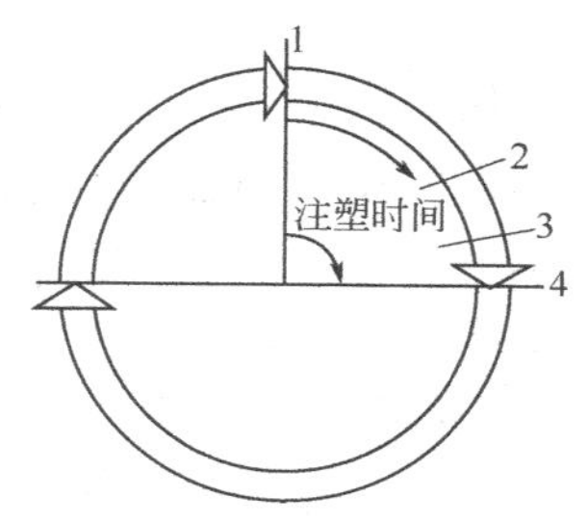

图 2-19 注射时间在成型周期中所占的比例

1—注射循环开始；2—注射充填；3—保压切换；4—型腔充满

2.2.11 冷却时间

冷却过程基本是由注塑开始而并不是注塑完成后开始，而冷却时间的长短，是基于保证塑件定型能开模取出，一般冷却时间占周期时间的70%～80%，如图2-20所示。

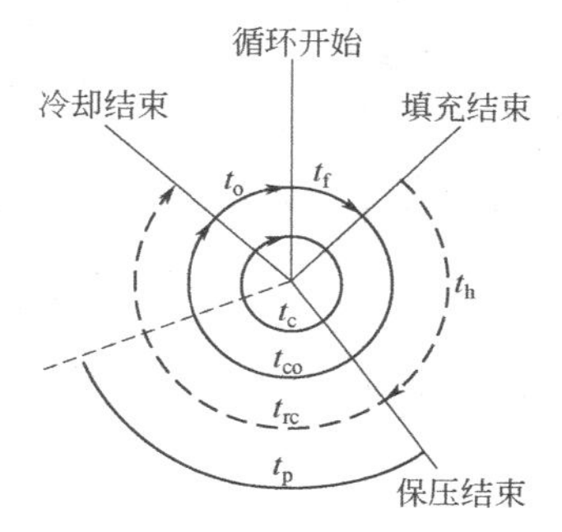

图 2-20 冷却循环时间

t_f—填充时间；t_h—保压时间；t_{rc}—剩余冷却时间；t_{co}—冷却时间；t_p—塑化时间；t_o—模具开合时间；t_c—循环时间（t_f+ t_{co}+ t_o）

2.2.12 螺杆转速

螺杆转速影响注塑物料经螺杆输送和塑化的热历程和剪切效应，是影响塑化能力、塑化质量和成型周期等因素的重要参数。随螺杆转速的提高，塑化能力提高，熔体温度及熔体温度的均匀性提高，塑化作用有所下降（一般为50～120r/min）。对热敏性塑料（如：PVC、POM等），也采用低螺杆转速，以防物料分解；对熔体黏度较高的塑料，也可以采用低的螺杆转速。

2.2.13 防涎量（螺杆松退量）

防延量是指螺杆计量（预塑）到位后，又直线地倒退一段距离，从而使计量室中熔体的空间增大，内压下降，防止熔体从计量室向外流出（通过喷嘴或间隙），这个后退动作称为防流延，后退的距离称为防延量或防流延行程。防流延还有另外一个目的就是在喷嘴不退回进行预塑时，降低喷嘴流道系统的压力，减少内应力，并在开模时容易抽出主流道。防延量的设置要视塑料的黏度和制品的情况而定，过大的防延量会使计量室中的熔体夹杂气泡，严重影响制品质量，对黏度大的物料可不设防延量（一般为2～3mm）。

2.2.14 残料量

螺杆注射结束之后，并不希望把螺杆头部的熔体全部注射出去，还希望留存一些，形成一个余料量。这样，一方面可防止螺杆头部和喷嘴接触发生机械碰撞事故；另一方面可通过此余料垫来控制注射量的重复精度，达到稳定注塑制品质量的目的（余料垫过小，则达不到缓冲的目的，过大会使余料累积过多），一般残料量为5～10mm。

2.2.15 注塑过程模腔压力的变化

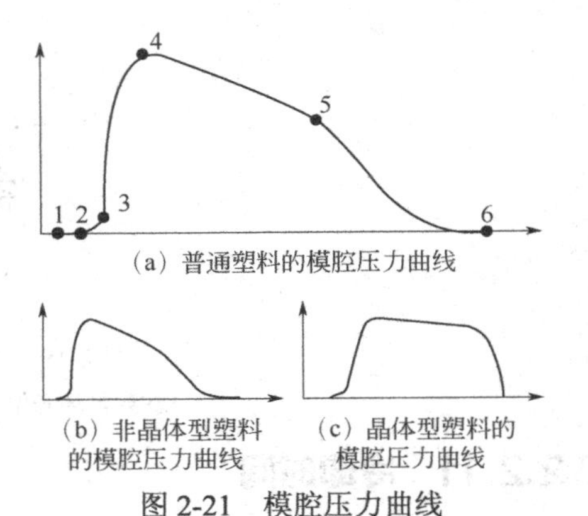

(a) 普通塑料的模腔压力曲线

(b) 非晶体型塑料的模腔压力曲线　(c) 晶体型塑料的模腔压力曲线

图 2-21 模腔压力曲线

模腔压力是能够清楚地表征注塑过程的唯一参数，只有模腔压力曲线能够真实地记录注塑过程中的注射、压缩和压力保持阶段，模腔压力变化是反映注塑件质量的重要特征（如重量、形状、飞边、凹痕、气孔、收缩及变形等），模腔压力的记录不仅提供了质量检验的依据，而且可准确地预测塑件的公差范围。

（1）模腔压力特征

模腔压力曲线上的典型特征点如图 2-21 所示。表 2-3 所示为图上每一特征点或每一时间段的压力变化效应。

表 2-3 模腔压力曲线特征点的压力变化

特征点	动作	过程事件	熔体注入	对材料、压力曲线和注塑的影响
1	注射开始	液压上升螺杆向前推进		
1—2	熔体注入模腔	传感器所在位置的模腔压力=1bar		
2	熔体到达传感器	模腔压力开始上升		
2—3	充填模腔	充填压力取决于流动阻力	平稳上升	① 缓慢注入 ② 无压力峰 ③ 内部应力低
			快速上升	① 快速注入 ② 出现压力峰 ③ 内部压力大 ④ 注塑件飞边
3	模腔充满	理想的 V—P（体积—压力）切换时刻		① 注射控制适当 ② 切换适时，注塑件内部压力适中
3—4（—5）	压缩熔体	体积收缩的平衡	平稳上升	① 压缩率低 ② 无压力峰 ③ 平稳过渡 ④ 注塑件内部应力低 ⑤ 可能产生气孔
			快速上升	① 压缩率高 ② 压力峰，过度注射 ③ 内部应力高 ④ 注塑件飞边
4	最大模腔压力	取决于保持压力和材料特性		
4—6	压力持续下降		非晶体材料	① 保压时间适当 ② 过程优化
4—6	压力下降出现明显转折	晶态固化	半晶体材料	① 保压时间适当 ② 过程优化
4—6	压力下降出现明显转折	熔体回流	非晶体材料	① 保压时间过短 ② 浇口未密封 ③ 注塑件凹陷
5	凝固点	浇口处熔体冷却（模腔内体积不变）		
6	大气压力=收缩过程开始	保持尺寸稳定的重要监控依据		压力波动通常标志着注塑件尺寸不一致

注：1bar=10^5Pa。

（2）最大模腔压力

如图 2-22 所示，最大模腔压力取决于保持压力的设定值，也会受到注射速度、注塑件的几何形状、塑料本身的特性及模具和熔体温度的影响。

（3）压力的作用时间

如图 2-23 所示，压力的突然下降表明压力保持时间过短，熔体从尚未凝固的浇口回流。

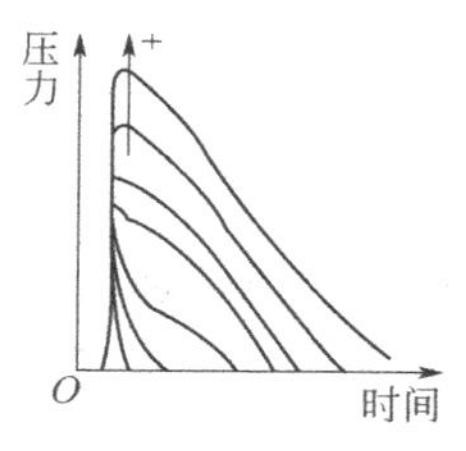

图 2-22　最大模腔压力

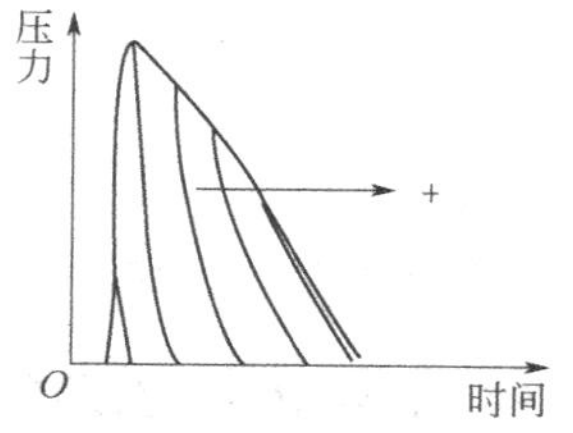

图 2-23　压力的作用时间

（4）模腔压力的变化曲线

一般而言，流动阻力小，压力损耗小，保压较完全，浇口封闭时间晚，补偿收缩时间长，模腔压力较高。

① 保压时间的影响　保压时间越短，模腔压力降低越快，最终模腔压力降低（见图 2-24）。

② 塑料熔体温度的影响　注塑机喷嘴入口的塑料温度越高，浇口越不易封口，补料时间越长，压降越小，因此模腔压力越高（见图 2-25）。

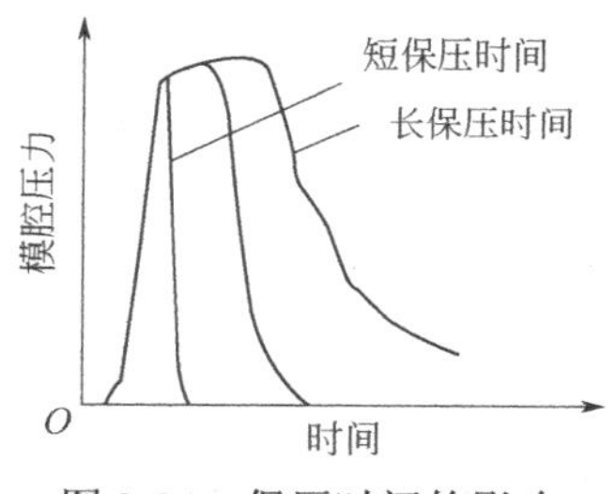

图 2-24　保压时间的影响

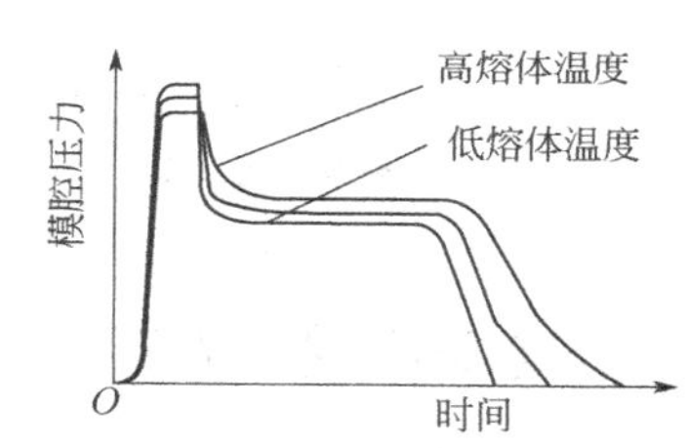

图 2-25　熔体温度的影响

③ 模具温度的影响　模具的模壁温度越高，与塑料的温度差越小，温度梯度越小，冷却速率越慢，塑料熔体传递压力时间越长，压力损失越小，因此模腔压力越高。反之，模温越低，模腔压力越低（见图 2-26）。

④ 塑料种类的影响　保压及冷却过程中，结晶性塑料的比体积变化较非晶性塑料大，模腔压力曲线较低（见图 2-27）。

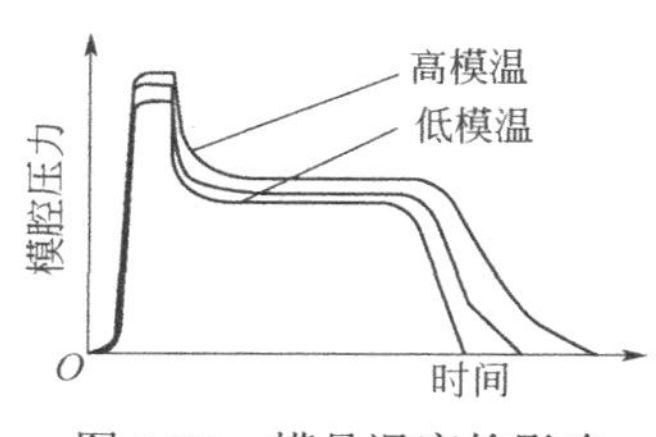

图 2-26　模具温度的影响

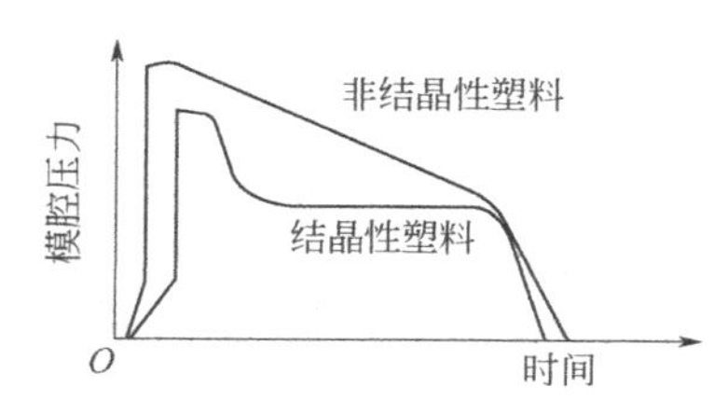

图 2-27　塑料种类的影响

⑤ 流道及浇口长度的影响　一般而言，流道越长，压降损耗越大，模腔压力越低。浇口长度也与模腔压力成反比的关系（见图 2-28）。

⑥ 流道及浇口尺寸的影响　流道尺寸过小造成压力损耗较大，将降低模腔压力；浇口尺寸

增加，浇口压力损耗小，使模腔压力较高；但截面积超过某一临界值，塑料通过浇口发生的黏滞加热效应削弱，料温降低，黏度提高，使压力传递效果变差，反而降低模腔压力（见图2-29）。

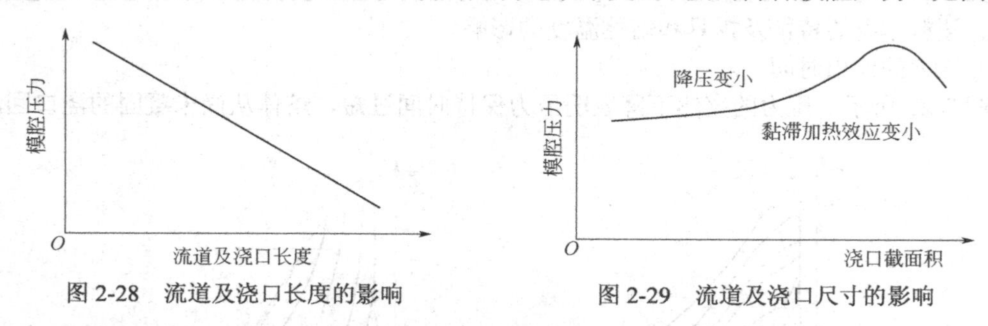

图 2-28 流道及浇口长度的影响　　图 2-29 流道及浇口尺寸的影响

2.2.16 注塑成型过程时间-压力分布

塑料在注塑成型过程中，时间-压力等工艺条件在不同阶段的分布关系如图2-30所示。

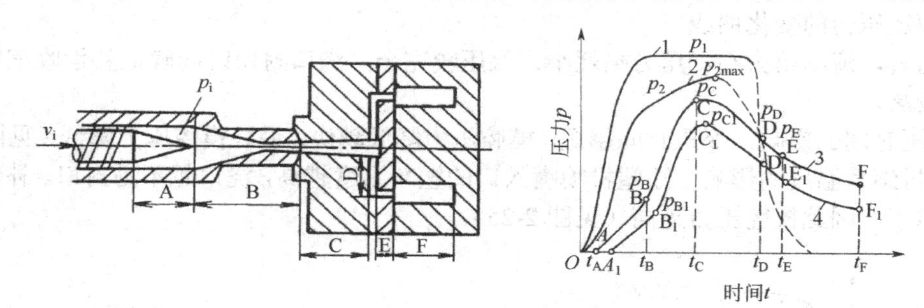

图 2-30 注射过程的时间-压力分布

v_i—螺杆速度；p_i—注射压力；A—计量室流道；B—喷嘴流道；

C—主流道；D—分流道；E—浇口；F—型腔

2.2.17 设定工艺参数的一般流程与要点

在设定注塑工艺参数时，一般按照以下流程进行，各步骤均给出了相应的设置要点。

（1）设置塑料的塑化温度

① 温度过低，塑料就可能不能完全熔融或者流动比较困难；

② 熔融温度过高，塑料会降解；

③ 从塑料供应商那里获得准确熔融温度和成型温度；

④ 料筒上有3～5个加热区域，最接近料斗的加热区温度最低，其后逐渐增温，在喷嘴处加热器需保证温度的一致性；

⑤ 实际的熔融温度通常高于加热器设定值，主要是因为背压的影响与螺杆的旋转而产生的摩擦热；

⑥ 探针式温度计可测量实际的熔体温度。

（2）设置模具温度

① 从塑料供应商那里获取模温的推荐值；

② 模温可以用温度计测量；

③ 应该将冷却液的温度设置为低于模温10～20℃；

④ 如果模温是40～50℃或者更高，就要考虑在模具与锁模板之间设置绝热板；

⑤ 根据同类制品的注塑经验，设定为获得最短注塑成型周期的模具温度值；

⑥ 为了提高零件的表面质量，有时较高的模温也是需要的。

（3）设置螺杆的注射终点

① 注射终点就是由充填阶段切换到保压阶段时螺杆的位置；

② 如图 2-31 所示，垫料不足的话，制品表面就有可能产生缩痕，一般情况下，垫料设定为 5～10mm；

③ 经验表明，如在本步骤中设定注射终点位置为充填模腔 2/3，这样可以防止注塑机和模具受到损坏。

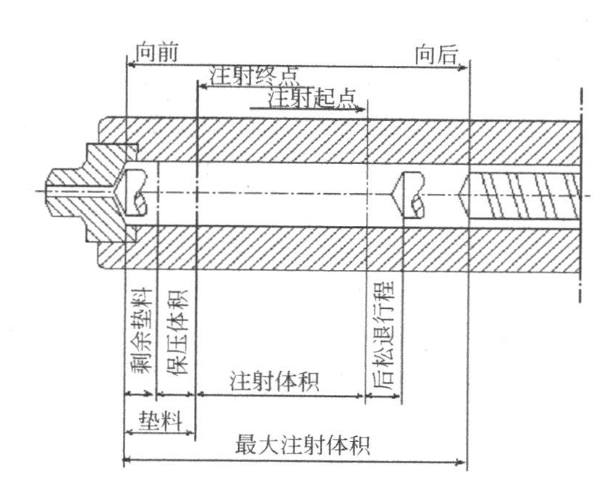

图 2-31 设置螺杆的注射终点

（4）设置螺杆转速

① 设置所需的转速来塑化塑料；

② 塑化过程不应该延长整个循环周期的时间，如果这样，那么就需提高速度；

③ 理想的螺杆转速是在不延长循环周期的情况下，设置为最小的转速。

（5）设置背压压力值

① 推荐的背压是 5～10MPa；

② 背压太低会导致出现不一致的制品；

③ 增加背压会增加摩擦热并减少塑化所需的时间；

④ 采用较低的背压时，会增加材料停留在料筒内的时间。

（6）设置注射压力值

① 设置注射压力为注塑机的最大值的目的是为了更好地利用注塑机的注射速度，所以压力设置将不会限制注射速度；

② 在模具充填满前，压力就会切换到保压阶段，因此模具不会受到损坏。

（7）设置初始保压压力值

① 设置保压压力为 0MPa，那么螺杆到达注射终点时就会停止，这样就可以防止注塑机和模具受到损坏；

② 逐步升高保压压力，并直至最终设定值。

（8）设置注射速度为注塑机的最大值

① 采用最大的注射速度时，将会获得更小的流动阻力，更长的流动长度，更强的熔合纹强度，但是，这样就需要设置排气孔，排气不畅的话会出现困气，这样在型腔里产生非常高的温度和压力，导致灼痕、材料降解和短射；

② 显示熔接纹和困气出现的位置，应该设计合理的排气系统，以避免或者减小由困气引起的缺陷；

③ 此外还需要定期清洗模具表面和排气设施，尤其是对于 ABS/PVC 材料。

（9）设置保压时间

① 理想的保压时间取浇口凝固时间和零件凝固时间的最小值；

② 浇口凝固的时间和零件凝固的时间可以计算或估计出；

③ 对于首次实验，可以根据 CAE 软件预测的充模时间，设置保压时间为此充模时间的 10 倍。

（10）设置足够的冷却时间

① 冷却时间可以估计或计算，它包括保压时间和持续冷却时间；

② 开始可以估计持续冷却时间为 10 倍注射时间，例如，如果预测的注射时间是 0.85s，那么保压时间是 8.5s，而额外的冷却时间是 8.5s，这可以保证零件和流道系统充分固化以便脱模。

（11）设置开模时间

① 通常来说，开模时间设置为 2～5s，其中包括开模、脱模、移模等动作，如图 2-32 所示；

② 加工循环周期是注射时间、保压时间、持续冷却时间和开模时间的总和。

（12）逐步增加注射体积直至 95%

① 通过 CAE 软件可以测出塑件和浇口流道等重量，有了这些信息，加上已知的螺杆直径或料筒的内径，每次注射的注射量和注射起点位置可以估计出。

② 仅充填模具的 2/3。保压压力设定为 0MPa，这样，在螺杆到达注射终点位置时，充模会停止，这可以保护模具。接下来，每步增加 5%～10%，直到充满模具的 95%。

③ 为了防止塑料从喷嘴流延，使用了压缩安全阀。在螺杆转动结束后，立即回退几毫米，以释放在塑化阶段建立的背压。

（13）切换到自动操作

进行自动操作的目的是为了获得加工过程的稳定性。

（14）设置开模行程

开模行程设置包括了型芯高度、零件高度、取出空间，如图 2-33 所示。应当使开模行程最短，每次开模时，起始速度应当较低，然后加速，在快结束时，再次降低。合模与开模的顺序相似，即慢—快—慢。

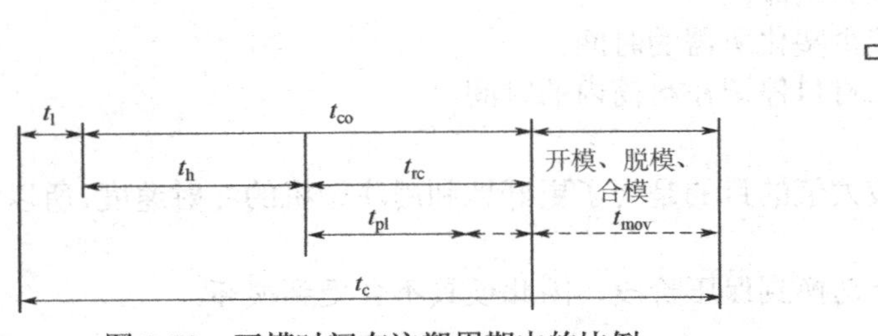

图 2-32 开模时间在注塑周期中的比例

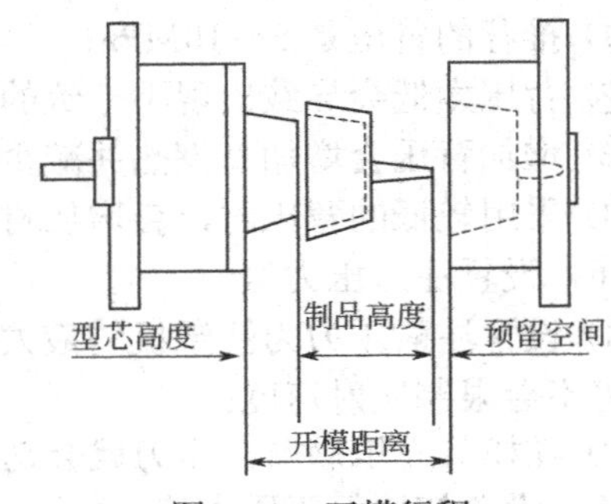

图 2-33 开模行程

（15）设置脱模行程、起始位置和速度

首先消除所有的滑动，最大的顶杆行程是型芯的高度。如果注塑机装有液压顶杆装置，那么开始位置设置在零件完全能从定模中取出的位置。当顶出的速度等于开模速度，则零件保留在定模侧。

（16）设置注射体积到模具充满 99%

① 当工艺过程已经固定（每次生产出同样的零件）时，调节注射终点位置为充满型腔 99%；

② 这样可以充分利用最大的注射速度。

（17）逐步增加保压压力

① 逐步增加保压压力值，每次增加约 10MPa。如果模腔没有完全充满，就需要增加注射体积。

② 选择可接受的最低压力值，这样可使制品内部的压力最小，并且能够节约材料，也降低了生产成本；较高的保压压力会导致高的内应力，内应力会使零件翘曲。内应力可以通过将制品加热到热变形温度 10℃以下退火进行释放。

③ 如果垫料用尽了，那么保压的末期起不到作用。这就需要改变注射起点位置以增加注射体积。

④ 液压缸的液压可以通过注塑机的压力计读得。然而，螺杆前部的注射压力更为重要，为了计算注射压力，需要将液压乘上一个转换因子，转换因子通常可以在注塑机的注射部分或者用户指导手册中找到，转换因子通常为 10～15。

（18）得到最短的保压时间

① 最简单地获得最短保压时间是开始设置一个较长的保压时间，然后，逐步减少直到出现缩痕的现象。

② 如果零件的尺寸较为稳定，可以利用图 2-34 获得更精确的保压时间，根据图中制品质量和保压时间关系曲线，得到浇口或制品凝固的时间。例如，在 9s 之后，保压时间对于零件的质量没有影响，这就是最短保压时间。

（19）得到最短的持续冷却时间

减少持续冷却时间直到零件的最大表面温度达到材料的热变形温度，热变形温度可以从供应商提供的塑料材料手册中查到。

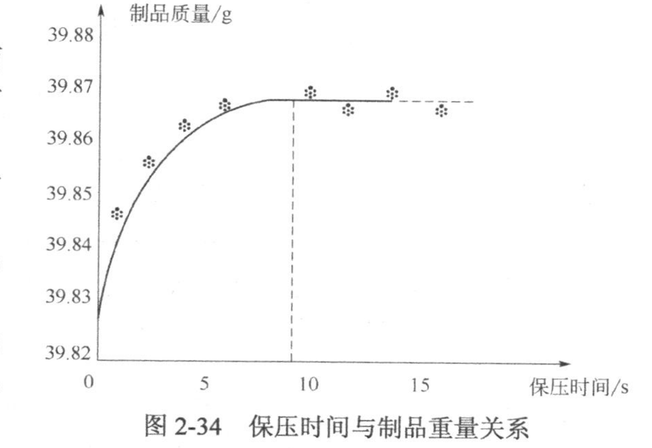

图 2-34 保压时间与制品重量关系

在上述过程中，如果是新产品投产，对工艺参数值没有把握时，应注意以下几点：

① 温度：偏低设置塑料温度（防止分解）和偏高设置模具温度。

② 压力：注射压力、保压压力、背压均从偏低处开始（防止过量充填引起模具、机器损伤）。

③ 锁模力：从偏大处开始（防止溢料）。

④ 速度：注射速度，从稍慢开始（防止过量充填）；螺杆转数，从稍慢开始；开闭模速度，从稍慢开始（防止模具损伤）；计量行程，从偏小开始（防止过量填充）。

⑤ 时间：注射保压时间，从偏长开始（确认浇口密封）；冷却时间，从偏长开始。

2.3 注塑成型的准备工作

2.3.1 塑料的配色

某些塑料制品对颜色有精确的要求，因此，在注塑时必须进行准确的颜色配比，常用的配色工艺有以下两种。

① 用色母料配色，即将热塑性塑料颗粒按一定比例混合均匀即可用于生产，色母料的加入量通常为 0.1%～5%。

② 将热塑性塑料颗粒与分散剂（也称稀释剂、助染剂），颜色粉均匀混合成着色颗粒。分散剂多用白油，25kg 塑料用白油 20～30mL、着色剂 0.1%～5%。可用作分散剂的还有松节油、酒精以及一些酯类等。热固性塑料的着色较为容易，一般将颜料混入即可。

2.3.2 塑料的干燥

塑料材料分子结构中含有酰胺基、酯基、醚基、腈基等基团而具有吸湿性倾向，由于吸湿而使塑料含有不同程度的水分，当水分超过一定量时，制品就会产生银纹、收缩孔、气泡等缺陷，同时会引起材料降解。

经验总结

① 易吸湿的塑料品种有：PA、PC、PMMA、PET、PSF（PSU）、PPO、ABS 等，原则上，上述材料成型前都应进行干燥处理。不同的塑料，其干燥处理的条件不尽相同，表 2-4 所示为常见塑料的干燥条件。

表 2-4 常见塑料的干燥条件

干燥条件 / 材料名称	干燥温度/℃	干燥时间/h	干燥厚度/mm	干燥要求（含水量）/%
ABS	80～85	2～4	30～40	0.1
PA	95～105	12～16	<50	<0.1
PC	120～130	>6	<30	0.015
PMMA	70～80	2～4	30～40	—
PET	130	5	—	—
PBT	120	<5	<30	—
PSF（PSU）	120～140	4～6	20	0.05
PPO	120～140	2～4	25～40	—

② 干燥的方法很多，如循环热风干燥、红外线加热干燥、真空加热干燥、气流干燥等。应注意的是，干燥后的物料应防止再次吸湿，表 2-5 所示为常见塑料成型前允许的含水量。

表 2-5 部分塑料成型前允许的含水量

塑料名称	允许含水量/%	塑料名称	允许含水量/%
PA6	0.10	PC	0.01～0.02
PA66	0.10	PPO	0.10
PA9	0.05	PSU	0.05
PA11	0.10	ABS（电镀级）	0.05
PA610	0.05	ABS（通用级）	0.10
PA1010	0.05	纤维素塑料	0.20～0.50
PMMA	0.05	PS	0.10
PET	0.05～0.10	HIPS	0.10
PBT	0.01	PE	0.05
UPVC	0.08～0.10	PP	0.05
软 PVC	0.08～0.10	PTFE	0.05

2.3.3 嵌件的预热

由于塑料与金属材料的热性能差异很大，两者比较，塑料的热导率小，线胀系数大，成型收缩率大，而金属收缩率小，因此，有金属嵌件的塑料制品，在嵌件周围易产生裂纹，致使制品强度较低。

要解决上述问题，设计塑料制品时，应加大嵌件周围塑料的厚度，加工时对金属嵌件进行预热，以减少塑料熔体与金属嵌件的温差，使嵌件四周的塑料冷却变慢，两者收缩相对均匀，以防止嵌件周围产生较大的内应力。

经验总结

嵌件预热需要由塑料的性质、嵌件的大小和种类决定。对具有刚性分子链的塑料，如 PC、PS、PSF、PPO 等，当有嵌件时必须预热。而含柔性分子链的塑料且嵌件又较小时，可不预热。

嵌件一般预热温度为 110～130℃，如铝、铜预热可提高到 150℃。

2.3.4 脱模剂的选用

对某些脱模结构复杂的塑料制品，注塑成型时需要在模具的型芯上喷洒脱模剂，以使塑料制品从模具的型芯上顺利脱出。

传统的脱模剂有：硬脂酸锌、白油、硅油。硬脂酸锌除聚酰胺外，一般塑料均可使用，白油作为聚酰胺的脱模剂效果较好，硅油效果好，但使用不方便。

2.4 多级注射成型工艺

2.4.1 注射速度对熔体充模的影响

充模指高温塑料熔体在注射压力的作用下通过流道及浇口后在低温型腔内的流动及成型过程。影响充模的因素较多，从注塑成型条件上讲，充模流动是否平衡、持续与注射速度（浇口处的表现）等因素密切相关。

图 2-35 所示为四种不同注射速度下的熔体流动特征状态。其中图 2-35（a）显示出采用高速注射充模时产生的蛇形纹或“喷射”现象；图 2-35（b）为使用中速偏高注射速度的流动状态，熔体通过浇口时产生的“喷射”现象减少，基本上接近“扩展流”状态；图 2-35（c）为采用中速偏低注射速度的流动状态，熔体一般不会产生“喷射”现象，熔体能以低速平稳的“扩展流”充模；图 2-35（d）为采用低速注射充模，可能因为充模速度太慢而造成充模困难甚至失败。

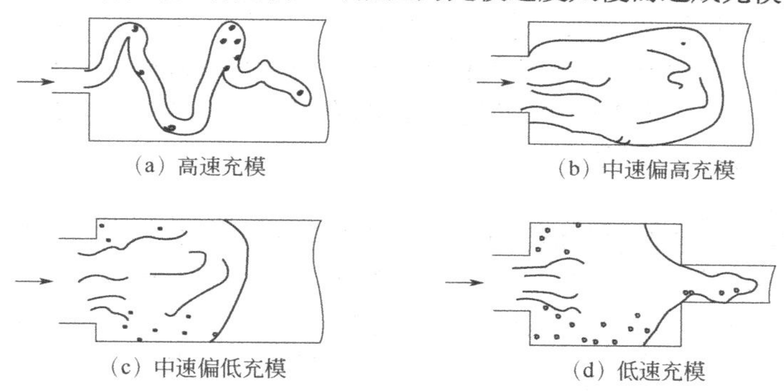

图 2-35　不同流动速度下的充模特征

知识拓展

通常聚合物熔体在“扩展流”模型下进行的扩展流动也分三个阶段进行：熔体刚通过浇口时前锋料头为辐射状流动的初始阶段，熔体在注射压力作用下前锋料头呈弧状的中间流动阶段，以黏弹性熔膜为前锋头料的匀速流动阶段。

初始阶段熔料的流动特征是，经浇口流出的熔料在注射压力、注射速度的作用下具有一定的流动动能，这种动能（这时刚进入型腔，不受任何流动阻力的影响）的大小影响着锋头熔料的辐射状态特征、扩散的体积大小等。当这种作用力特别强时，可能产生“喷射”现象；当这种作用力的动能适当时，从源头出发的熔体各流向分布均匀，扩散状态较佳。

随着初期阶段的发展，熔体将很快扩散，与型腔壁接触时会出现两种现象：①受型腔壁的作用力约束而改变了扩散方向的流向；②受型腔壁的冷却及摩擦作用而产生流动阻力，使熔体在各部位的流动产生速度差。这种流动特征表现为熔体各点的流动速度不等，熔体芯部的流速最大，前锋头料的流动呈圆弧状；同时各点的流动形成一个速度不等的拖曳及牵制，流动阻力随流动行程的增加而呈增大的趋势。

最后阶段流动的熔料以黏弹性熔膜为锋头快速充模。在第二、第三阶段充模过程中注射压力与注射速度形成的动能是影响充模特征的主要因素。图 2-36 为扩展流动变化过程及速度分布图。注塑件的形状是多种多样的，图中仅为一种模型。充模流动过程中的流动特征、能量损失与制品的形状关系很大，而不同的塑料具有不同的流动特征。

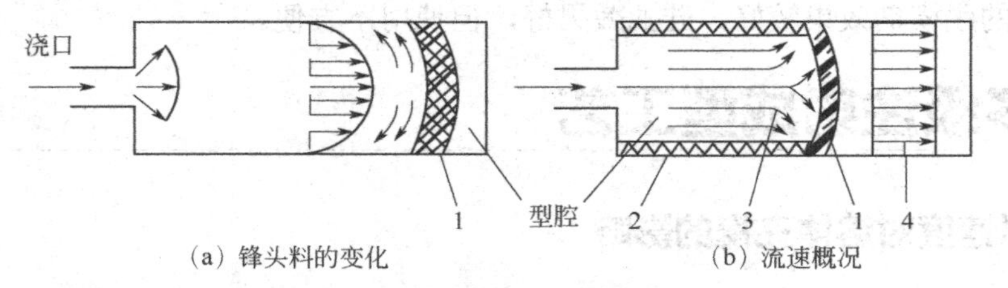

(a) 锋头料的变化 (b) 流速概况

图 2-36 扩展流动过程的模型

1—低温熔模；2—塑料的冷固层；3—熔体的流动方向；4—低温熔模处的流速分布

2.4.2 多级注射成型的工艺原理

(1) 熔体在型腔中的理想流动状态

如前所述，匀速扩展流的特征及塑料熔体从浇口开始流动的阶段不应发生类似于“喷射”及喷射的特征，要求熔体在流动到浇口的初级阶段不应具有特别大的动能（过大的流动动能会导致喷射及蛇形纹）；在充模中期扩展状态应具有一定的动能用以克服流动阻力，并使扩展流达到匀速扩展状态；在充模的最后阶段要求具有黏弹性的熔体快速充模，突破随着流动距离增加而增大的流动阻力，达到预定的流速均匀稳态。从流变学原理判断，这种理想状态的流动可使注塑制品具有较高的物理、力学性能，消除制品的内应力及取向，消除制品的凹陷缩孔及表面流纹，增加制品表面光泽的均匀性等。

(2) 多级注射进程的实现

多级注射成型实质上是在塑料熔体向型腔充模的瞬间实现不同注射速度的控制，使塑料熔体在充模流动中达到一种近似理想的状态。这种理想状态下的充模流程不会给塑料制品带来质量缺陷，不会产生应力、取向力。一般而言，注塑成型过程中，注射充模的过程仅需在几秒至十几秒内完成，而多级注射成型工艺就是要求在很短的时间内将充模过程转化为不同注射速度控制的多种充模状态的延续。

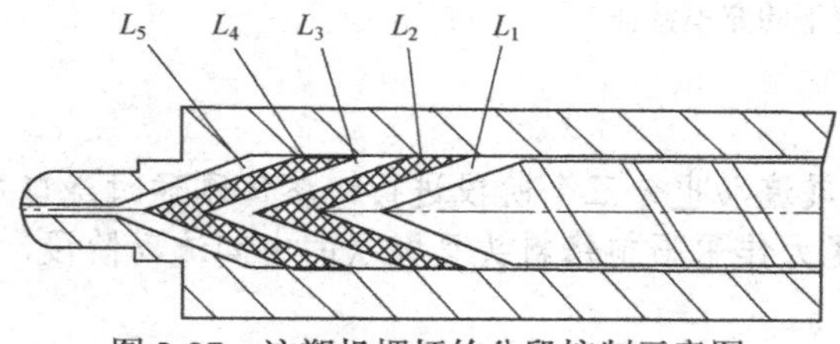

图 2-37 注塑机螺杆的分段控制示意图

按照实际多段注射状态的 5 级要求实施不同的注射量，熔体的动能必须由注塑机来实现。在目前的注塑机控制中已经可以实现分段甚至更多段的注射控制，如图 2-37 所示。

如图 2-37 所示，可以实现 5 段注射控制，每段具有不同的注射量，通过行程控制的注射量为

$$Q_{L_n}=\frac{\pi}{4}D^2L_n\rho$$

式中 Q_{L_n}——注射量；

L_n——注射行程；

D——注塑机螺杆直径；

ρ——塑料的密度。

因而在每一段可以使用不同的注射速度与注射压力来实现这一阶段熔料的动能。其中 L_n 段与前面在型腔中分区的 n 区对应。虽然它的流动动能受浇注系统的影响而发生改变，但要求其体积流量的变化要小。

经验总结

在生产实际中，实现多级注射的注塑机的注射速度是进行多级控制的，通常可以把注射过

程如图 2-38 所示分 3 个或 4 个区域，并把各区域设置成各自不同的适当注射速度即可以实现多级注射成型。目前，一些注塑机还具有多级预塑和多级保压功能。

（3）多级注射成型工艺曲线

多级注射成型工艺虽然是对熔料充模状态的描述，但它的控制是由注塑机来实现的。从注塑机的控制原理来看，可以利用注射速度（注射压力）与螺杆给料行程形成的曲线关系。图 2-39 为典型的多级注射成型工艺的曲线，即在注射过程中对不同的给料量施加不同的注射压力与注射速度。

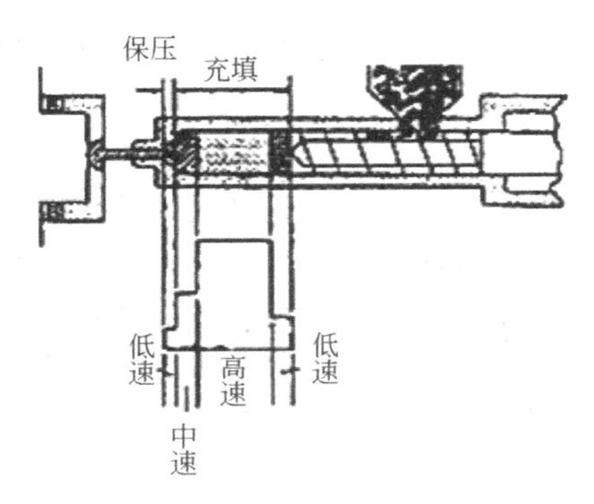

图 2-38　注射速度的程序控制

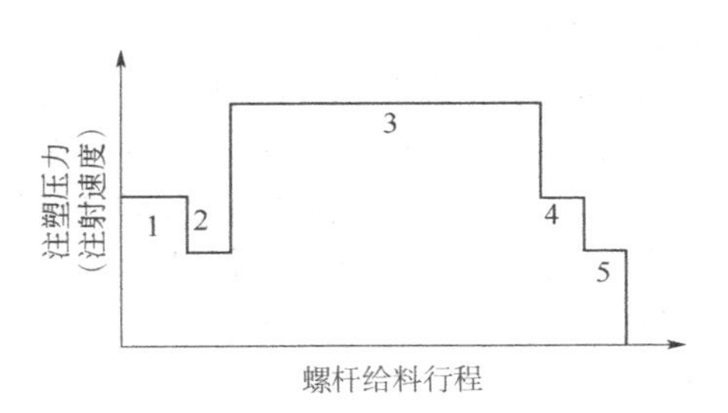

图 2-39　典型的多级注射成型工艺曲线

（4）多级注射成型的优点

在注塑成型中，高速注射和低速注射各有优缺点。经验表明，高速注射大体上具有如下优点：缩短注射时间；增大流动距离；提高制品表面光洁度；提高熔接痕的强度；防止产生冷却变形。而低速注射大体上具有如下的优点：有效防止产生溢边；防止产生流动纹；防止模具跑气跟不上进料；防止带进空气；防止产生分子取向变形。

多级注射结合了高速注射和低速注射的优点，以适应塑料制品几何形状日益复杂、模具流道和型腔各断面变化剧烈等的要求，并能较好地消除制品成型过程中产生注射纹、缩孔、气泡、烧伤等缺陷。

多级注射成型工艺突破了传统的注射加保压的注射加工方式，有机地将高速与低速注射加工的优点结合起来，在注射过程中实现多级控制，可以克服注塑件的许多缺陷。图 2-40 就采用了在注射的初期使用低速、模腔充填时使用高速、充填接近终了时再使用低速注射的方法。通过注射速度的控制和调整，可以防止和改善制品外观如毛边、喷射痕、银条或焦痕等各种不良现象。

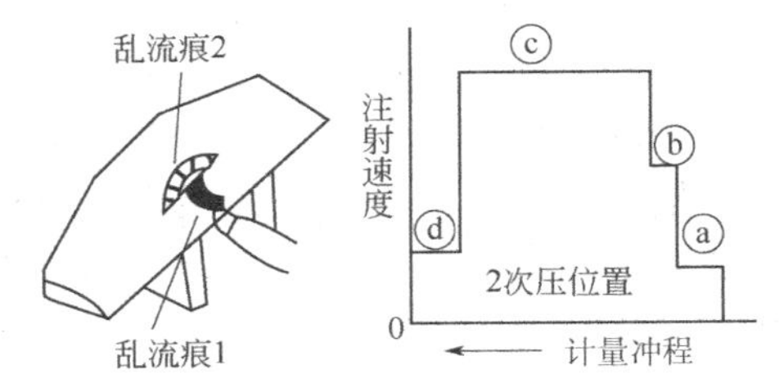

图 2-40　用不同的注射速度消除乱流痕

经验总结

实践表明，通过多级程序去控制注塑机的油压、注射速度、螺杆位置、螺杆转速，大都能改善注塑制品的外观不良，如改善制品的缩水、翘曲和毛边等。

2.4.3　多级注射成型的工艺设置

多级注射成型工艺曲线反映的是螺杆给料行程与注塑机提供的注射压力与注射速度的关系，因而设计多级注射成型工艺时需要确定两个主要因素：其一是螺杆给料行程及分段；其二是需要设置注射压力与注射速度。图 2-41 给出了典型的制品（分 4 区）与注塑机分段的对应关系，一般可以依据该对应关系确定出分段的规则，并可根据浇注分流的特征同样确定各段的工艺参数。

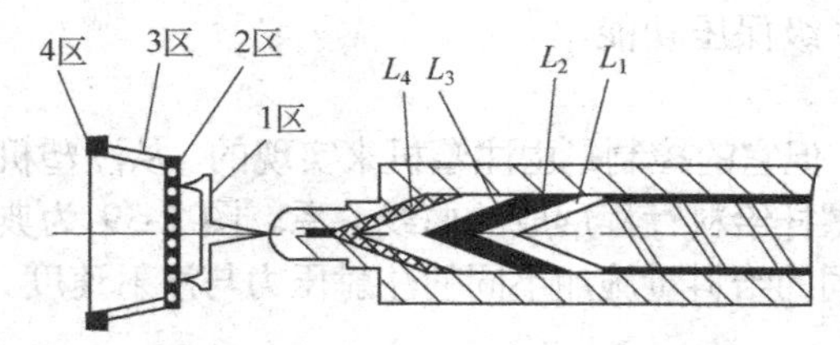

图 2-41 螺杆给料行程与注塑件分区的对应关系

特别注意

在实际生产中，多级注射控制程序可以根据流道的结构、浇口的形式及注塑件结构的不同，来合理设定多段注射压力、注射速度、保压压力和熔体充填方式，从而有利于提高塑化效果、提高制品质量、降低不良率及延长模具、机器等的寿命。

（1）分级的设定

在进行各级注射成型工艺设计初始，首先对制品进行分析，确定各级注射的区域。一般分为 3～5 区，依据制品的形状特征、壁厚差异特征和熔料流向特征划分，壁厚一致或差异小时近似为 1 区；以料流换向点或壁厚转折点确定为多级注射的每一区段转换点；浇注系统可以单独设置为一区。如图 5 中的制品依据外形特征即料流换向处作为一个转折点即 2 区与 3 区的转折点；而将壁厚变换点作为另一个转折点即 3 区与 4 区的转折点，可以将多级注射分为 4 区，即制品 3 区、浇注系统 1 区。

在生产实践中，一般的塑件注塑时至少要设定三段或四段注射才是比较科学的。浇口和流道为第一段、进浇口处为第二段、制品充填到 90%左右时为第三段、剩余的部分为第四段（亦称末段）。

对于结构简单且外观质量要求不高的塑件，可采用三段注射。但对结构比较复杂、外观缺陷多、质量要求高的塑件注塑时，需采用四段以上的注射控制程序。

设定几段注射程序，一定要根据流道的结构，浇口的形式、位置、数量和大小，塑件结构，制品要求及模具的排气效果等因素进行科学分析、合理设定。

① 对于直浇口的制品，既可以采用单级注射的形式，也可以采用多级注射的形式。对于结构简单精度要求不高的小型塑件，可采用低于三级注射的控制方式。

② 对于复杂和精度要求较高的、大型的塑料制品，原则上选择四级以上的多级注射工艺。

（2）注射进程的设置

如图 2-41 所示，根据制品的形状特征将制件分区后，反映在注塑机螺杆上分别对应于螺杆的分段，那么螺杆的各分段距离可以依据分区的标准进行预算，首先预算出制品分区后对应的各段要求的注射量（容积），采用对应方法可以计算出螺杆在分段中的进程，如 n 区的容积为 Q_{Vn}，则注塑机 n 段的行程为

$$L_n = \frac{Q_{Vn}}{\frac{\pi}{4}D^2}$$

在多级注射的注塑生产实践中，确定螺杆注射进程方法如下。

第一级的注射量（即注射终止位置）是浇注系统的浇口终点。除直浇口，其余的几乎都采用中压、中速或者中压、低速；第二级注射的终止位置是从浇口终点开始至整个型腔 1/2～2/3 的空间。

第二级注射应采用高压、高速，高压、中速或者中压、中速，具体数值根据制品结构和使用的塑料材料而定；第三级及其以后的级别，宜采用中压、中速或中压、低速，位置是恰好充满剩余的型腔空间。上述 3 级进程都属于熔体充填过程。

最后一级注射属于增压、保压的范畴，保压切换点就在这级注射终止位置之间，切换点的选择方法有两种：计时和位置。

当注射开始时，注射计时即开始，同时计算各级注射终止位置，如果注射参数不变，依照原料的流动性不同，流动性较佳的，则最后一级终止位置比计时先到达保压切换点，此时完成充填和增压进程，此后注射进入保压进程，未达到的计时则不再计时而直接进入保压，如果流动性较差的，计时完成而最后一级注射终止位置还未到达切换点，同样不需等位置到达而直接进入保压。

综上所述，设置多级注射的注射进程因此应注意以下几点。

① 塑料原料流动性中等的注塑，可在测得保压点后，再把时间加几秒，作为补偿。

② 塑料原料流动性差的注塑，如混合有回收料的塑料、低黏度塑料，由于注射过程不太稳定，应使用计时较佳，将保压切换点减小（一般把终止位置设定为零），以计时来控制，自动切换进入保压。

③ 注塑原料流动性好的塑料，以位置来控制保压切换点较佳，将计时加长，到达设定切换点后进入保压。

④ 保压切换点即模具型腔已充填满的位置，注射位置已难再前进，数字变换很慢，这时必须切换压力才能使制品完全成型，该位置在注塑机的操作画面上可以观察到（计算机语言）。

此外，关于多级保压的使用问题，可以按照以下方法确定：加强筋不多、尺寸精度要求不高的制品及高黏度原料的制品使用一级保压，保压压力比增压进程的压力高，而保压时间短；而加强筋较多制品、尺寸精度要求不高的制品，一般要启用多级保压。

（3）注射压力与注射速度的设定

① 浇注系统的注射压力与注射速度　一般浇注系统的流道较小，常常使用较高的注射速度及注射压力（选用范围为60%～70%），使熔料快速充满流道与分流道，并且使流道中的熔体压力上升，形成一定的充模势能。对于分流道截面积较大的模具，注射压力及注射速度可设置低一些，反之，对于分流道截面积较小的模具，可设置高一些。

② 2段的注射速度与注射压力　当熔料充满流道、分流道，冲破浇口（小截面积）的阻力开始充模时，所需要的注射速度可偏低，克服不良的浇注纹及流动状态。在这一段可减小注射速度，而注射压力减幅较小，对于浇口截面积较大的可以不减小注射压力。

③ 3段的注射速度与注射压力　如图2-41所示，3段对应注射3区部分，3区是注塑件的主体部分，此时熔体已完全充满型腔。为了实现扩散状态的理想形式，需要增速充模，因而在这一段需要注塑机提供较高的注射压力与注射速度。同时这一区段也是熔体流向转折点，熔体的流动阻力增大，压力损失较多，也需要补偿。一般来说，多级注射在这一区段均实施高速高压。

④ 4段的注射速度与注射压力　从图2-41的对应关系判断，当熔体到达4区时，制件壁厚可变或不变化。熔体已基本充满型腔。由于熔体在3区获得了高压高速，因而在此阶段可进行缓冲，以实现熔体在型腔内的流动线速度在各部位近似一致。一般的设计原则是，进入4区时，若壁厚增大，可减速减压；若壁厚减小，可减速不减压，或者可不减速而适当减压或不减压。总之，在4段既要使注射体现多级控制特点，又要使型腔压力快速增大。

图2-42是根据工艺条件设置的不同速度，对注射螺杆进行多级速度转换（切换）的一个案例。

图2-43所示是基于对制品几何形状分析的基础上选择的多级注射成型工艺。由于制品的型腔较深而壁又较薄，使模具型腔形成长而窄的流道，熔体流经这个部位时必须很快地通过，否则易冷却凝固，会导致充不满模腔，在此应设定高速注射。但是高速注射会给熔体带来很大的动能，熔体流到底时会产生很大的惯性冲击，导致能量损失和溢边现象，这时必须使熔体减缓流速，降低充模压力而要维持通常所说的保压压力（二次压力，后续压力）使熔体在浇口凝固之前向模腔内补充熔体的收缩，这就对注塑过程提出多级注射速度与压力的要求。图2-43中所示的螺杆计量行程是根据制品用料量与缓冲量来设定的。注射螺杆从位置“97”到“20”是充填制品的薄壁部分，在此阶段设定高速值为“10”，其目的是高速充模可防止熔体散热时间长而

流动终止；当螺杆从位置“20”→“15”→“2”时，又设定相应的低速“5”，其目的是减少熔体流速及其冲击模具的动能。当螺杆在“97”、“20”、“5”的位置时，设定较高的一次注射压力以克服充模阻力，从“5”到“2”时又设定了较低的二次注射压力，以便减小动能冲击。

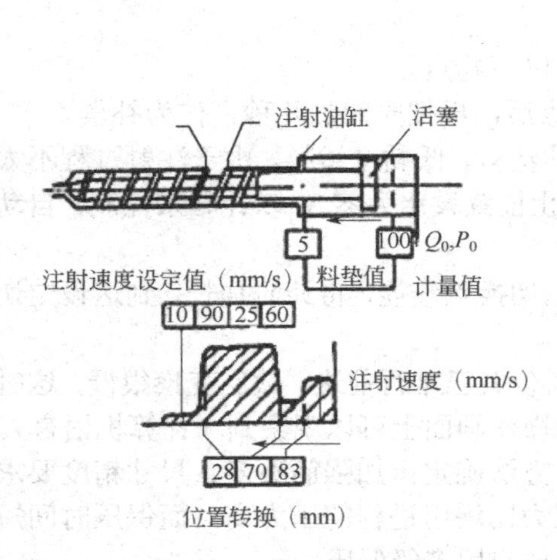

图 2-42　注射速度设定示例（一）

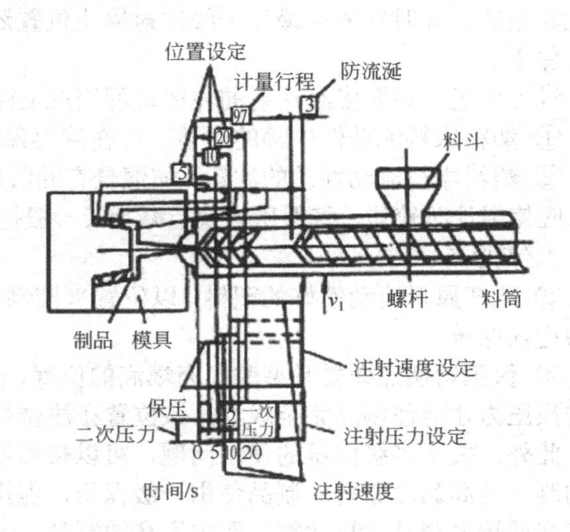

图 2-43　注射速度设定示例（二）

特别注意

多级注射成型工艺是目前注射成型技术中较为先进的注射成型技术。在多级注射成型工艺的研究中，对于注射中螺杆行程分段的确定较为精确，而在各段注射压力及注射速度的选择上经验性较强。一般的经验方法是只能确定各段选用的注射压力及注射速度的段间对应关系，通常的做法是依据各段对应于注塑件各部位的截面积比例，在设计好多级注射成型工艺之后，需要通过多次试验反复修正，使选择的注射压力与注射速度达到最佳值。

2.5 塑件的后期处理

2.5.1 退火处理

由于塑化不均匀或塑料在型腔中的结晶、定向和冷却不均匀，造成塑件各部分收缩不一致，或由于金属嵌件的影响和塑件的二次加工不当等缘故，塑件内部不可避免地存在一些内应力。而内应力的存在往往导致塑件在使用过程中产生变形或开裂，因此塑件常需要退火处理，以消除残余应力。

退火的方法是把塑件放在一定温度的烘箱中或液体介质（如水、热矿物油、甘油、乙二醇和液体石蜡等）中一段时间，然后缓慢冷却至室温。利用退火时的热量，加速塑料中大分子松弛，从而消除或降低塑件成型后的残余应力。

退火的温度一般控制在高于塑件的使用温度 10～20℃或低于塑料热变形温度 10～20℃。温度不宜过高，否则塑件会产生翘曲变形；温度也不宜过低，否则达不到后处理的目的。

经验总结

退火的时间取决于塑料品种、加热介质的温度、塑件的形状和壁厚、塑件精度要求等因素。表 2-6 为常用热塑性塑料的热处理条件。

表2-6　常用热塑性塑料的热处理条件

塑料名称	热处理温度/℃	时间/h	热处理方式
ABS	70	4	烘箱
聚碳酸酯	110～135	4～8	红外灯、烘箱
	100～110	8～12	
聚甲醛	140～145	4	红外线加热、烘箱
聚酰胺	100～110	4	盐水
聚甲基丙烯酸甲酯	70	4	红外线加热、烘箱
聚砜	110～130	4～8	红外线加热、烘箱、甘油
聚对苯二甲酸丁二（醇）酯	120	1～2	烘箱

2.5.2　调湿处理

将刚脱模的塑件（聚酰胺类）放在热水中隔绝空气，防止氧化，消除内应力，以加速达到吸湿平衡，稳定其尺寸，称为调湿处理。如聚酰胺类塑件脱模时，在高温下接触空气容易氧化变色，在空气中使用或存放又容易吸水而膨胀，经过调湿处理，既隔绝了空气，又使塑件快速达到吸湿平衡状态，使塑件尺寸稳定下来。

经验总结

经过调湿处理，还可以改善塑件的韧度，使冲击韧度和抗拉强度有所提高。调湿处理的温度一般为100～120℃，热变形温度高的塑料品种取上限；反之，取下限。

调湿处理的时间取决于塑料的品种、塑件形状、壁厚和结晶度大小。达到调湿处理时间后，缓慢冷却至室温。

第3章

注塑机的操作

3.1 注塑机操作流程与要点

3.1.1 准备工作

（1）着装

操作注塑机的人员在上岗前应着工作服、安全帽、安全鞋等，如图3-1所示。

（2）检查注塑机

开机前先检查各种电器开关是否正常，位置是否正确，油箱油位是否符合要求，模具是否和要求的产品一致，原料是否符合产品要求，烘料温度与时间是否符合工艺卡片要求，模具的冷却系统是否良好，油路是否畅通；检查模具安装是否牢靠，是否有其他非操作性标识，尤其对打开的模具要认真检查；对有采用热流道的模具，要待热流道温度达到设定的要求后，才能操作。在此过程中要注意注射时必须关闭安全门，以免高温熔体喷溅烫伤人员；开机空运行，观察注塑机的关模、顶出等动作是否正常。

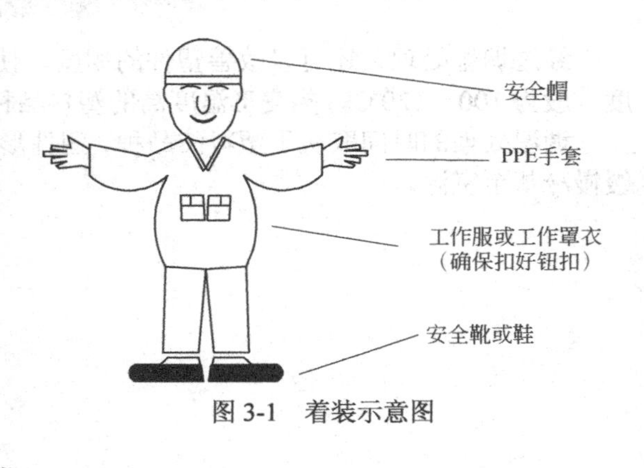

图3-1　着装示意图

根据工艺卡片要求，将注塑机料筒烘干温度设定为规定的温度，待料温达到设定的温度15min后，开始下一步的工作；根据成型工艺卡片要求，设定好各种压力、速度、时间、位置参数。

（3）选择合适的工作模式

一般往复式螺杆注塑机有四个动作模式：全自动、半自动、手动和点动（多数用在调模上）。各种模式的选择作用如下。

① 全自动：注塑机的全部工作动作按预先调整好的时间和程序自动进行。这种模式下，注塑机的每一个动作周期固定不变，塑料的加入量和在料筒受热塑化程度以及模具温度保持恒定，所以制品的质量和产量都可以得到保证。但是这种动作模式必须满足四个先决条件，即制品能可靠地从模具上脱出、低压合模保护、故障报警及自动停机等功能均完好。

② 半自动：除锁模为人工操作外，其余过程均为自动进行。采用这种动作模式的目的是为了能进行人工辅助产品脱模，取出水口料或将嵌件放入模具。由于生产周期大体上固定不变（操作工人的熟练程度不同，会有小的变化），因此制品质量及产量均有保障，是企业生产中常常采

用的模式，特别是一些中小规模的企业。

③ 手动：按下某一动作按钮，注塑机仅完成某一动作。采用这种模式时，由于生产周期操作人员的动作快慢不同，塑料的加入量、塑化程度、模具温度等均可能出现变化，制品的质量、单位时间产量均不太稳定，一般是在观察及调整时使用。

④ 点动：又称调整，即按下某一动作按钮后，注塑机的相应动作将根据按下的时间长短分步运行。这种模式只在更换模架、调整注塑机各个动作之间的配合、对空注射时使用，生产上不能采用。要特别注意的是，点动时注塑机上各种安全保护设置都处于暂时停止工作状态，例如在不关安全门的情况下模具仍然可跟随活动模板开启和闭合，因此采用点动模式操作时应小心谨慎，建议有一定的经验的人方可操作。目前，先进的注塑机已取消点动功能，一部分功能由手动模式完成，一部分是由专门的功能键完成，如自动低压调模、自动对空射出以清洗料筒等。

（4）安全注意事项

为了保护注塑机螺杆，应确保注塑机料筒各段温度达到设定的温度后 15～30min，再开始操作螺杆。

① 为防止螺杆损坏，在无料空转的情况下，应以 60r/min 以下的速度进行试运转。

② 操作人员的手和脸部不可靠近注射喷嘴的前端。

③ 在注塑工作前应完成模具的安装。

④ 下一注塑步骤中未注明的操作都应在手动状态下进行。

（5）油温检查

液压油的最佳工作温度大都为 45℃左右，如果液压油的温度低于 40℃，油的黏性会过高；而高于 55℃，则油的黏性过低。

为在注塑加工开始时机器就能处于最佳状态，如果液压油的温度低于 40℃，应先做液压油预热工作。预热的方法是只启动油泵电动机进行空运转，也可以进行某一动作，如顶出杆顶出、回收等。

3.1.2 模具的安装

（1）准备工作

安装模具前，应认真检查、核对、清理模具，如图 3-2 所示。

（a）检查

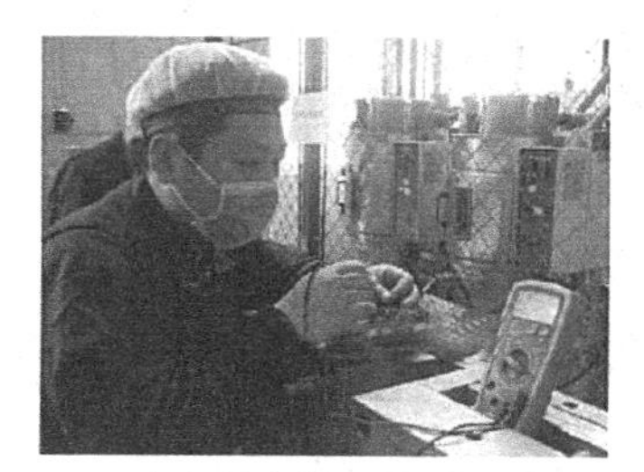

（b）检查热流道线路

（c）清洗模具及内部零件

（d）用生料带（水胶布）装好水嘴

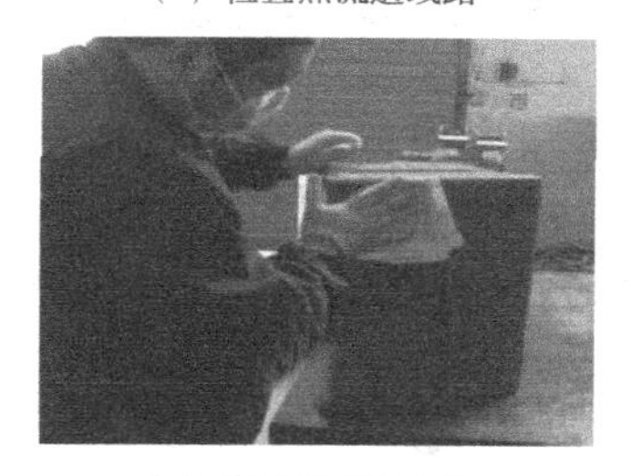

（e）清洗模具接触面

（f）模具放在“模具待生产区”

图 3-2

(g) 将模具搬运到到生产线上

(h) 将模具放置到注塑机旁的支撑架上

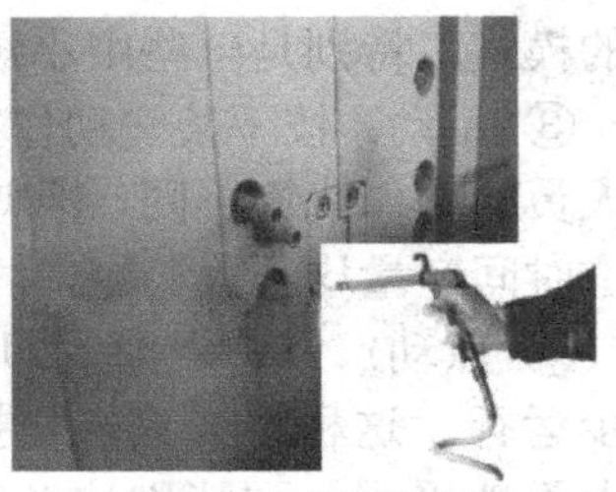
(i) 用气枪检查模具的冷却水道

(j) 将吊环安装到模具上

(k) 工具车放在机器旁

图 3-2 模具安装前的准备工作

(2) 模具的装夹

装夹模具的流程及所需工具如图 3-3 所示。

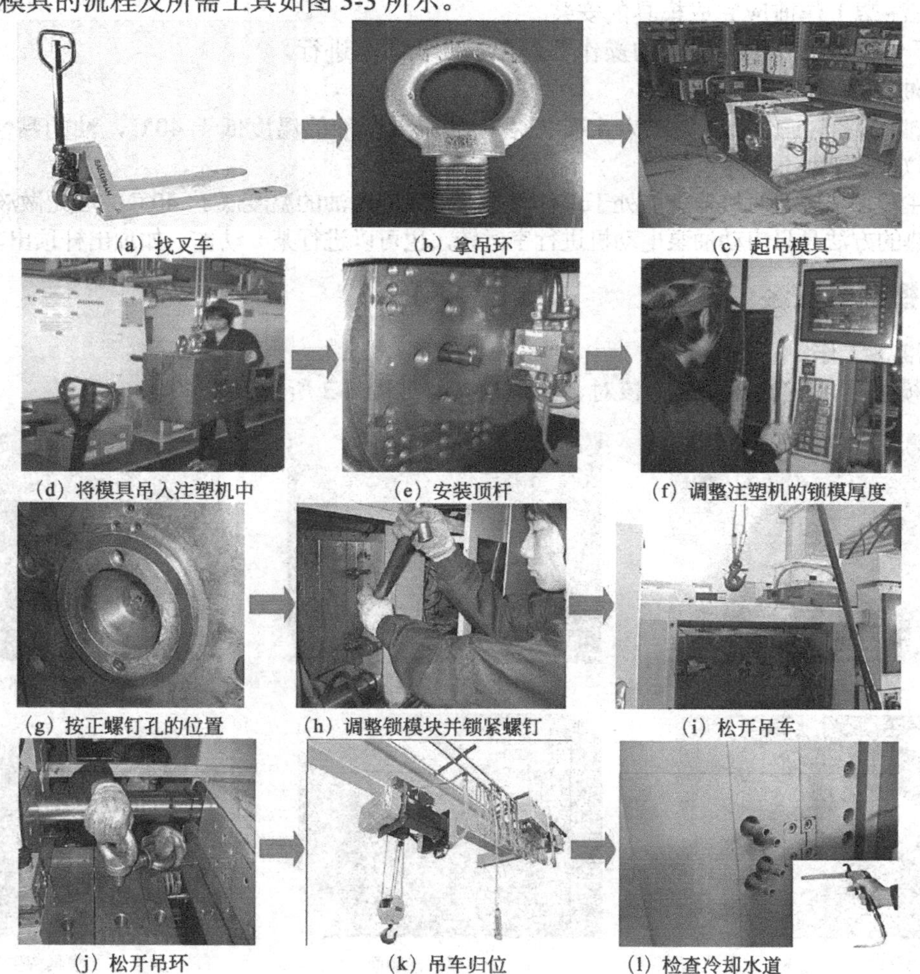
(a) 找叉车 (b) 拿吊环 (c) 起吊模具
(d) 将模具吊入注塑机中 (e) 安装顶杆 (f) 调整注塑机的锁模厚度
(g) 按正螺钉孔的位置 (h) 调整锁模块并锁紧螺钉 (i) 松开吊车
(j) 松开吊环 (k) 吊车归位 (l) 检查冷却水道

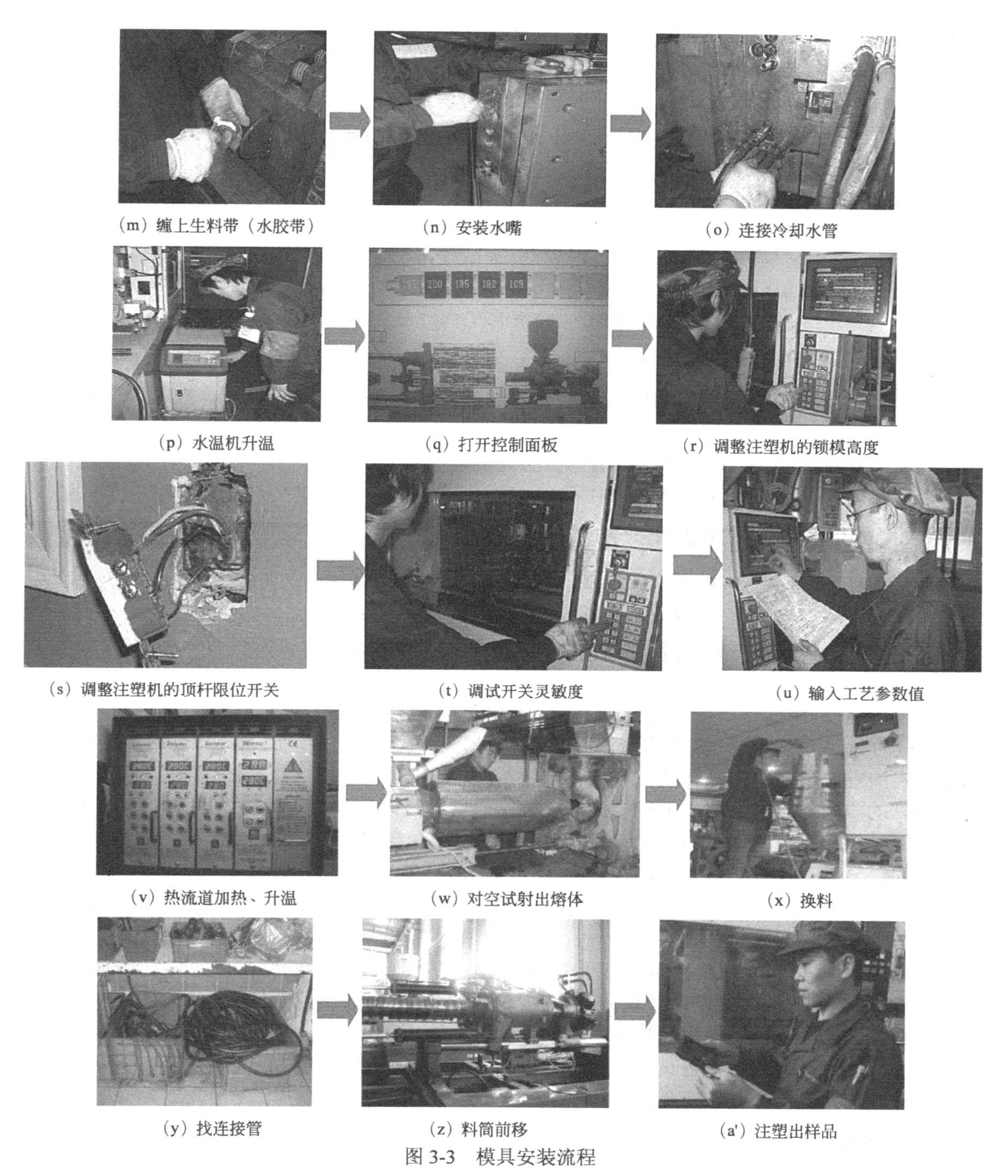

（m）缠上生料带（水胶带）　（n）安装水嘴　（o）连接冷却水管

（p）水温机升温　（q）打开控制面板　（r）调整注塑机的锁模高度

（s）调整注塑机的顶杆限位开关　（t）调试开关灵敏度　（u）输入工艺参数值

（v）热流道加热、升温　（w）对空试射出熔体　（x）换料

（y）找连接管　（z）料筒前移　（a'）注塑出样品

图 3-3　模具安装流程

特别注意

安装模具时，注塑机的动作模式必须处在手动模式或调模状态下进行，以确保生产安全。同时，要特别注意以下事项。

在模具完全闭合后，进行喷嘴中心与模具浇口中心的对准度及接触可靠性的调校，确保喷嘴中心准确地对准模具浇口中心；在喷嘴与模具接触之前，交替地旋转注射座开关至中间位置和前进位置，如果喷嘴没有正确地调整至对准中心，可按需要进行上下和左右调整。调整方法如图 3-4 所示。

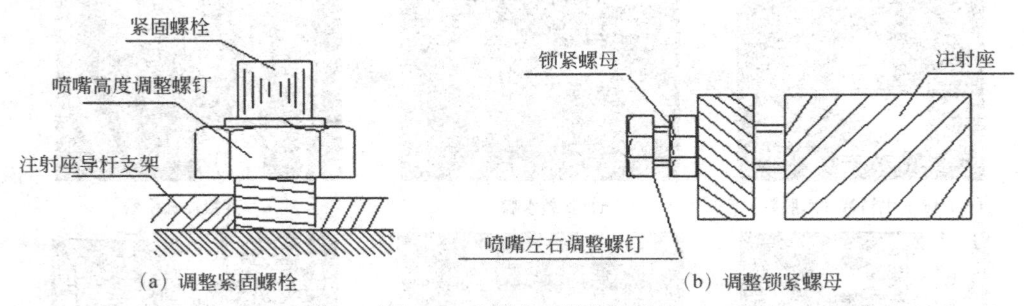

（a）调整紧固螺栓　　（b）调整锁紧螺母

图 3-4　喷嘴中心调整方法

松开注射座前后导杆支架上的紧固螺栓和两侧的锁紧螺母，根据需要调整喷嘴高度调整螺钉，纠正上下偏差；调整喷嘴左右调整螺钉，纠正左右偏差。调整完毕，拧紧紧固螺栓和锁紧螺母。

在此过程中要注意的是，移动喷嘴前务必先观察喷嘴的长度以及模具进料口的深度是否合适，以避免可能导致喷嘴或电热圈的损坏。

3.1.3　注塑机运行过程中的注意事项

① 注塑机合模前，操作人员要仔细观察顶杆是否复位、模具型腔内是否有产品或异物，如发现产品、机械或模具有异常情况，应立即停机，待查明原因、排除故障后再开机生产。

② 对空注射喷出的熔体凝块，要趁热撕碎或压扁，以利于回收再用；一般不要留存 1.5cm 厚以上的料块。

③ 生产过程中的水口料或自检废品应放入废料箱，废料箱严禁不同品种、颜色的废料以及其他杂物混入。生产时如水口料掉在模具流道中或产品掉在型腔内，只可以用铜棒小心敲出或用烫料机清理，严禁采用铁棒或其他硬物伸进模具勾、撬，以免碰伤、划伤模具；特别是高光镜面模具的成型零件，不得用手触摸，若有油污必须擦拭时，只能用软绒布或者脱脂棉进行。

④ 当需要进行机器或模具的检修时，而人的肢体又必须进入模具或模具合模装置内时，一定要关闭油泵马达，以防机器误动作伤人或损坏机器、模具。

⑤ 停机时间较长后、重新生产前要进行对空注射时，车间人员人应远离喷嘴，以防止喷溅、烫伤事故的发生。

⑥ 每次停机时，螺杆必须处于注射最前的位置，严禁预塑状态下停机，停机后应关闭全部电源。

⑦ 凡因模具原因造成产品质量问题、需要检修模具时，必须保留两件以上未做任何修剪（带有水口料）的制品，以方便检修模具、查找原因。

⑧ 每次更换模具后，都要试注三件完整的制品进行质量首检，所有合格制品都需轻拿轻放，不得碰撞，装箱不能太紧，避免挤压擦伤。

3.1.4　注塑机的停机操作

注塑机在很多情况下都需要停机，如订单完成、模具或设备出现故障、缺少材料等，停机不是简单地把机器关掉一走了之，而是要遵循一定的程序，并做好相应的工作后才能一步一步地关掉机器，下面是停机操作的一些步骤及相应注意事项。

① 停机前保留 3～5 模次制品作为样品，该样品作为下次生产的参考或作为模具、机器设备修模的依据。

② 注塑机停机时将料筒内的存料尽可能减到最少，为此，应先关闭料斗上的供料阀门，停

止塑料的供应，如果是订单完成，正常生产停机的话，可以将料筒内的塑料全部注塑完毕，直至塑化量不足，机器报警为止。如果是模具故障导致的故障停机，应将螺杆空转一段时间，将料筒内的料对空注射干净，以免螺杆加料段螺槽在停机后储满粒料，而这部分粒料在料筒停止加热后，受余热作用会变软粘成团块，在下次开机时会像橡皮一样"抱住"螺杆，随螺杆一起转动而不能前进，阻止新料粒的进入。极端情况下，积存的冷粒料块还会卡住螺杆，使螺杆难以转动，此时只好大大提高料筒温度使其熔融，而过高的温度又可能导致塑料烧焦碳化；当热敏性高的塑料在螺杆槽与料筒内壁间隙中形成碳化物质时，情况则更为严重，将螺杆牢牢粘着不能转动，拆卸也甚为吃力。

③ 如果停机时间超过15min，则应用PP清洗料筒，特别是热敏性塑料更应及时停机清洗料筒。

④ 停机前，如果只是短时间停机（模具、机器、塑料等均正常），模具动、定半模应先合拢，两者间保留0.5～2mm 的间隙，而千万不能进行高压锁模将模具锁紧，因为模具长期处于强大的锁模力下，将使拉杆长期处于巨大拉力而产生变形，如果是较长时间停机，则最好是将模具拆下。

⑤ 射台（注射座）后退接近底部。

⑥ 将注塑机的马达关闭。

⑦ 将料筒电源关闭。

⑧ 将注塑机总电源关闭。

⑨ 将模温机、机械手、干燥机、自动上料机、输送带等辅助设备的电源关闭。

⑩ 关闭高压空气及冷却水的阀门，需注意的是，关闭冷却水时要注意入料口处的冷却水需待料筒温度降至室温时才能关闭。

⑪ 关闭车间电控柜内该注塑机的电源。

⑫ 将零件自检，将不合格品做好标识并放置到指定的位置。

⑬ 清扫机台，做好"5S" 工作。

⑭ 做好注塑机的维护保养工作，特别是格林柱（注塑机合模拉杆）、导轨等活动部位要及时涂敷润滑油，易生锈部位应清洗干净后涂敷防锈油等。

⑮ 做好各项记录，如生产记录、设备停机原因、设备点检记录、维护保养记录等，以备下一次生产时参考。

总的要求是，停机后总体状况应做到机台内外无油污、灰尘，无杂物堆置，设备周围打扫干净，无污物垃圾工装设备擦洗干净，摆放整齐，无损伤缺少。

3.1.5　模具的拆卸

如图3-5所示，从注塑机上拆下模具时，必须确保注塑机的动作模式处于手动模式下，并按照下面的步骤逐步进行。

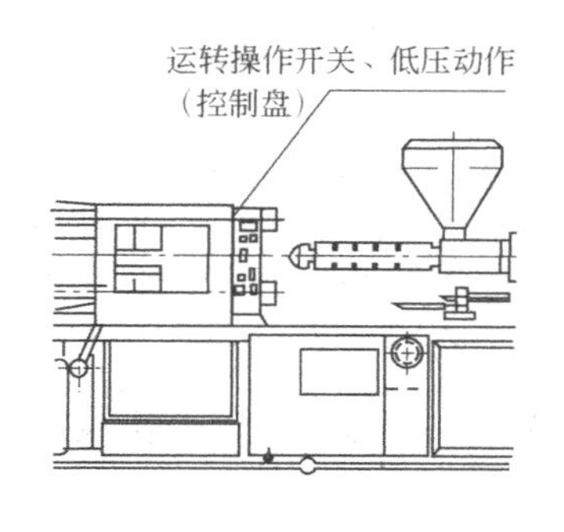

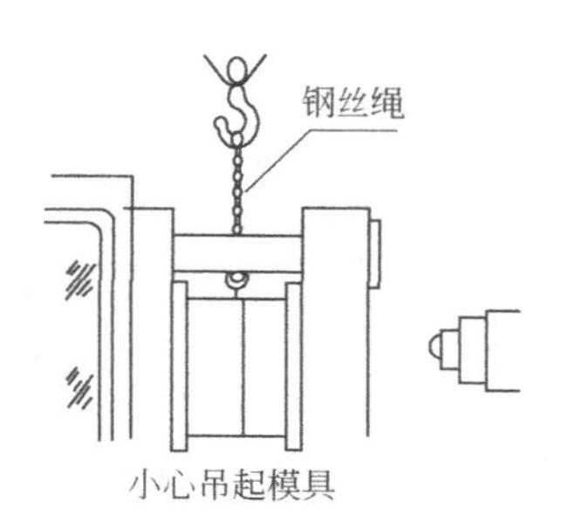

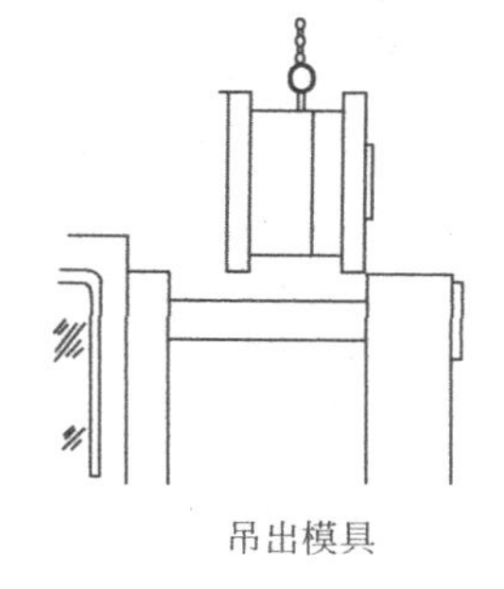

图3-5　拆卸模具

① 启动油泵马达。

② 把模具完全闭合。

③ 关停油泵马达。

④ 打开安全门，用锁模器将模具动、定部分锁紧；用吊环螺栓连接到模具上，将缆绳套入起吊设备，准备起吊。此过程要保证注塑机开启时，模具的两半不会分开。

⑤ 卸下模具的连接管路和与模板固定的压板、螺栓。

⑥ 启动油泵马达。

⑦ 按开模按钮，开模。

⑧ 当开模操作完成时，关停油泵马达。

⑨ 把模具从注塑机上吊出并把它放在合适的地方。

3.2 国产注塑机的操作与调试（以海天牌注塑机为例）

目前，海天塑机集团是我国最大的注塑机制造企业，其注塑机所使用的控制器有中国台湾弘讯、日本FUJI（富士）、奥地利KEBA、意大利GEFQAN等控制器，相应的操作系统及其界面略有不同，但以前两者为常见。

3.2.1 操作面板

（1）操作面板

注塑机的操作面板（如图3-6所示）为注塑机的人机交互界面，并可以实时监测生产过程，工作中显示各种故障诊断。

（2）界面选择

系统提供10个功能键（F1～F10，见图3-7）来选择界面，它将全部界面分为2组不同主选项（A组界面和B组界面）。

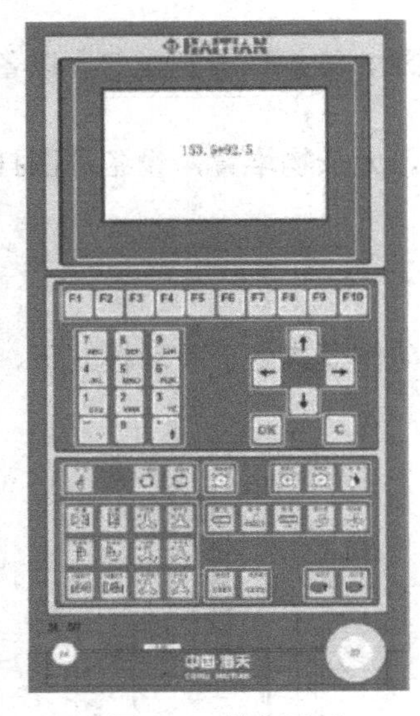

图3-6 操作面板

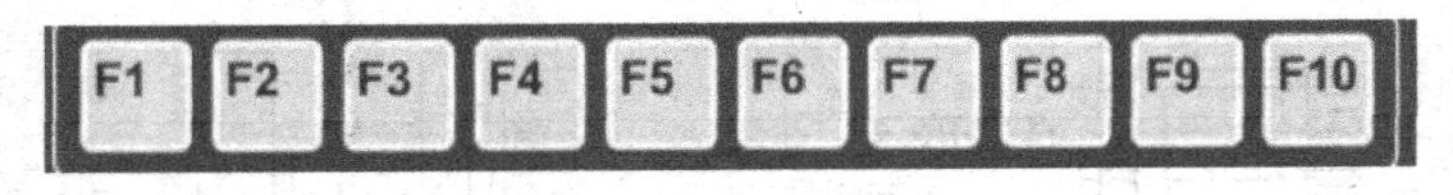

图3-7 功能键

A组界面中包含8组副选单（模座、射出、储料、托模、中子、座台、温度和快设），如图3-8所示。

B组（相对A组下一组）中又包含7组副选单（生管、校正、IO、模具、其他、系统和版本），如图3-9所示。

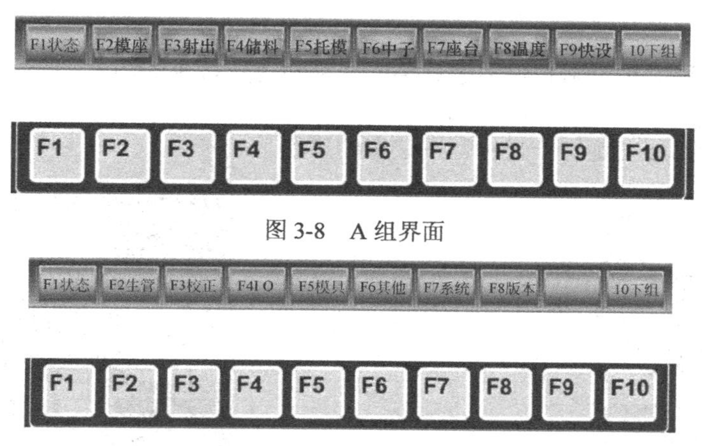

图 3-8　A 组界面

图 3-9　B 组界面

A 组界面的下层参数如图 3-10 所示。

上层										
F1 状态										
F2 模座 →	F1 状态	F2 模座	F3 功能	F4 参一	F5 参二	F6 组态				F10 返回
F3 射出 →	F1 状态	F2 射出	F3 阀门	F4 功能	F5 曲线	F6 参数	F7 组态			F10 返回
F4 储料 →	F1 状态	F2 储料	F3 清料	F4 功能	F5 曲线	F6 参数	F7 组态			F10 返回
F5 托模 →	F1 状态	F2 托模	F3 吹气	F4 功能	F5 参数	F6 组态				F10 返回
F6 中子 →	F1 状态	F2 中一	F3 中二	F4 中三	F5 功能	F6 参数	F7 组态			F10 返回
F7 座台 →	F1 状态	F2 座台	F3 参数							F10 返回
F8 温度 →	F1 状态	F2 温度	F3 功能	F4 参数						F10 返回
F9 快设 →	F1 状态	F2 快设	F3 参数							F10 返回
F10 下组										

图 3-10　A 组界面的下层参数

B 组界面下层参数如图 3-11 所示。

上层										
F1 状态										
F2 生管 →	F1 状态	F2 警报	F3 测一	F4 测二	F5 测三	F6 曲线	F7 计数	F8 参数	F9 记录	F10 返回
F3 校正	F1 状态	F2 AD	F3 DA1	F4 DA2	F5 DA3	F6 DA4			F9 储料	F10 下组
F4 I O →	F1 状态	F2 PB1	F3 PB2	F4 PC1	F5 PC2	F6 设PB	F7 设PC	F8 测PA	F9 诊断	F10 返回
F5 模具 →	F1 状态	F1 储存	F3 读取	F4 复制	F5 删除	F6 机器				F10 返回
F6 其他 →										F10 返回
F7 系统 →	F1 状态	F2 系统	F3 资料	F4 权级	F5 控制	F6 重置	F7 建置			F10 返回
F8 版本 →										F10 返回
F10 下组										

图 3-11　B 组界面下层参数

（3）数字输入

图 3-12 中的数字键用于阿拉伯数字、英文字符和特殊符号的输入。

（4）光标移动

图 3-13 中的光标移动键用于光标上下左右的移动。

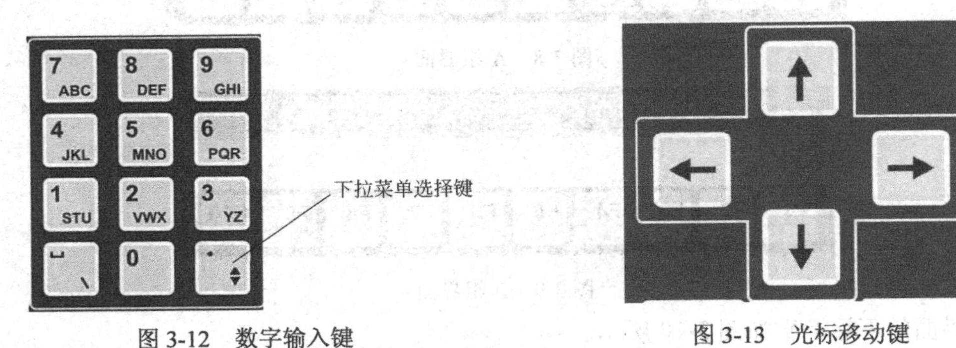

图 3-12 数字输入键　　图 3-13 光标移动键

（5）参数确认/取消

如图 3-14 所示，在参数输入框输入数值或字符之后，进行参数的确认及取消。

（6）模式操作

模式选择键如图 3-15 所示。

手动键：按下此键，机器进入手动模式。

半自动键：按下此键，机器进入半自动循环，每一循环开始，均需打开关闭前安全门一次，才能继续下一个循环。

全自动键：按下此键，机器进入全自动循环，只需在第一个循环时，打开关闭前安全门一次，在接下来的循环中，不需要打开关闭前安全门。

图 3-14 确认与取消键

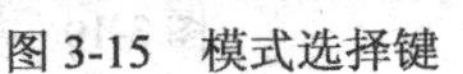

图 3-15 模式选择键

特别注意

① 调模使用：本键提供两项功能，按第一次为粗调模，屏幕显示由手动切换为粗调模。在此状态下，调模进退才能动作，同时为了方便及安全装设模具，此时操作开关模、射出、储料、射退、座台进退的压力速度均使用内设的低压慢速，运动中也不随着位置变化而变换压力和速度，但开模、储料及射退会随位置到达而停止，因此在装设模具时，建议在粗调模模式下进行操作。

② 按第二次时为自动调模，在操作者将模具装好后，设定好开关模所需的压力、速度、位置等参数后，可使用自动调模，当安全门关上后，计算机会依所设定的关模高压自动调整模厚，直至所设定的高压与实际压模压力一致才完成。

③ 如要恢复手动，直接按下手动键即可，但注意于调模状态下是无法进入自动状态的，需恢复为手动才可以。

（7）动作操作

控制注塑座、开闭模等动作的界面如图 3-16 所示。

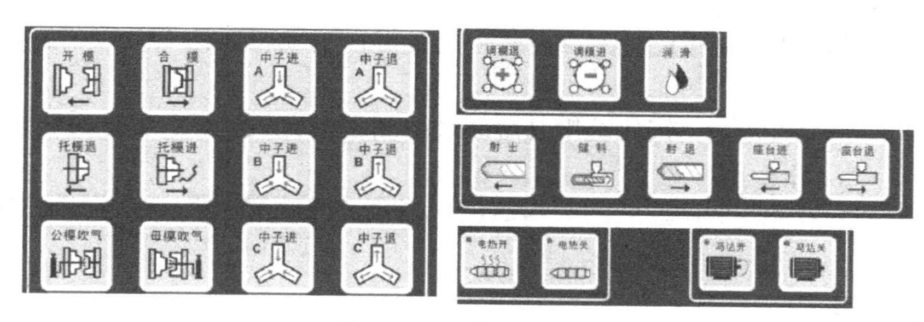

图 3-16　动作操作界面

开模键：手动状态下，按此键会根据设定的开模参数进行开模动作，如果有设定中子动作，则会联锁进行中子动作，按键放开或开模到设定行程，则动作停止。

合模键：手动状态下并且安全门关上，按此键即会根据设定的合模参数进行合模动作，如果有设定中子动作，则会联锁进行中子动作，按键放开或者合模到底后，则动作停止。

脱模退键：手动状态下，按此键即会根据设定的脱模退参数进行脱模退退动作，按键放开或者脱模退到底后，则动作停止。

脱模进键：手动状态下，按此键即会根据设定的脱模进参数进行脱模进动作，按键放开或者脱模进终止后，则动作停止。

公模吹气键：公模吹气选择使用，在手动状态下按下公模吹气键，可于开关模的任何位置根据设定的吹气时间进行吹气。

母模吹气键：母模吹气选择使用，在手动状态下按下母模吹气键，可于开关模的任何位置根据设定的吹气时间进行吹气。

中子 A 进/中子 A 退键：中子 A 功能选用，在手动下按下进/退键，并且当前模板位置在中子动作位置有效区内，可进行中子 A 进/退动作，按键放开可停止动作。

中子 B 进/中子 B 退键：中子 B 功能选用，在手动下按下进/退键，并且当前模板位置在中子动作位置有效区内，可进行中子 B 进/退动作，按键放开动作停止。

中子 C 进/中子 C 退键：中子 C 功能选用，在手动下按下进/退键，并且当前模板位置在中子动作位置有效区内，可进行中子 C 进/退动作，按键放开可停止动作。

调模退键：粗调模模式下，按下调模退键，可根据设定的调模退参数进行调模退动作，按键放开则动作停止。

调模进键：粗调模模式下，按下调模进键，可根据设定的调模进参数进行调模进动作，按键放开则动作停止。

射出键：手动状态下，当料管温度已达到设定值，且预温时间已到，按此键则进行注射动作。

储料键：手动状态下，当料管温度已达到设定值，且预温时间已到，按下此键一次，可进行储料动作，如果要中途要停止储料，再按一次储料键即可。

射退键：手动状态下，当料管温度已达到设定值，且预温时间已到，按此键则做射退动作，按键放开可停止动作。

座台进：手动状态下，任何位置座进均可动作，可是当座进接触座进终时，会转换为慢速前进，以防止射嘴与模具撞击，达到保护模具的效果。

座台退：手动状态下，按此键，则进行座台退，座退位置到达后或者座退时间结束后，停止座退。

电热开：手动状态下按此键后，料管会开始加温，自动时此键无效，状态显示画面会显示电热图形。

电热关：手动状态下按此键后，料管停止加温，自动时此键无效，状态显示画面会显示电热图形。

马达开：手动状态下，按此键则马达运转，自动时此键无效，状态显示画面会显示马达图形。

马达关：手动状态下，按此键则马达停止，自动时此键无效，状态显示画面会显示马达图形。

3.2.2 基本操作

状态界面，图标标注界面，电热、马达和通信状态界面分别见图 3-17～图 3-19。

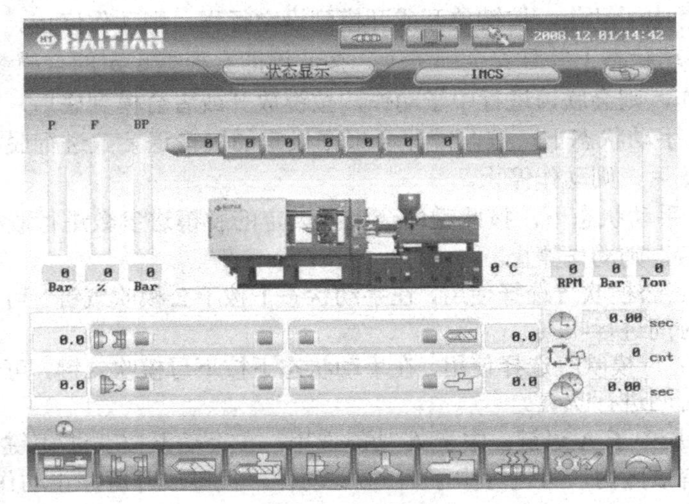

图 3-17 状态界面

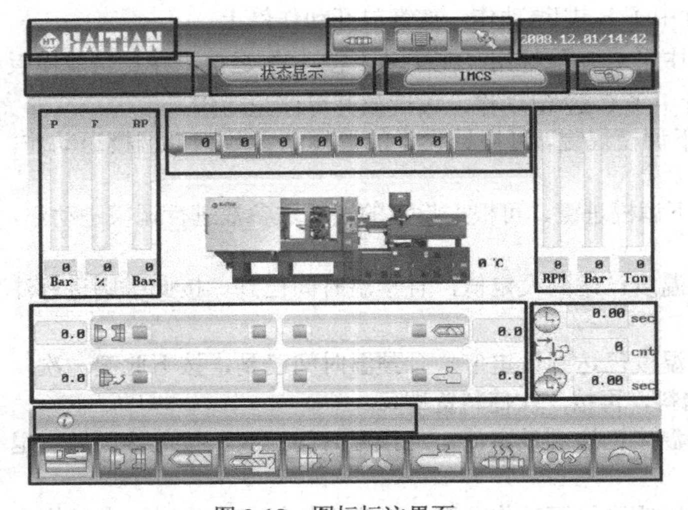

图 3-18 图标标注界面

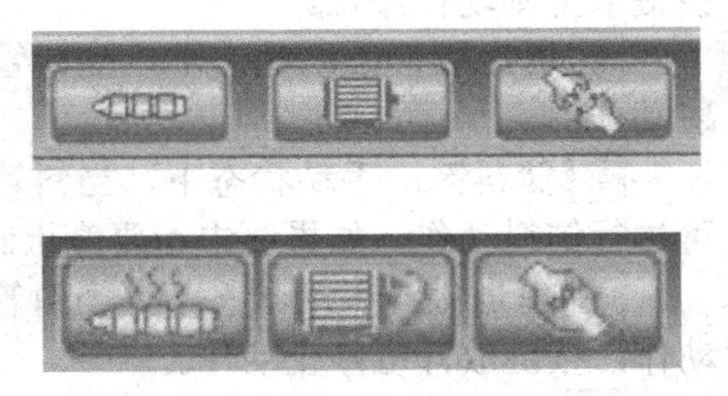

图 3-19 电热、马达和通信状态界面

特别注意

① 电热、马达、通信没有启动，则用灰色图标显示；

② 电热、马达、通信已经启动，则用橙色图标显示。

动作状态显示栏如图 3-20 所示。

① 动作状态栏，用动作小图标的方式，显示当前正在进行的动作。

② 采用图标方式，占地空间小，可同时显示多个动作，方便监视机器动作状态。

当前模具名称显示见图 3-21。

当前模具名称显示，每个界面都有自己的名称，此栏用于显示当前使用的模具名称。

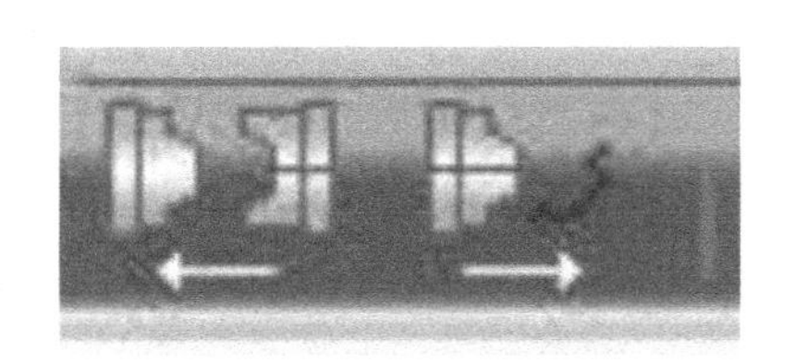

图 3-20 动作状态栏

图 3-21 当前模具名称显示

当前操作状态显示见图 3-22。

图 3-22 当前操作状态显示

压力流量输出值状态显示见图 3-23。

料筒加温状态显示见图 3-24，显示当前实际料温及加温状态。

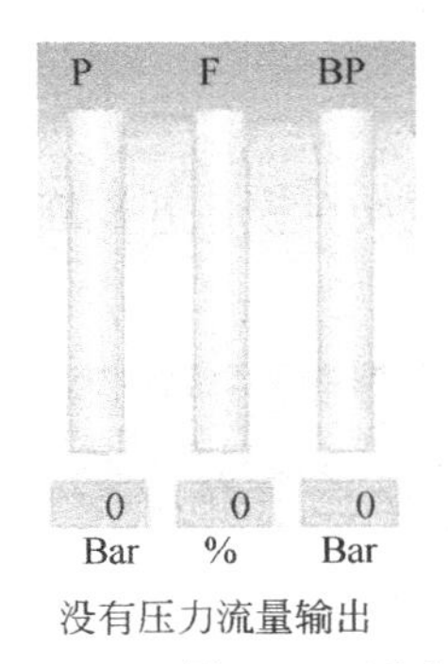

没有压力流量输出

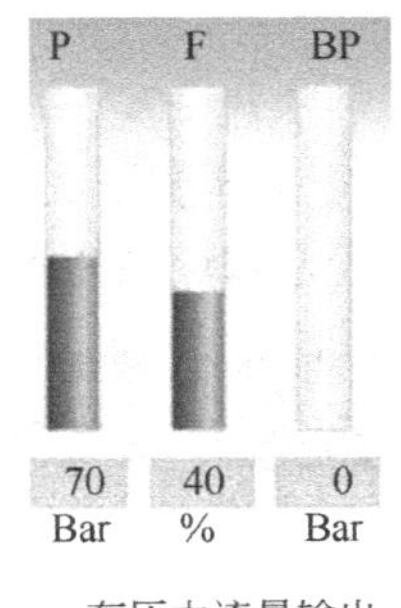

有压力流量输出

图 3-23 压力流量输出值状态显示

图 3-24 料筒加温状态显示

RPM、注射压力及合模吨位状态显示见图 3-25。

位置尺显示栏见图 3-26。

分别显示模座、脱模、注射、座台的实际位置。

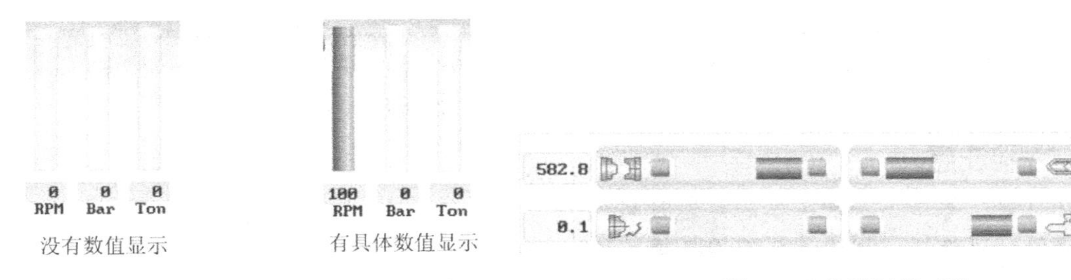

没有数值显示

有具体数值显示

图 3-25 RPM、注射压力及合模吨位状态显示

图 3-26 位置尺显示栏

计时与计数显示见图 3-27。

警报栏及消息提示栏见图 3-28。

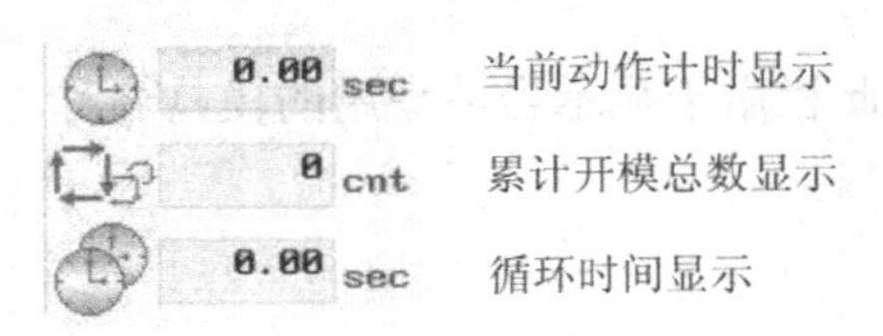

图 3-27　计时与计数显示

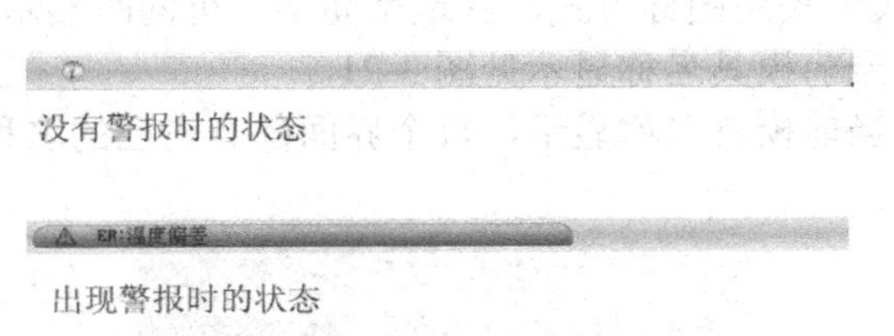

图 3-28　警报栏及消息提示栏

界面提示栏见图 3-29，有 10 个图标，对应 F1～F10，在界面选择键上按下对应的键，则可进入对应的界面。

开关模参数界面见图 3-30，可设定常用的开关模参数，主要包含位置、压力和流量参数。

图 3-29　界面提示栏

图 3-30　开关模参数界面

3.2.3　开关模的设定

功能界面见图 3-31，设定常用的开关模功能选项（见图 3-32），主要有差动合模、开模连动等选项设定常用的开关模参数，主要包含位置、压力和流量参数。

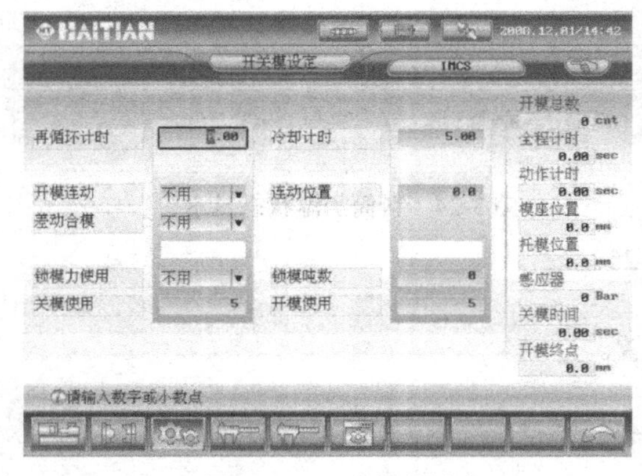

图 3-31　开关模的设定

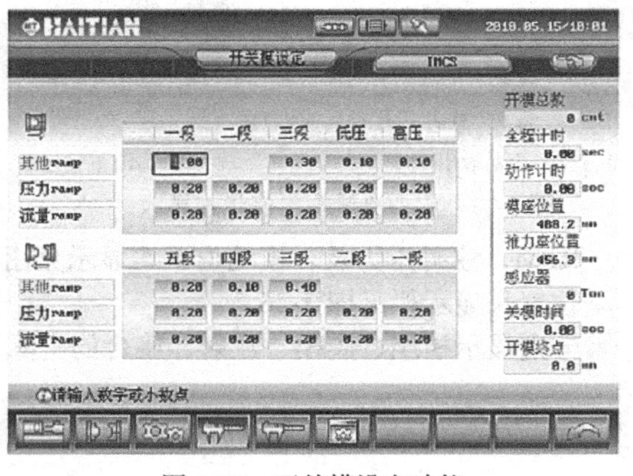

图 3-32　开关模设定功能

特别注意

再循环计时：等待下一次关模的延迟时间。

开模连动：可选择不用或选择使用托模（顶出）或中子（A/B/C/D）。

连动位置：开始动作的位置点。

开关模参数——设定开关模各段动作的斜率，见图3-33。

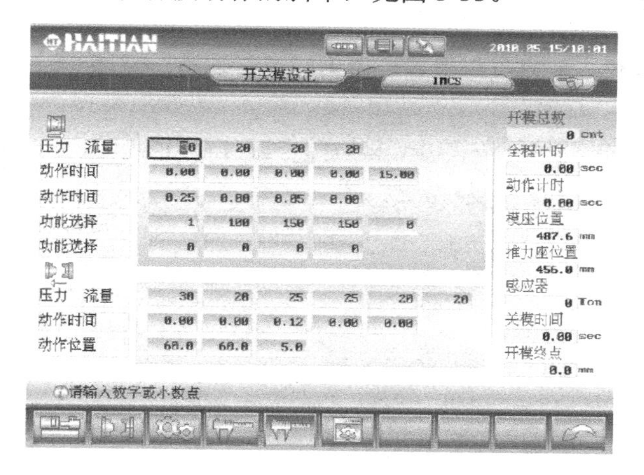

图3-33　设定开关模各段动作的斜率

开关模参数——设定开关模动作的其他内部参数，见图3-34。

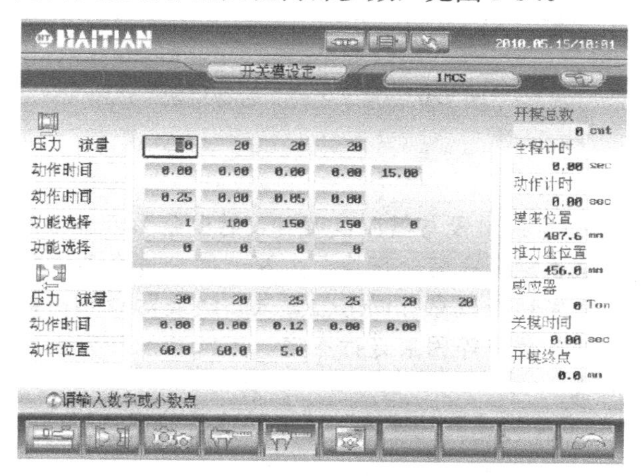

图3-34　设定开关模动作的其他内部参数

开关模参数——开关模组态界面，见图3-35。用于对机器某些功能的开启及关闭。

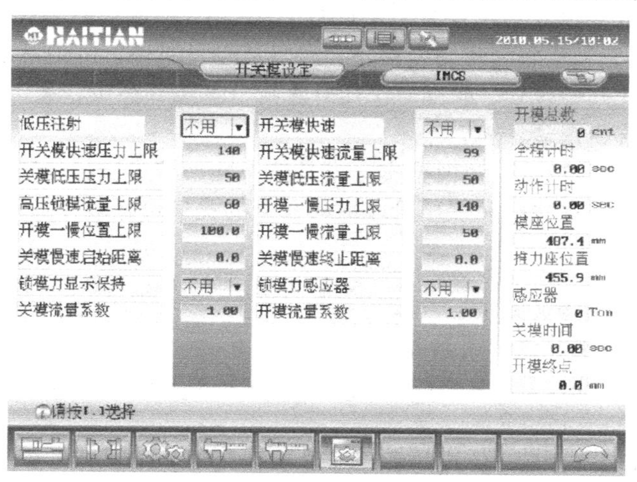

图3-35　开关模组态界面

3.2.4 注射参数的设定

设定基本的注射参数，主要包含位置、压力和流量参数，见图 3-36。

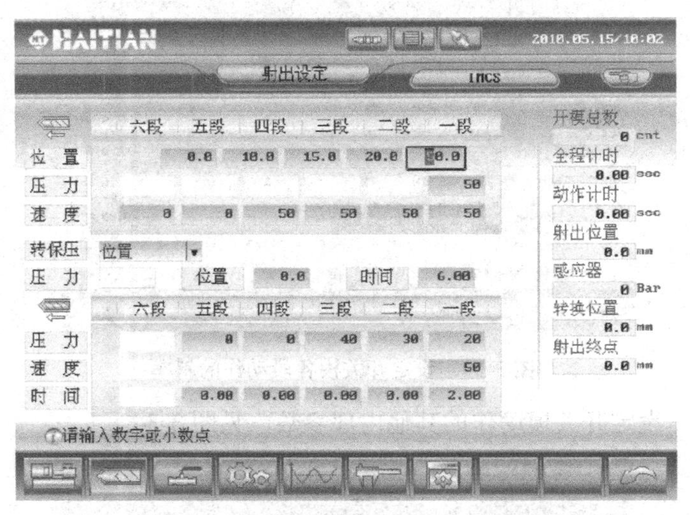

图 3-36　基本的注射参数设定

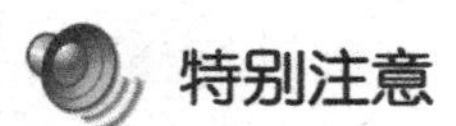

特别注意

① 对射出的控制，区分为射出段与保压段两种，射出分为六段，各段有自己的压力及速度设定，各段的切换均使用位置距离来同时切换压力及速度，适合各种复杂、高精密度的模具，而射出切换保压可以用时间来切换，亦可以用位置来切换或两者互相补偿，其运用应根据具体模具的构造、原料的流动性及效率等因素进行考虑，方法巧妙各有不同，但整个调整性都已被归纳其中，都可以调整出来。

② 保压最多可使用六段压力、六段速度，保压切换是使用位置、时间或压力的，待最后一段计时完毕，即代表整个射出行程已经完成，自行准备下一步骤。

③ 使用者也可以固定使用射出时间来射出，只要将保压切换点位置设定为零，让射出永远也到达不到保压切换点，此手动射出时间就等于实际射出时间，但是就会失去监控这一项的功能，而且不良品也较难发现，不能及时做出调整。

④ 由于每一模料管里原料的流动性都不同，其变动性越小，对应的成品的良品率会越高，因此计算机会在射出的起始位置、射出动作计时及射出监控部分做检查，当超过其上、下限时，即会发出警报，以提醒使用者注意。

射出阀门界面见图 3-37。系统根据实际模具的不同，客户制品的实际工艺要求，提供 10 组热流道浇口控制，用以在注射和保压阶段对模具上的浇口进行顺序控制。

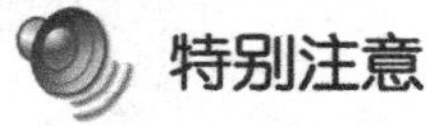

特别注意

界面中各个选择项的含义如下。

① 不使用：此模式下热流道不动作。

② 时间 ON 时间 OFF：某一流道的动作顺序在设定的起始螺杆位置打开，开到设定的动作时间后关闭。

③ 位置 ON 位置 OFF：某一流道的动作顺序在设定的起始螺杆位置打开，开到设定的终止螺杆位置后关闭。

④ 时间ON位置OFF：某一流道的动作顺序在设定的一定的注射阶段时间进行后开始，开到设定的终止螺杆位置后关闭。

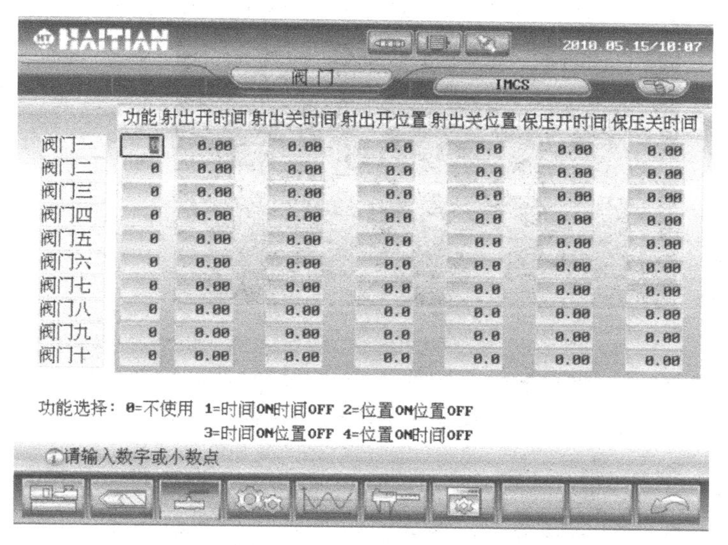

图3-37 射出阀门界面

⑤ 位置ON时间OFF：某一流道的动作顺序在设定的起始螺杆位置打开，开到设定的动作时间后关闭。

⑥ 保压阶段则使用时间ON时间OFF模式。

射出功能界面见图3-38，用于设定常用的注射功能，主要有射出增速、射出快速、液压喷嘴等选项。

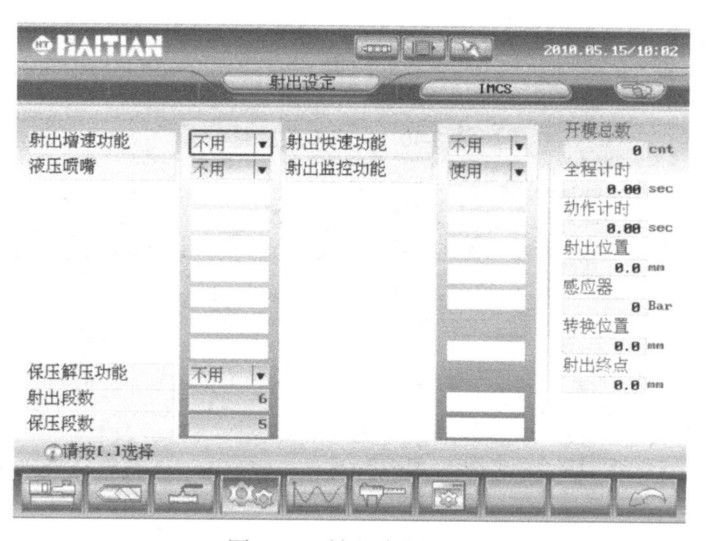

图3-38 射出功能界面

射出曲线界面见图3-39，用以显示注射速度、实际曲线及保压的设定。

射出参数界面见图3-40，用于设定注射及保压的动作斜率。

射出组态界面见图3-41，用于对机器的某些功能进行开启及关闭。

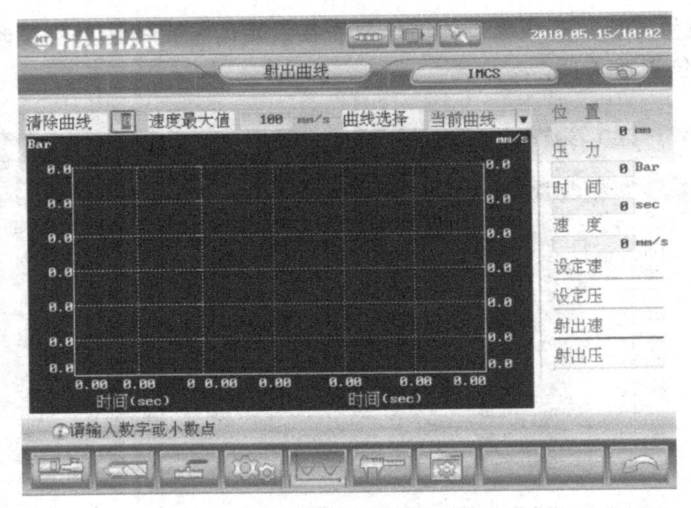

图 3-39 射出曲线界面

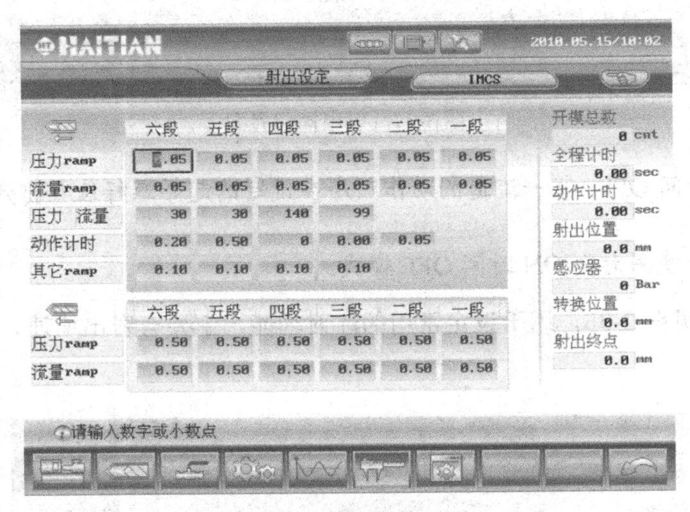

图 3-40 射出参数界面

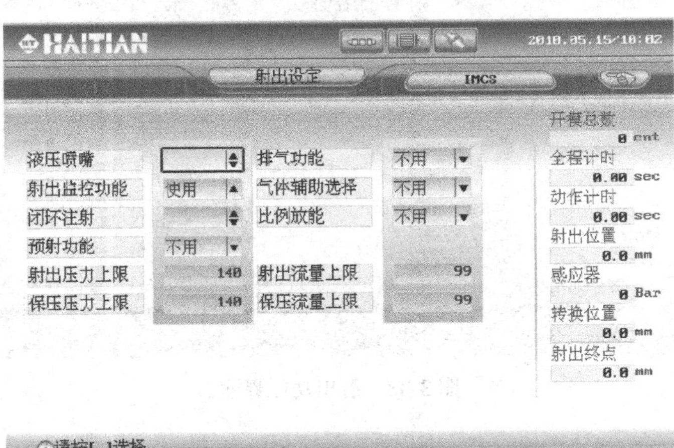

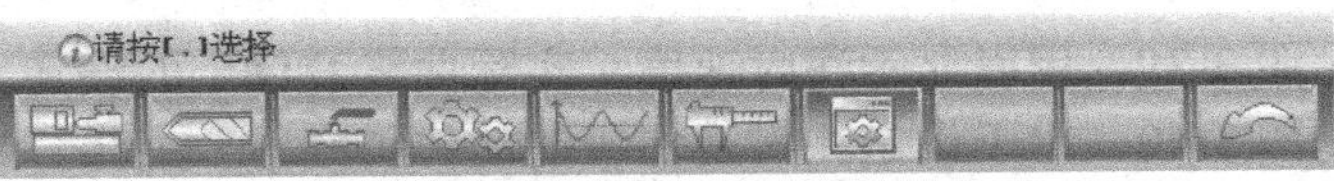

图 3-41 射出组态界面

3.2.5 储料射退的设定

储料射退界面见图3-42，用于设定基本的储料射退参数，主要包含位置、压力和流量参数。

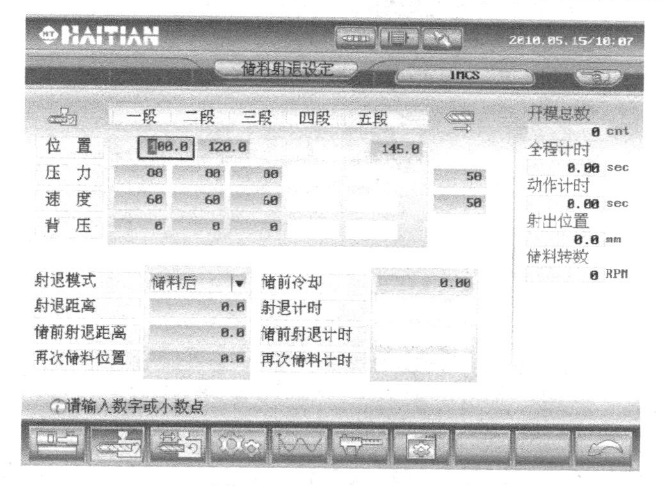

图3-42　储料射退界面

特别注意

界面中各选择项的意义如下。

① 储料设定：储料过程，共有五段压力、速度控制，可自由设定其启动、中途及末段所需的压力、速度和位置。

② 射退设定：射退可设定压力速度，其动作方式可分为位置或时间，若选用位置，只需输入所需的射退距离。

③ 储前冷却：储前冷却时间亦可作储料前的冷却功能用。

④ 再次储料：在射出前先做储料动作。

⑤ 储前射退：储料前先做射退动作。

⑥ 冷却计时：射出完毕即开始计时冷却。

自动清料界面见图3-43。自动清料：在手动状态下操作者欲清除料管中的储料，可由此设定清料的次数和每次清料储料的时间，其操作方式在粗调模状态下，按射出键（先决条件为次数和时间不得为0）。可选择使用或不用。

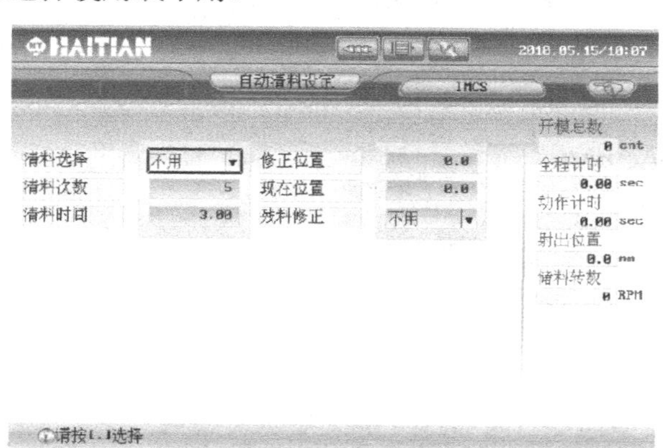

图3-43　自动清料界面

储料功能界面见图3-44，用于设定常用的储料功能选项，主要有储前射退方式、射退控制方式、储料连动等选项。

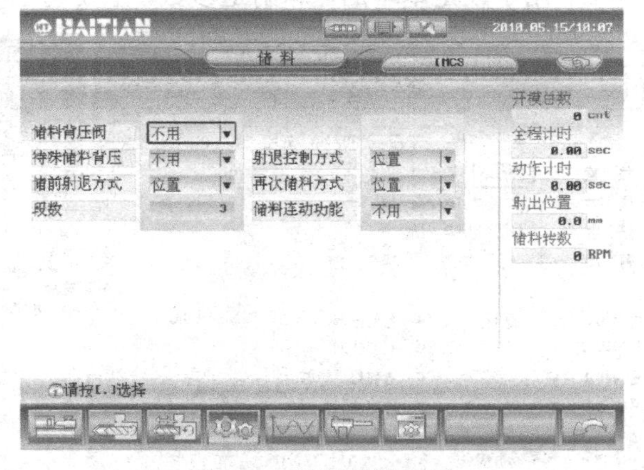

图3-44 储料功能界面

储料曲线界面见图3-45，用以显示储料RPM、实际曲线及储料被压的设定。

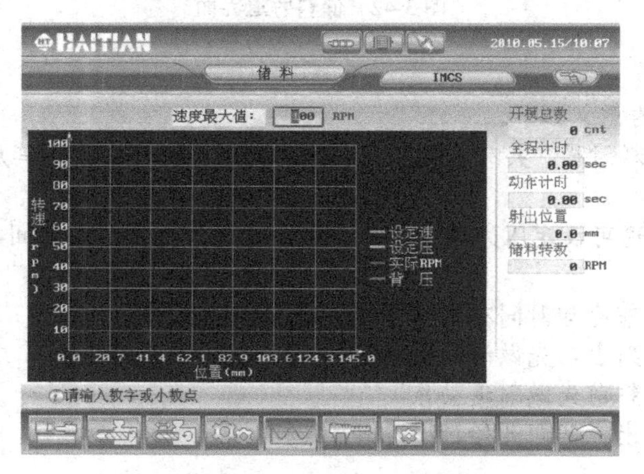

图3-45 储料曲线界面

储料组态界面见图3-46，用于对机器的某些功能进行开启及关闭。

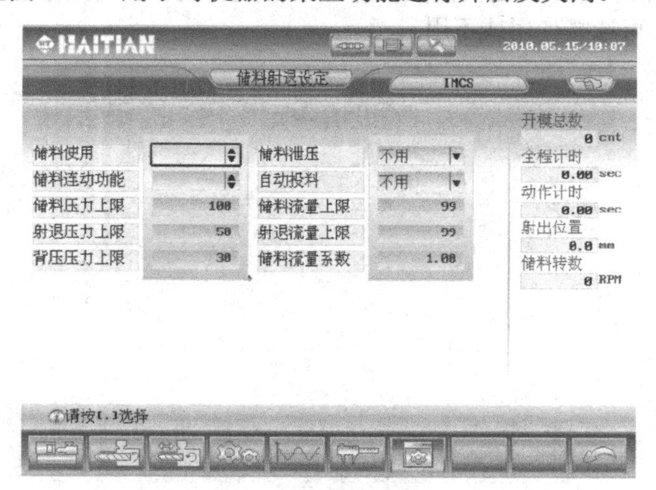

图3-46 储料组态界面

3.2.6 脱模吹气的设定

脱模界面，设定基本的顶出（也叫托模）参数（见图 3-47），主要包含位置、压力和流量参数。

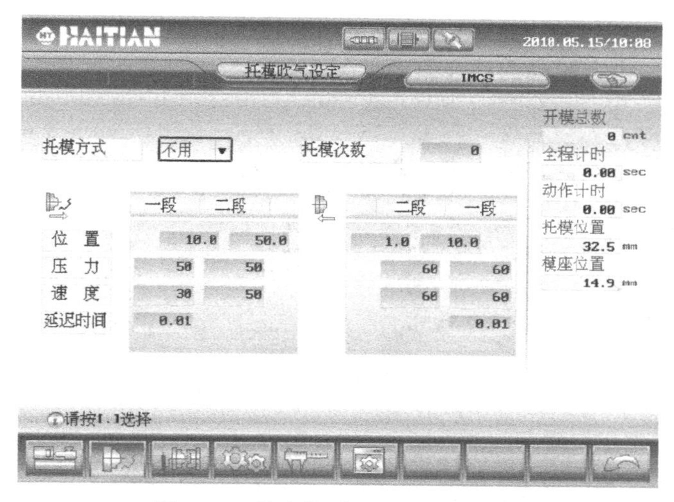

图 3-47 基本的顶出（托模）参数

特别注意

托模次数，即用于设定托模进退所需的次数。托模种类共有如下 3 种模式可以选择。

① 停留：是托模停留，使用此功能，一律限定为半自动，此时按全自动按键无效，顶针会在顶出后即停止，等待成品取出，关上安全门才做顶退，做顶退动作结束后才关模。

② 定次：即计数托模方式，根据托模次数的设定值进行托模。

③ 振动：是振动托模，顶针会依所设定的次数，在托进终止处做短时间地来回快速托模，造成振动现象，使成品脱落。

吹气界面——公母模吹气设定见图 3-48，系统提供固定及活动模板吹气（选用），可做 A～F 组分别吹气，以位置控制动作点，时间计时吹气延迟时间，若托模已完毕，需等待吹气完成，才能关模。

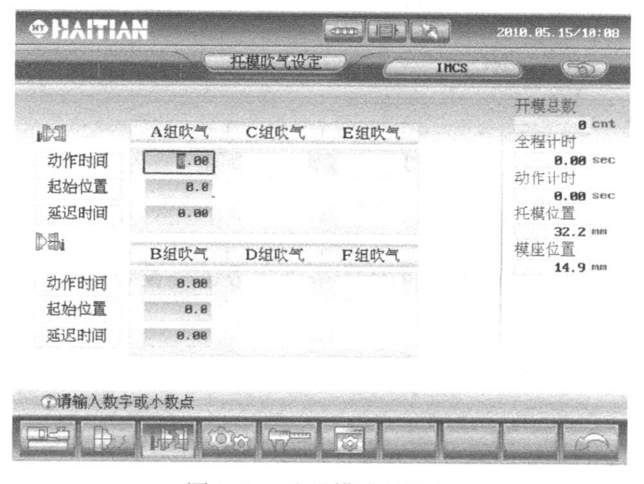

图 3-48 公母模吹气设定

脱模吹气功能界面见图 3-49。

界面中各选择项的含义如下。

① 电眼检出：设定为使用，可进行电眼自动功能。

② 再次顶出：设定为使用，如果第一次顶出失败，则会再次进行顶出动作。

③ 自动安全门：设定为使用，则可操作自动门（此功能为选配）。

脱模参数界面——设定脱模的动作斜率见图 3-50。

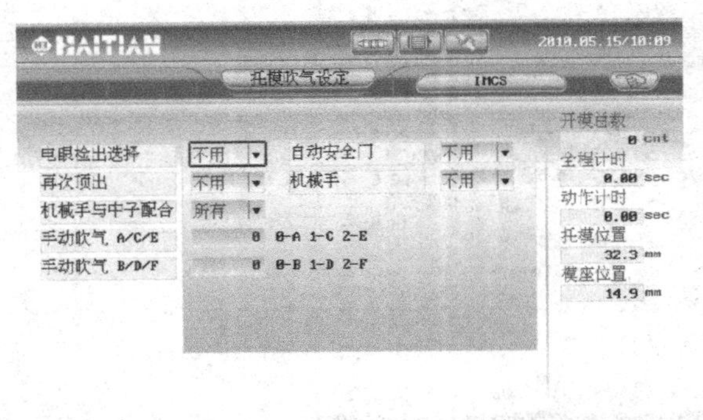

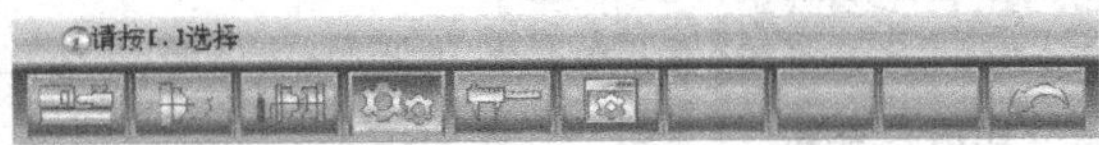

图 3-49 脱模吹气功能界面

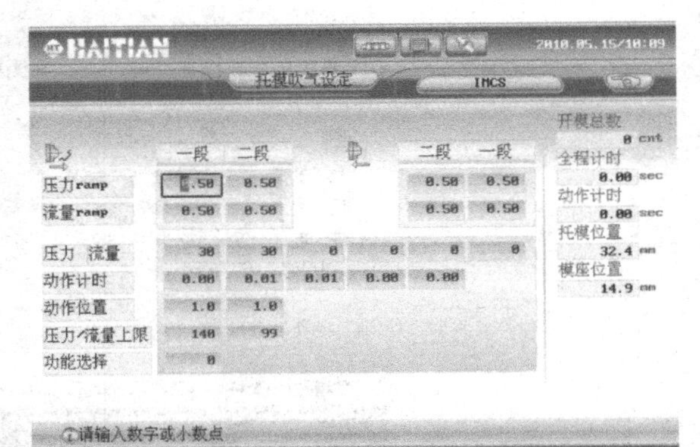

图 3-50 脱模的动作斜率设定

脱模组态界面见图 3-51，用于对机器某些功能进行开启及关闭。

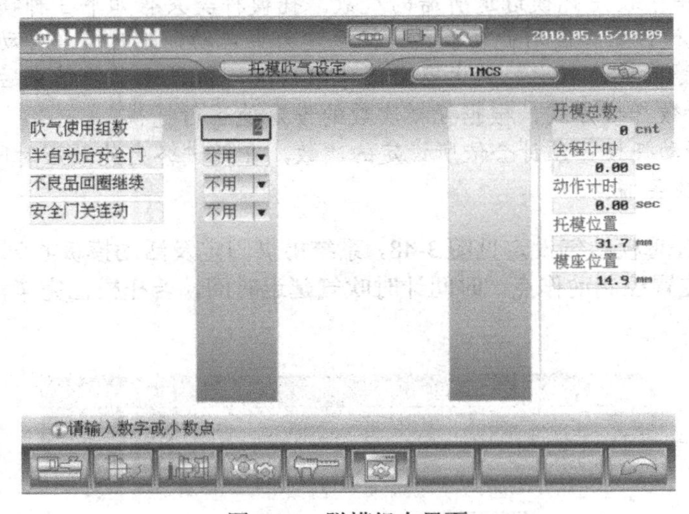

图 3-51 脱模组态界面

3.2.7 中子设定

中子 AB 界面见图 3-52，可对中子 A/B 的基础参数进行设定。

特别注意

界面中主要选择项的含义如下。

① 中子：可选择为不用/中子/绞牙。

② 控制方式：若为中子，可选择为行程/时间方式；若为绞牙，可选择为计数/时间方式。

③ 压力和速度：可根据实际需要对中子/绞牙进退的压力和速度进行设置。

④ 动作时间：若中子/绞牙选择为时间方式，则动作时间为中子/绞牙进退的输出持续时间。
⑤ 动作点：中子/绞牙动作的起始位置，可选择为关始/中途/开终。

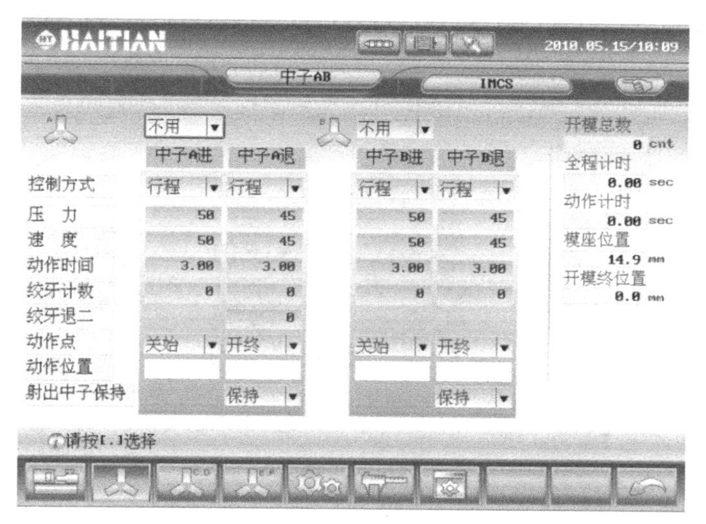

图 3-52 中子 AB 界面

⑥ 动作位置：若动作点选择为中途，可在开模行程内设定任一位置动作。
⑦ 射出中子保持：若选保持，则在射出过程中，中子的液压阀继续保持打开状态。

中子 CD 界面见图 3-53，可对中子 C/D 的基础参数进行设定。
中子 EF 界面见图 3-54，可对中子 E/F 的基础参数进行设定。

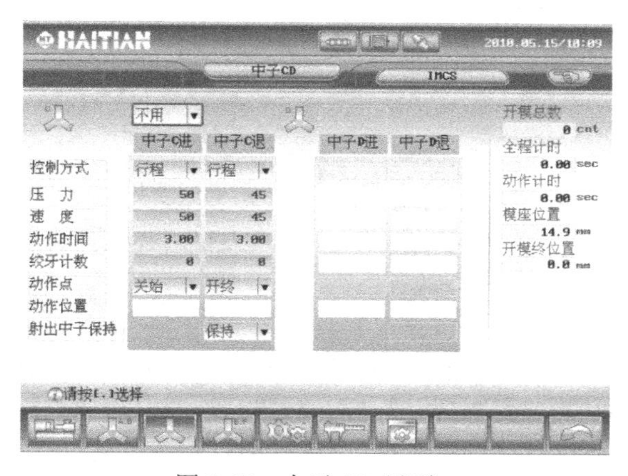

图 3-53 中子 CD 界面

图 3-54 中子 EF 界面

中子功能界面见图 3-55。

特别注意

界面中相关的选择项含义如下。
① 绞牙结束前慢速齿数：用于设定绞牙动作结束前旋转减慢的齿数。
② 特殊中子功能：用于输入特殊中子代码。
③ 特殊中子时间一：预留给特殊中子使用。
④ 特殊中子时间二：预留给特殊中子使用。
⑤ 手动中子：若输入 0/1/2/3 则在手动状态下按中子 C 进/退，执行中子 C/D/E/F 的功能。

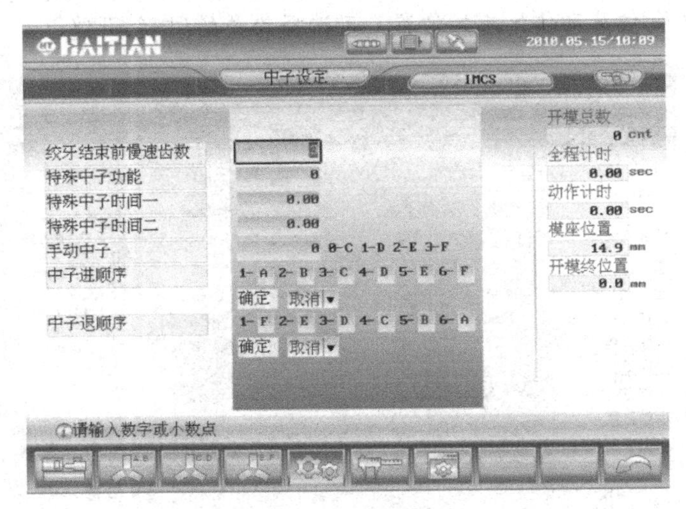

图 3-55 中子功能界面

⑥ 中子进顺序：在选用多组中子的时候，各组中子进的顺序。

⑦ 中子退顺序：在选用多组中子的时候，各组中子退的顺序。

中子参数界面见图 3-56，可设定中子的动作斜率及动作延迟。

中子组态界面见图 3-57，用于设定中子的动作组数及压力流量上限。

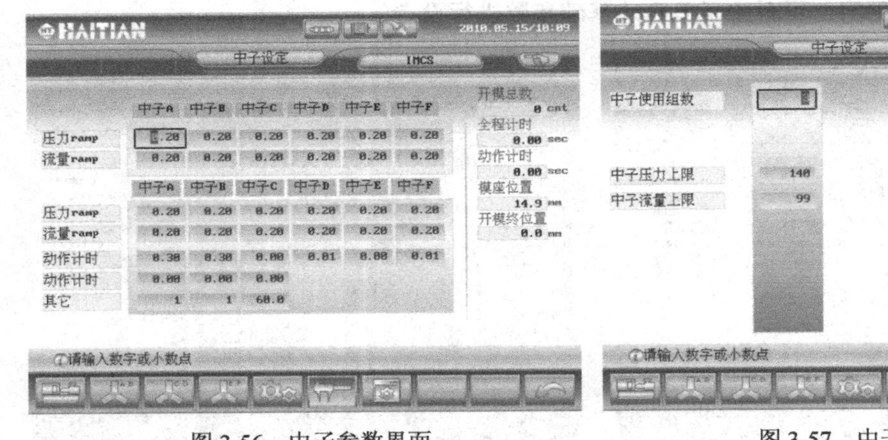

图 3-56 中子参数界面

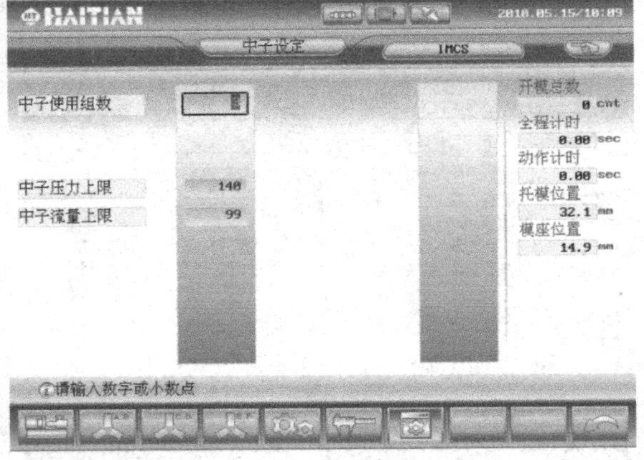

图 3-57 中子组态界面

3.2.8 座台/调模设定

座台/调模设定界面见图 3-58。

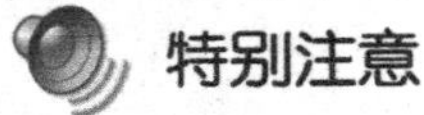

特别注意

界面中主要选择项的含义如下。

① 储料后：在储料结束后座台后退。

② 开模前：在开模动作前座台后退（表示冷却计时已到）。

③ 射出后：在射出完成后，座台后退。

④ 不用： 表示座台不活动。

⑤ 调模设定：调模的慢速作为调模进、退启动的速度使用，一旦调模盘开始计数后，则转换为快速动作，至于计数计算机将自动计算，无需设定。

座台/调模参数界面见图 3-59，可设定座台/调模动作斜率及动作延迟。

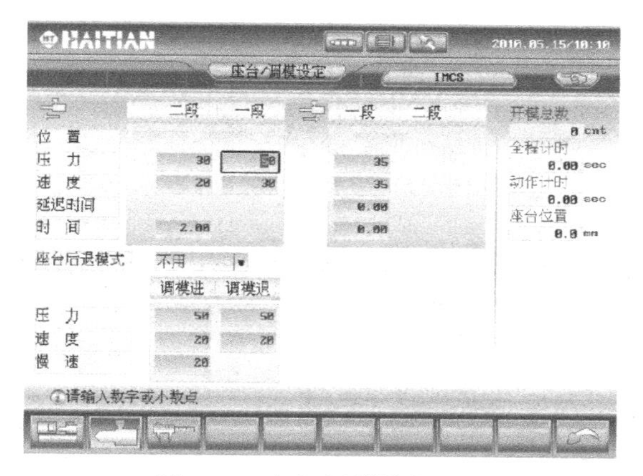

图 3-58　座台/调模设定界面

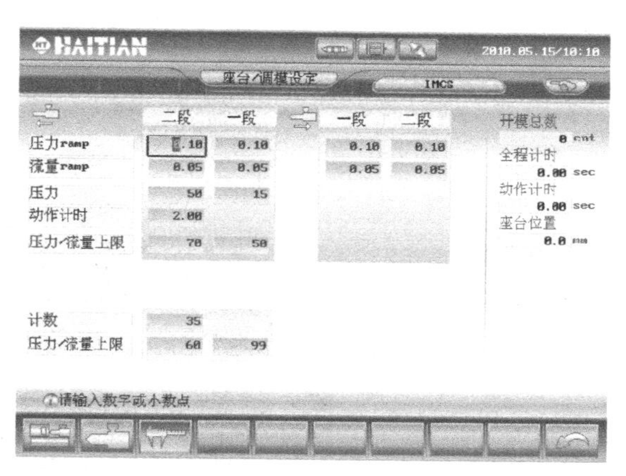

图 3-59　座台/调模参数界面

3.2.9 温度设定

温度设定界面见图 3-60，用于设定料筒加热的目标温度，及可查看对应各段的实际温度。

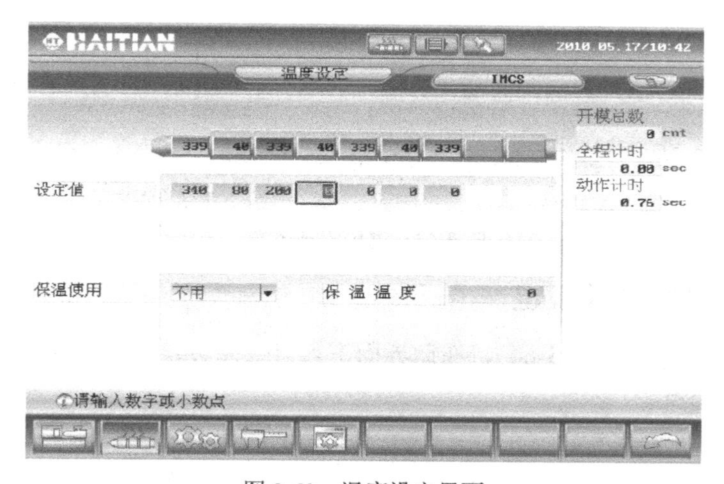

图 3-60　温度设定界面

特别注意

电热圈颜色说明如下。

① 蓝色：加热回路正常。

② 绿色：加热回路正在工作。

③ 红色：加热回路异常。

温度定时加热界面见图 3-61。定时加温：当用户要使用定时加温时，可设定加温时间且选择“使用”，当到达预设时间，计算机便会自动开启电热开关。

温度设定界面见图 3-62，此界面包含温度设定的所有内部参数。

温度组态界面见图 3-63，可设定温度的内部功能选项。

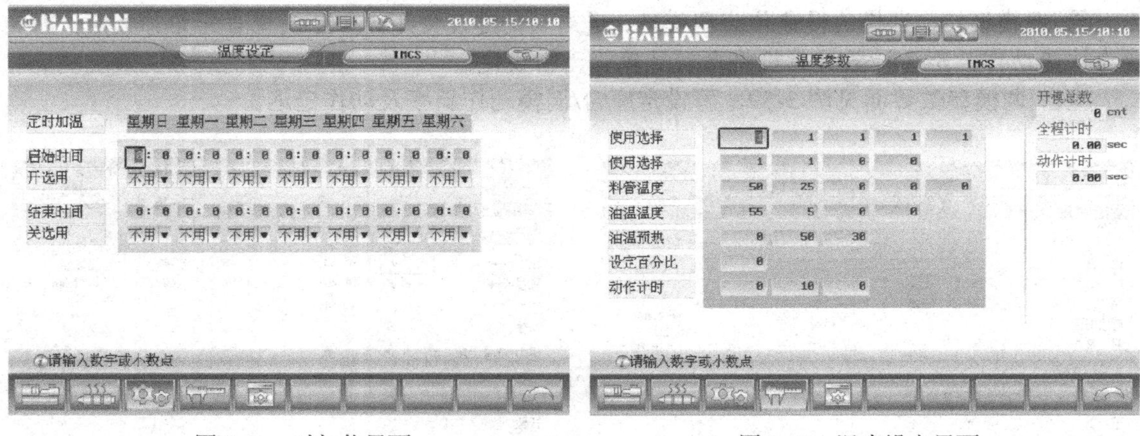

图 3-61 时加热界面　　图 3-62 温度设定界面

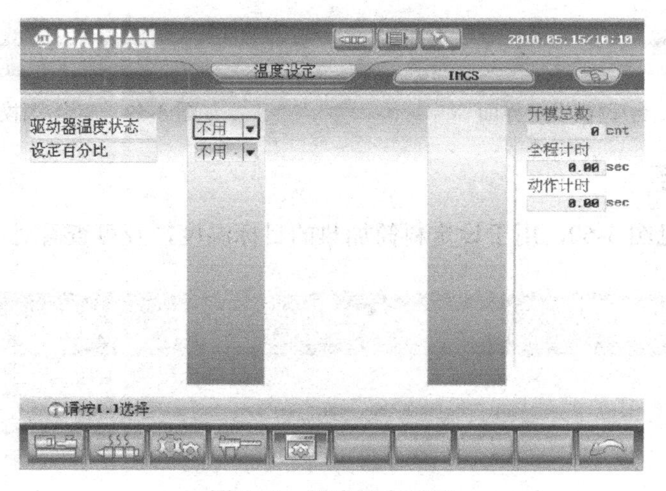

图 3-63 温度组态界面

3.2.10 主要参数的快速设定

参数快速设定界面（见图 3-64），在此界面下可以快速设定关模、开模、托模、注射、保压、储料、射退及温度。

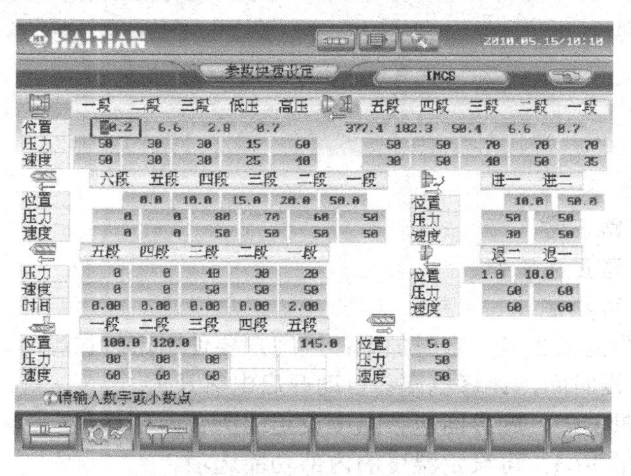

图 3-64 参数快速设定界面（一）

快速参数界面（见图 3-65），此界面主要用来设定机器润滑的相关参数。

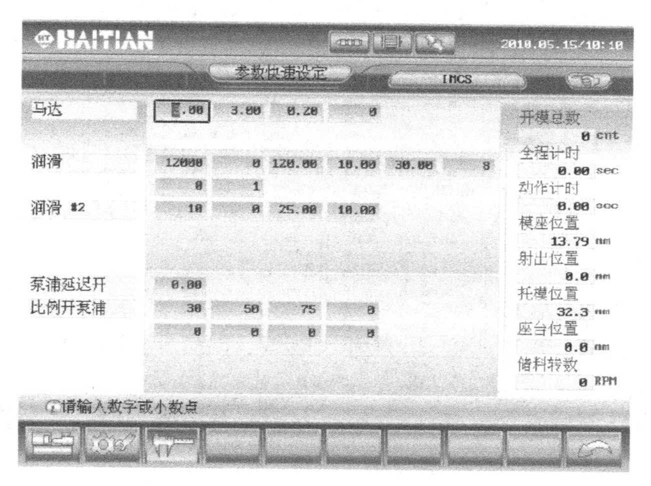

图 3-65 参数快速设定界面（二）

3.2.11 生产管理

错误信息显示界面见图 3-66。

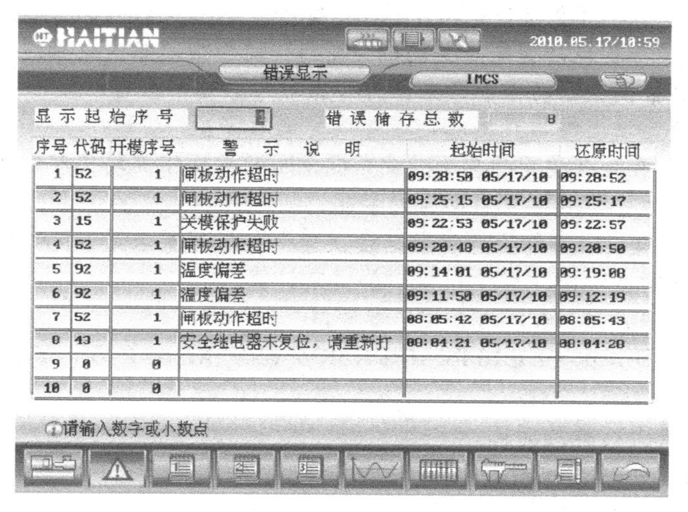

图 3-66 错误信息显示界面

特别注意

界面中各主要选择项的含义如下。

① 显示起始序号：这界面最多可显示 10 组警报数据，若用户要看前面的警报数据可输入其序号便会出现在界面上，该系统最多可记忆 200 组警报数据，且关电再开机资料仍会被保存。

② 错误储存总数：记录警报总数。

③ 序号：表示显示序号为 1 一直递增至 200。

④ 起始时间：为错误产生时间。

⑤ 还原时间：排除错误信息时间。

监测一界面见图 3-67。

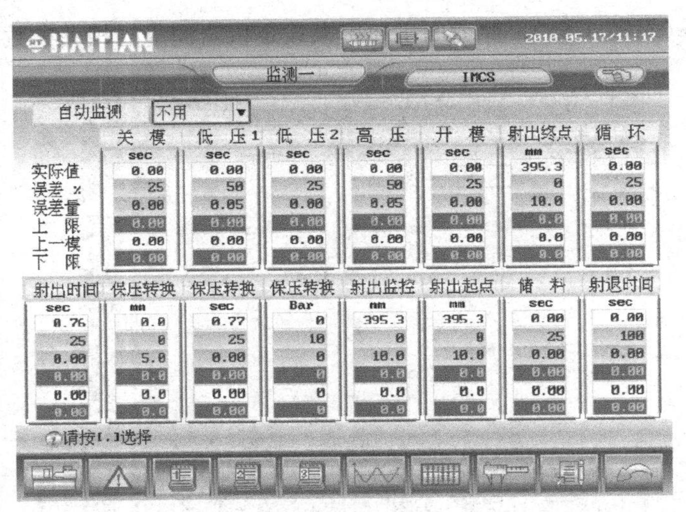

图 3-67 监测一界面

特别注意

界面中主要选择项的含义如下。

① 计算机提供自动监测和自动警报系统，它允许每个动作参数设定其警报上下限，当实际动作参数超过其上下限，该机器便会停止动作且发出警报，并在错误界面记录警报时间、警报模式。

② 当机器开始操作其自动警报是关闭的，直到自动警报起始模数到达，计算机才会启动自动警报且使用启动警报模数的动作参数来作为警报参考数据，当自动生产中其动作时间超过警报上下限，计算机便会发出警报且机器会在开模完成后停止。

③ 自动警报可以在生产稳定后再开启，当机器刚开始操作其动作参数较为不稳定，所以必须考虑当机器生产较为平顺后再来启动自动警报。

④ 其上下限的设定，由实际生产参数结合误差率和误差量求得。假如用户一起使用误差率或误差量来计算其值的上下限，可使用以下公式来计算：

最大值：RV+ （RV*X/100）+Y，RV=参考值

最小值：X=误差百分比（e.g.10 for 10%），RV-（RV*X/100）–Y，Y=误差量

⑤ 各监测值含义如下。

a. 关模：关模整个行程的时间。

b. 低压：关模低压行程时间。

c. 高压：关模高压行程时间。

d. 开模：开模整个行程时间。

e. 开模终点：开模完成时的位置。

f. 循环：自动时一循环的时间。

g. 托模：托模行程时间。

h. 射出时间：射出所需的全部时间。

i. 保压转换：射出转保压的位置。

j. 保压转换：射出转保压的压力。

k. 保压转换：射出转保压的时间。

l. 射出监测：射出及保压结束的位置。

m. 射出起点：射出开始的位置。

n. 储料：储料行程的时间。

o. 射退时间：射退所需的时间。

监测二、监测三界面见图3-68、图3-69。

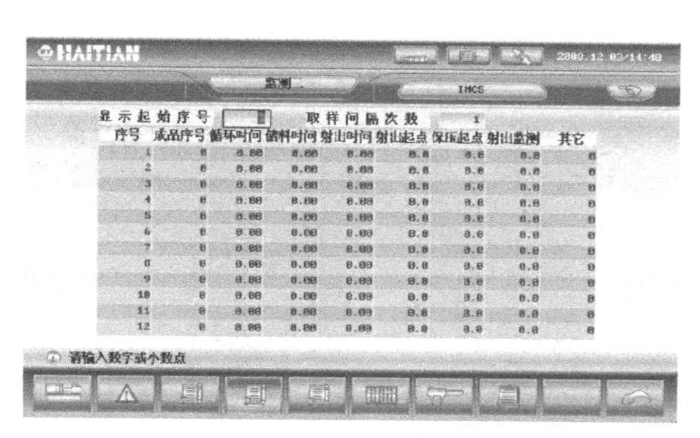

图3-68 监测二界面

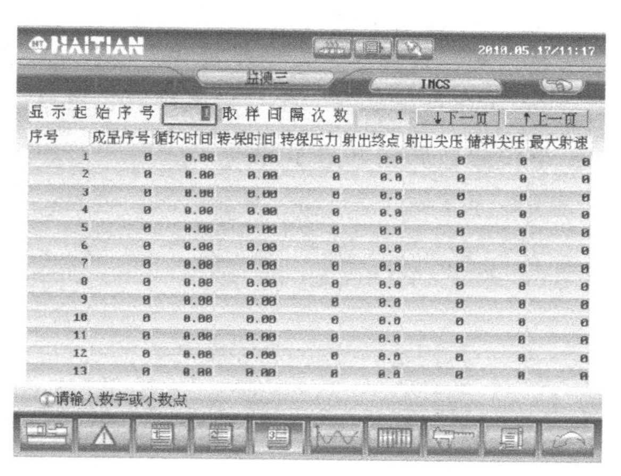

图3-69 监测三界面

特别注意

监测二监测三界面是比较重要的生产参数，且需要在生产期间严格监控其误差变化，当经由不同生产周期的比较来调整相关的设定数据，改善其生产质量，计算机最多可储存500组资料，且一次最多显示14组数据。界面中主要选择项的含义如下。

① 显示起始序号：选择想要查的起始模数。

② 取样间隔次数：输入想要的取样间隔数。

③ 重置（不用/重置）：假如要清除监测二/三数据，应选择“重置”输入。

质量曲线界面见图3-70。

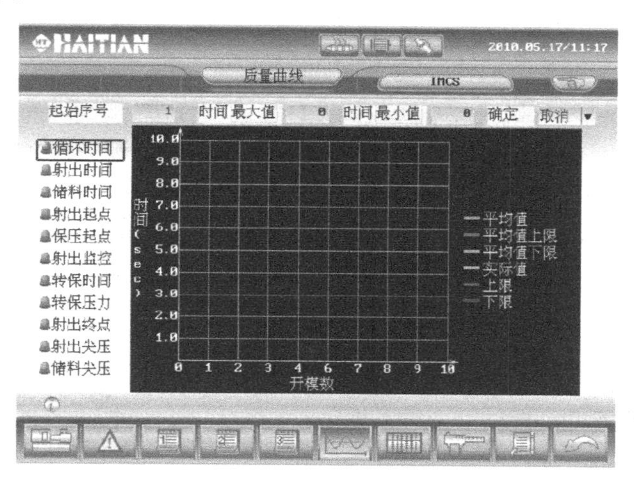

图3-70 质量曲线界面

生产设定参数界面见图3-71。

特别注意

界面中主要选择项的含义如下。

① 开模总数归零：若想将开模总数完成归零，则应在此设定“使用”，再按“OK”键。

② 目标产品总数：设定想要的生产总数，当开模总数设定值到达，计算机便会警报开模总

数已到并停止机台运作，除非开模数归零，否则注射台无法进行自动运行。

③ 现在产品总数：指目前实际生产数。

④ 目标包装总数：设定所需装箱数，若已达到设定的包装数，则警报器会响，界面提示包装总数已到，通知客户，但机器并不会停机，继续下一模动作。

⑤ 现在包装总数：指目前实际的包装数。

警报参数界面见图 3-72。

图 3-71 生产设定参数界面　　图 3-72 警报参数界面

记录界面见图 3-73。

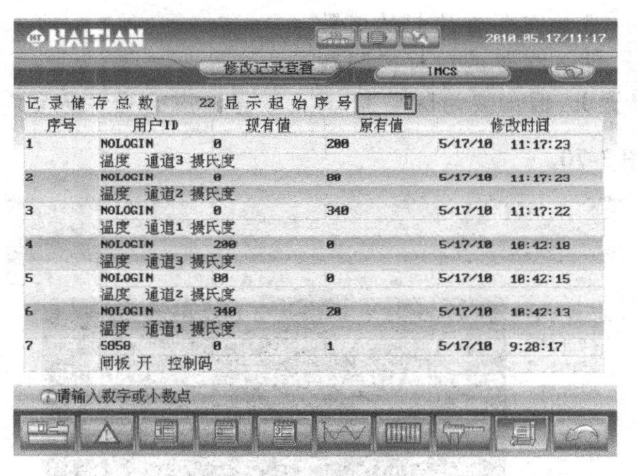

图 3-73 记录界面

3.2.12 参数校正

归零资料界面见图 3-74。

特别注意

设定过程中应注意以下几点。

① 因为更换位置尺或某些机械零件修改，所以需重新校正归零位置（只能在手动状态下）。

② 应输入密码。

③ 应将所需归零的参数在操作前归零。

④ 将该归零设定值改为 1 再按“OK”键确认，便完成归零动作。

DA 界面见图 3-75。

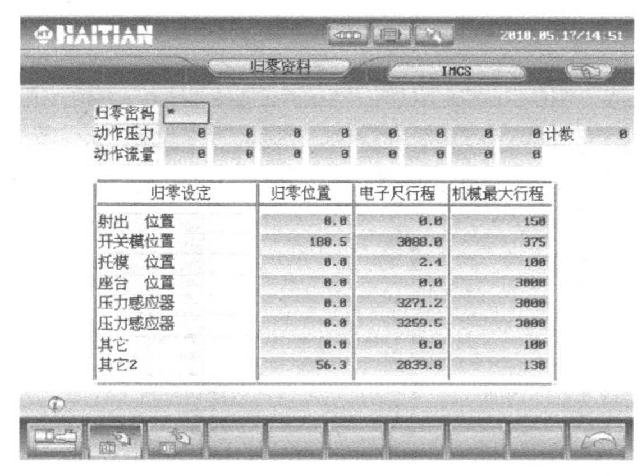

图 3-74 归零资料界面

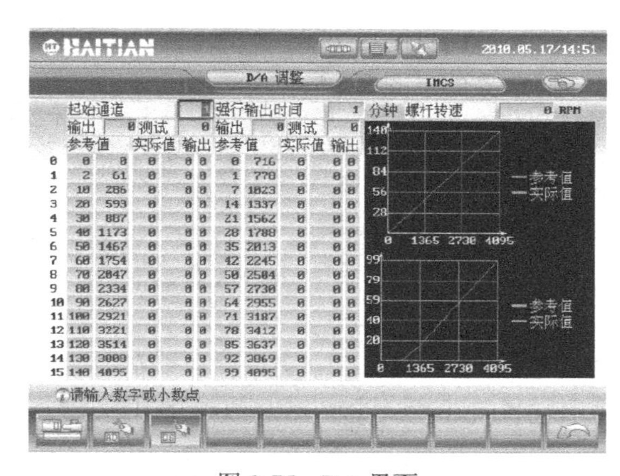

图 3-75 DA 界面

特别注意

界面中主要选择项的含义如下。

① 强行输出时间：在 DA 校正输出测试时，对应通道持续输出计时，当计时达到此限制时，将自动切掉其输出。

② 测试：校正时，输入需要测试的压力或者流量设定值。

③ 输出：主机回馈的对应通道的响应值。

④ 参考值：系统对 DA 曲线的预设值。

⑤ 实际值：根据实际需要对 DA 曲线进行调整后的校正值。

经验总结

操作方式举例（第一组比例阀）。

从 0～140 中选取需要做测试的节点，如 60。在测试处输入 60，系统会立即反馈输出响应值 60。然后，通过观察机器本身的系统压力表或者外部压力测试工具，得到实际的压力值，假设为 58。在对应的节点处，将 60 改为 58 即可。假设得到的实际压力为 58.5，则在对应的节点处，将 60 改为 58 或者 59，然后通过调整对应的二进制数字量输出值，来达到微调的目的。

3.2.13 I/O 的设定

PB1 界面见图 3-76。

PB2 界面见图 3-77。

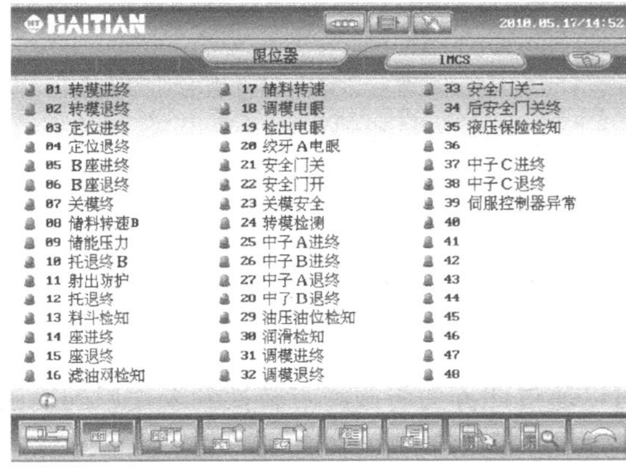

图 3-76 PB1 界面

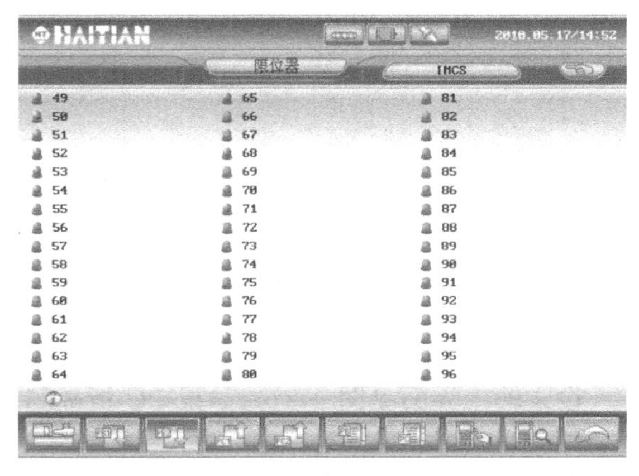

图 3-77 PB2 界面

PC1 界面见图 3-78。

PC2 界面见图 3-79。

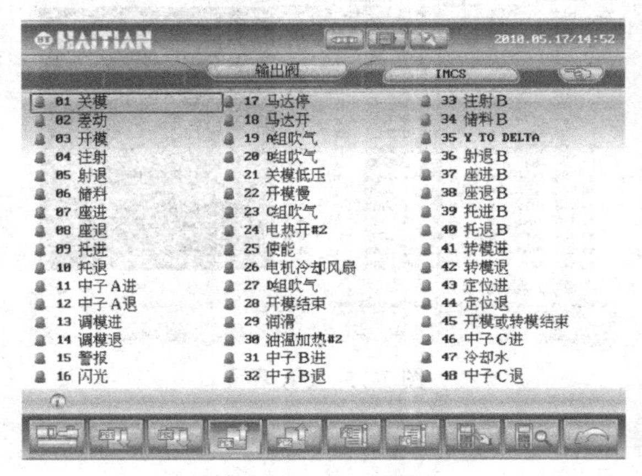

图 3-78　PC1 界面

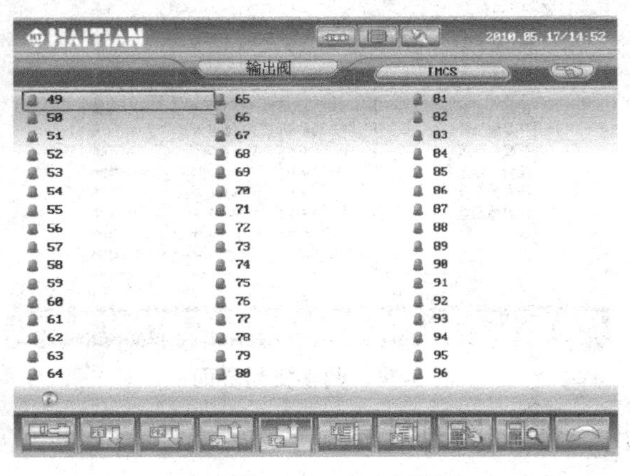

图 3-79　PC2 界面

设定输入界面见图 3-80。如果 PB 板故障，用户可以通过此界面将故障点转换到未使用的输入点上。

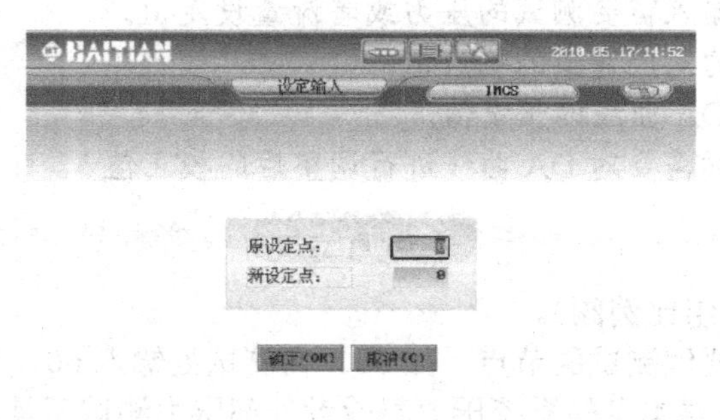

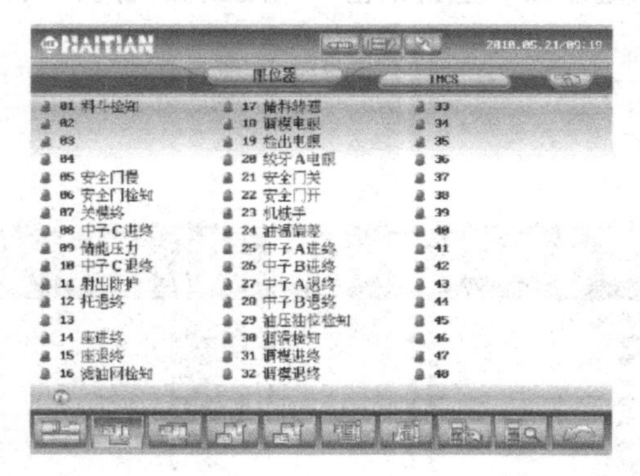

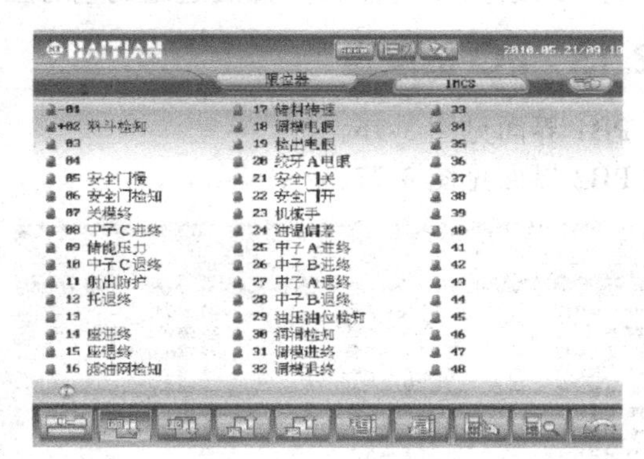

PB点更换前　　PB点更换后(B01更换到B02)

图 3-80　设定输入界面

设定输出界面见图 3-81。如果 PC 板故障，可以通过此界面将故障点转换到未使用的输出点上。

面板按键测试界面见图 3-82。

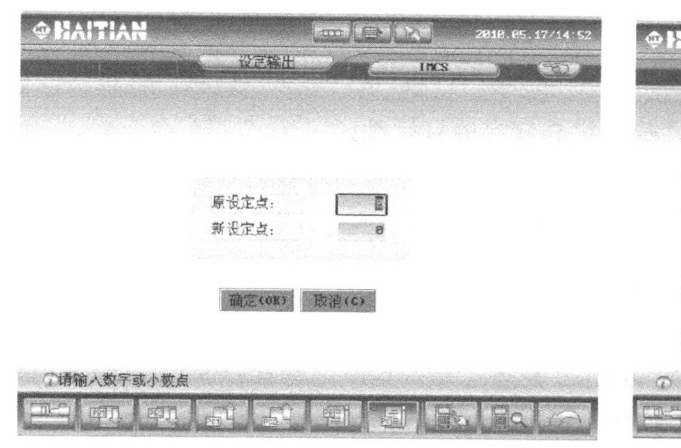

图 3-81 设定输出界面

图 3-82 面板按键测试界面

经验总结

前述界面用来测试操作面板上所有的按键，当用户按面板上任何一键，界面上相对应的键会变黄色。按 F1 键后界面变化如图 3-83 所示。

诊断界面见图 3-84，供软件调试程序使用。

图 3-83 按 F1 键后的界面

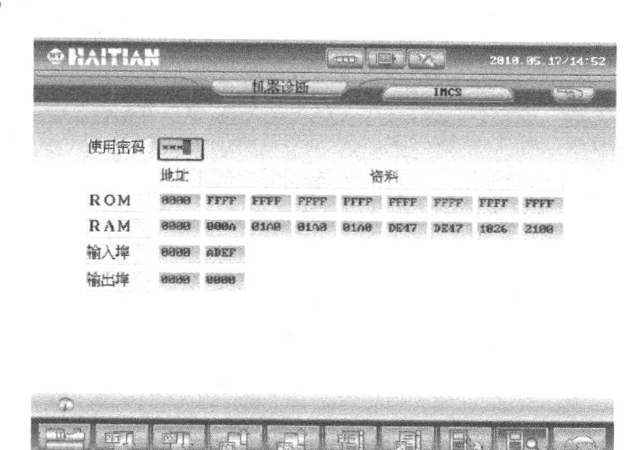

图 3-84 诊断界面

3.2.14 模具数据的设定

模具储存界面见图 3-85。

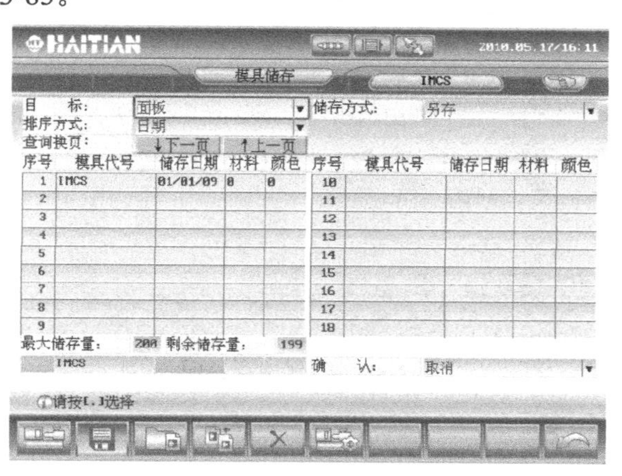

图 3-85 模具储存界面

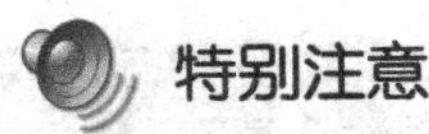

界面中主要选择项的含义如下。

① 目标：0表示面板，1表示记忆卡，选择模具储存的目标盘。

② 起始序号：改变模具显示的选单。

③ 选用模具序号：选择欲作为来源模具的选单号码。

④ 储存方式：覆盖，另存。

⑤ 覆盖：将来源模具数据覆盖至另一已存在的模具中。

⑥ 另存：将来源模具的名称数据复制为另一已不存在的模具中，这需要再选定模具号码并自行设定"模具名称"+"材料"+"颜色"，储存日期会自动产生，无需自行键入。

⑦ 最大储存量：可储存最多的模具数据的数量。

⑧ 剩余储存量：还可储存多少模具数据的数量。

读取模具界面见图3-86。

删除模具界面见图3-87。

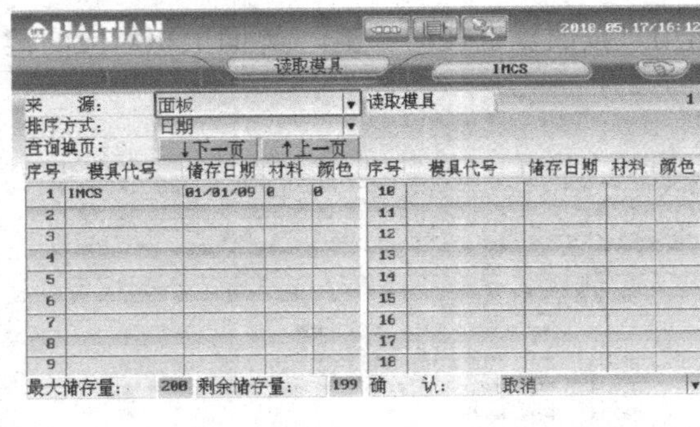

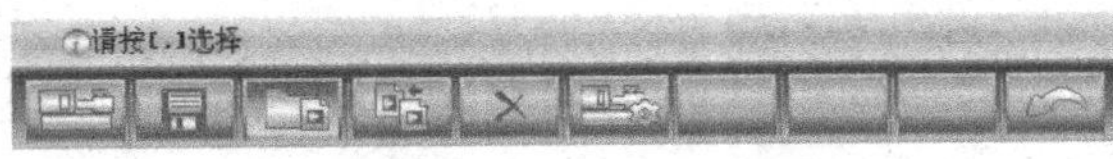

图3-86 读取模具界面

图3-87 删除模具界面

外部储存界面见图3-88。

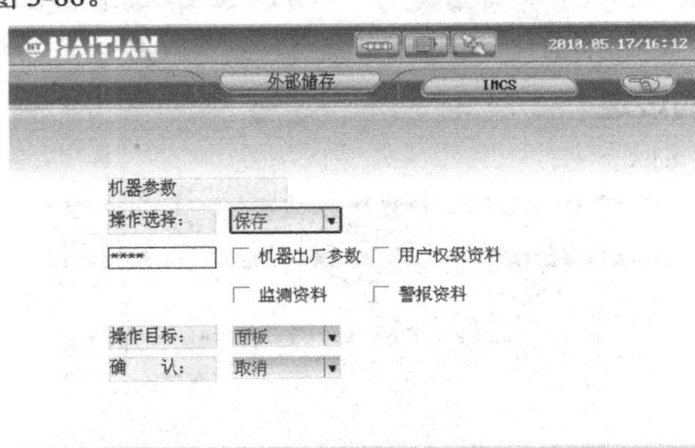

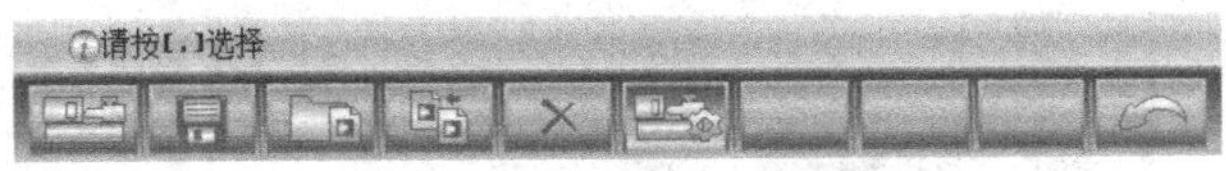

图3-88 外部储存界面

3.2.15 系统参数的设定

系统参数界面见图3-89。

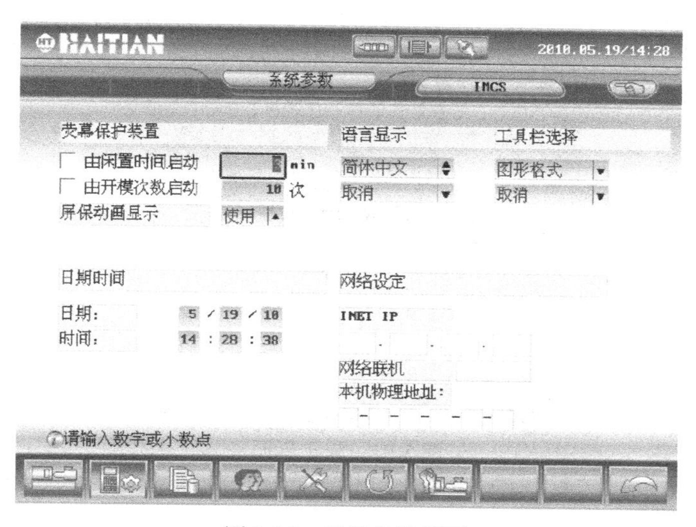

图 3-89　系统参数界面

工具栏图形/文字选择见图 3-90。

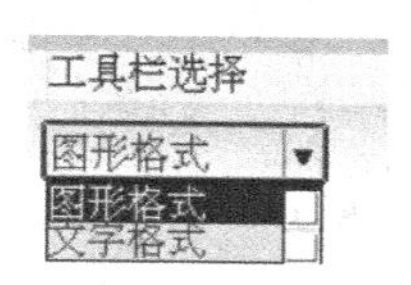

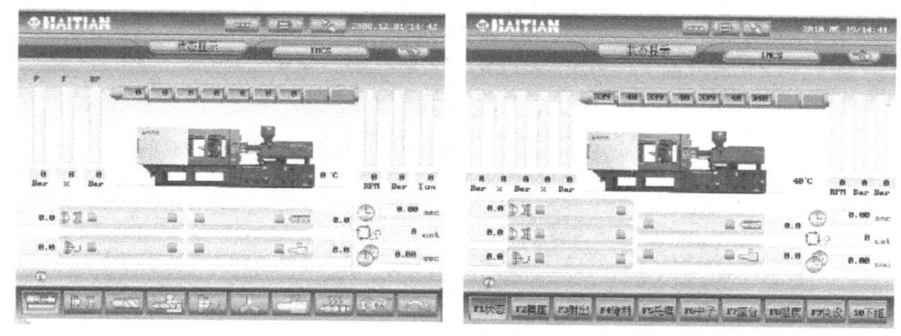

图 3-90　工具栏图形/文字选择

资料界面见图 3-91。

图 3-91　资料界面

权级界面见图 3-92。

图 3-92 权级界面

控制界面见图 3-93。

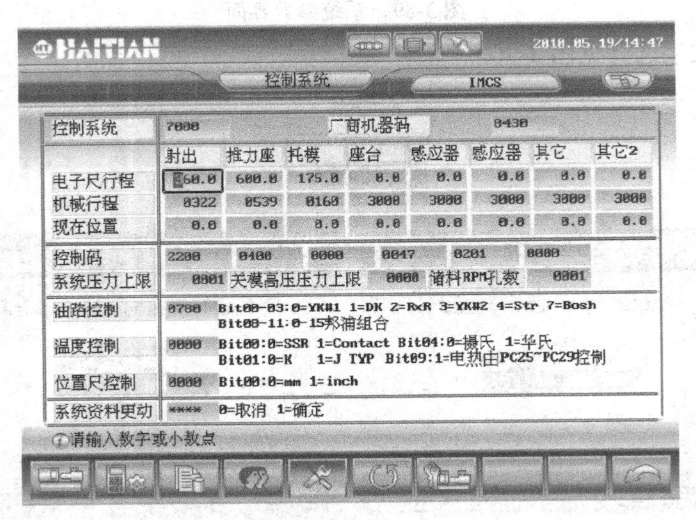

图 3-93 控制界面

重置界面见图 3-94。

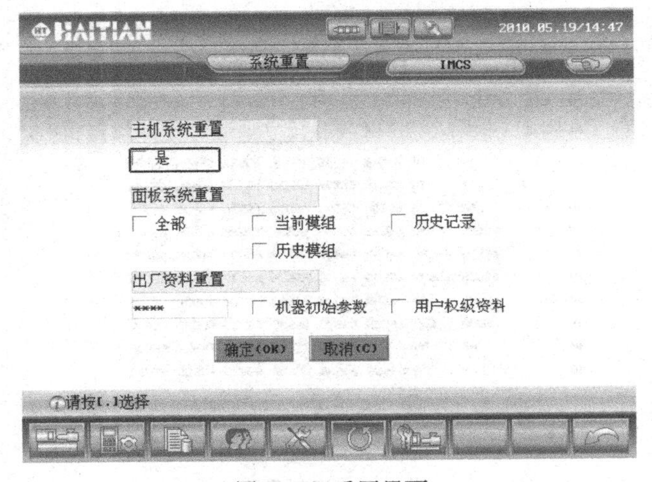

图 3-94 重置界面

3.2.16 程序的传输

程序传输流程见图 3-95。

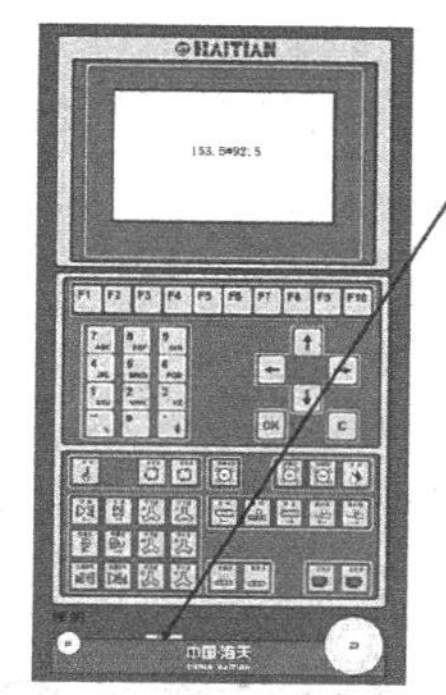

1．将程式传输盘（U盘）插入面板上的U盘插口。

2．重新启动面板。

3．当面板出现第一个画面时，约10～12s后，按F10键一次，然后在1s内按F8键一次，可进入程序更新画面。

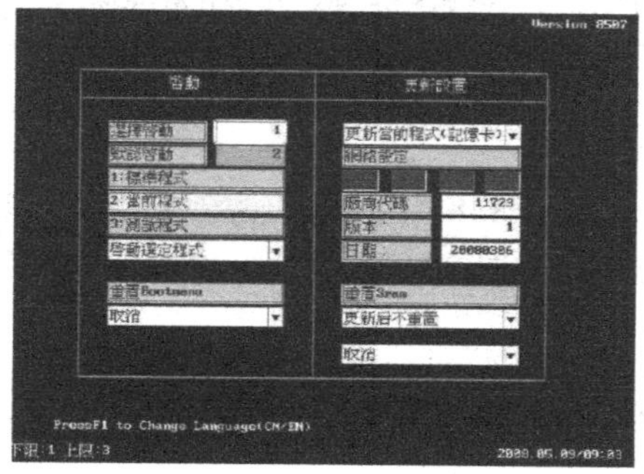

4．左边列处，选择更新标准版本，然后确定，可以将目前使用的程式存为标准版本，防止程序传输失败无法启动。更新程序左边列一般小用管，默认即可。

5．右边列处，再选择更新当前程式（记忆卡），厂商代码：输入 7HT，版本，需要看 U 盘中的程式版本，如果程式为 7ht_411_0874_update，则输入 411，日期，需要看 U 盘中的程式版本，如果程式为 7ht_411_0874_update，则输入 0874. 即：

厂商代码：7ht

版本：411

日期：0874

6．按确认进行传输。

7．大约 50s，传输 OK，重新启动面板即可。

图 3-95　程序传输流程

U 盘中文件存放见图 3-96。

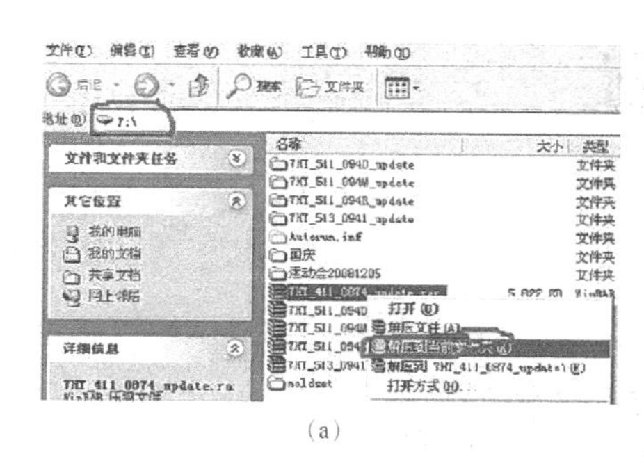

（a）

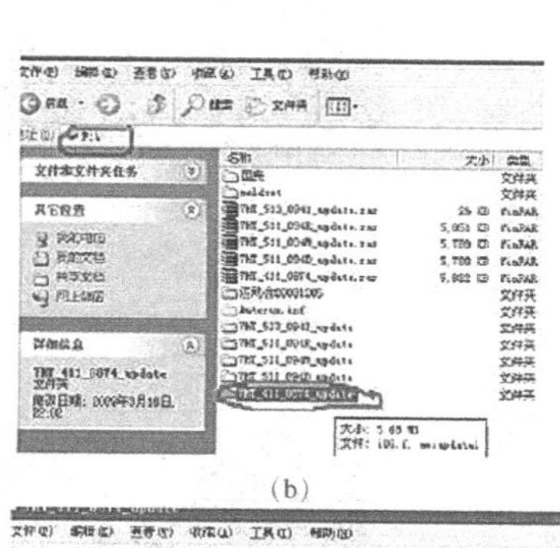

（b）

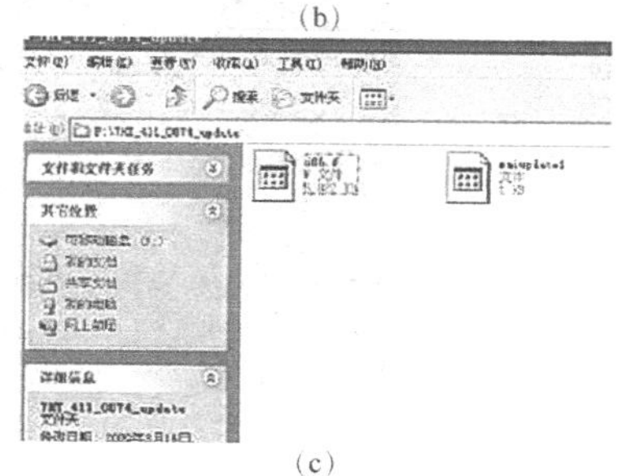

（c）

图 3-96　U 盘中文件存放

经验总结

U盘中文件存放说明如下。

① 如果是一个名为7ht_411_0874_update.rar的压缩文件，将该压缩文件放入U盘根目录中（打开U盘就能看见该文件而不是在U盘的某个文件夹中），选择解压到当前文件夹→产生一个名为7ht_411_0874_update的文件夹，保证该文件夹在U盘根目录下[图3-96（b）]，并且7ht_411_0874_update文件夹下不能包含有文件夹[图3-96（c）]。产生作用的是解压后的文件夹，压缩文件本身是否存放在U盘不影响程式传输。

② 如果程序更新有配置版本，则先传输标准版本，再传输配置版本。一般标准版本，版本码以“11”结尾，而配置版不是。如7ht_511_092J_update为标准版本，7ht_513_093R_update为配置版本。U盘存放方式两者相同。

3.3 进口注塑机的操作与调试（以克劳斯玛菲牌注塑机为例）

3.3.1 克劳斯玛菲注塑机简介

克劳斯玛菲（KRAUSS-MAFFEI，简称KM）公司，1838年成立于德国慕尼黑，是全球著名的高端注塑机制造商，也是全球机械制造最全面的制造商之一。其C系列注塑机在我国拥有较多的用户，该型号注塑机的结构如图3-97所示。

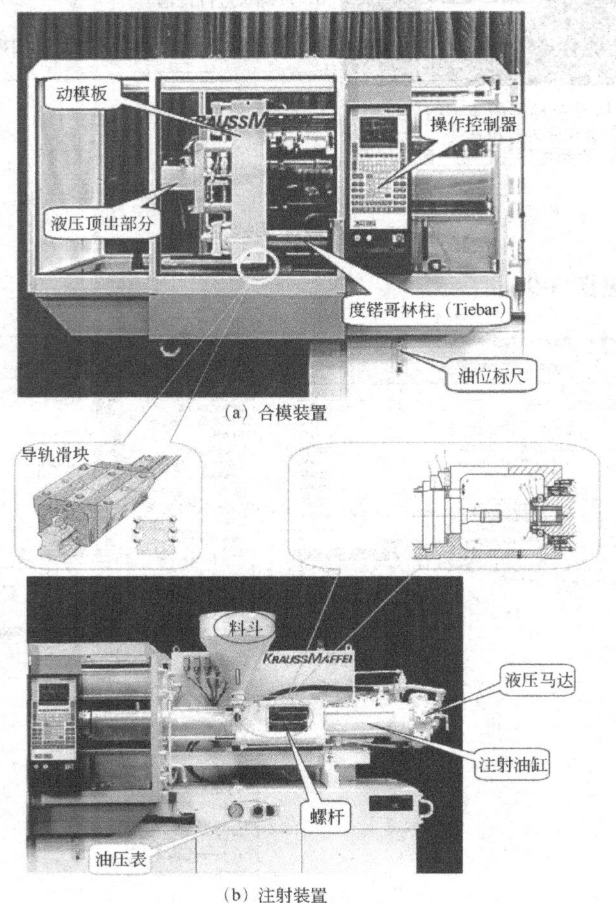

（a）合模装置

（b）注射装置

图3-97 克劳斯玛菲C系列注塑机

3.3.2　克劳斯玛菲注塑机的操作系统

（1）系统的启动

先决条件：24V DC 供电正常，系统完整无异常。

启动主电源后，MC4 操作面板所有指示灯会闪动，显示屏出现电脑自检数据，待完全检测后进入界面 1.1，见图 3-98。

如果无法启动系统，应检查 24V DC 供电是否正常，检查 24V DC 保险丝是否正常，NT500 供电装置是否正常，SR503 卡的红色警示灯是否亮起，根据屏幕故障提示排除问题。

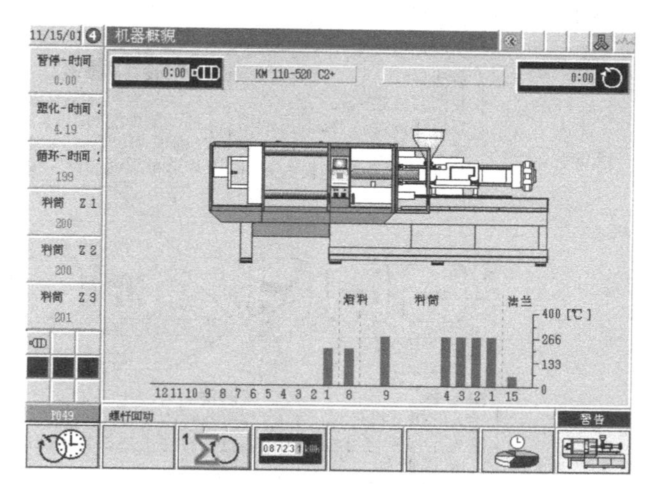

图 3-98　系统初始化

（2）操作系统界面（见图 3-99）

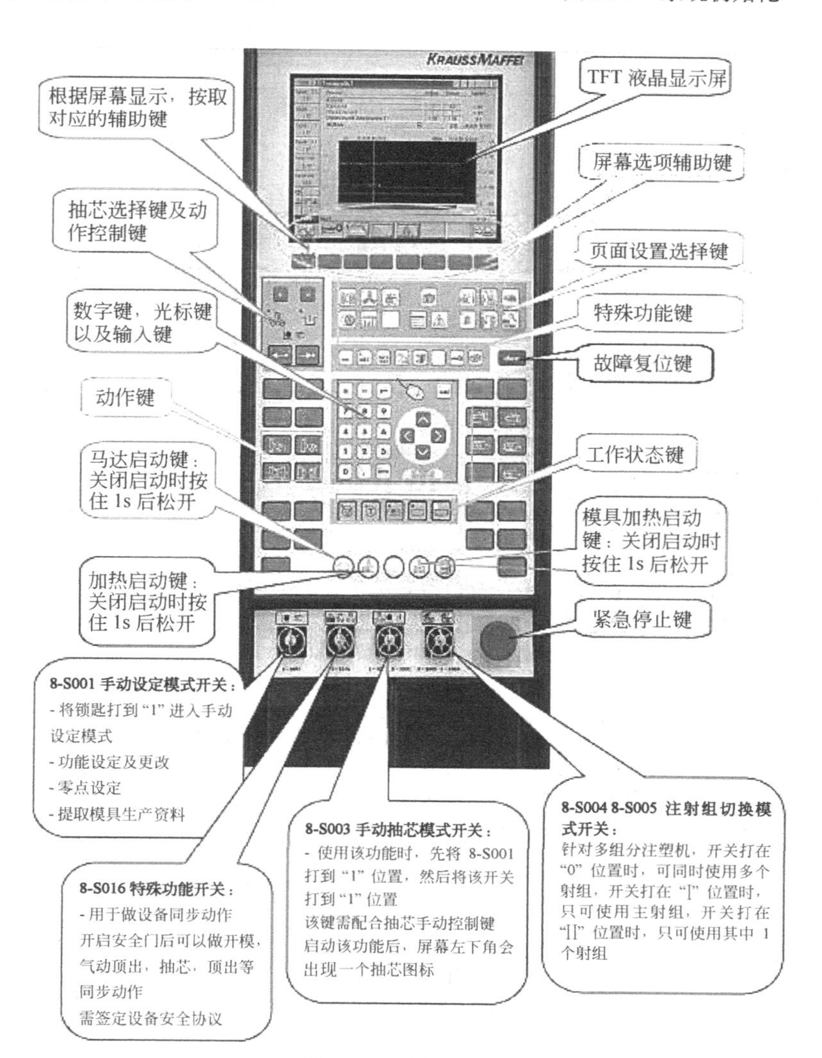

图 3-99　系统界面

（3）功能按键

特殊功能键见图 3-100。

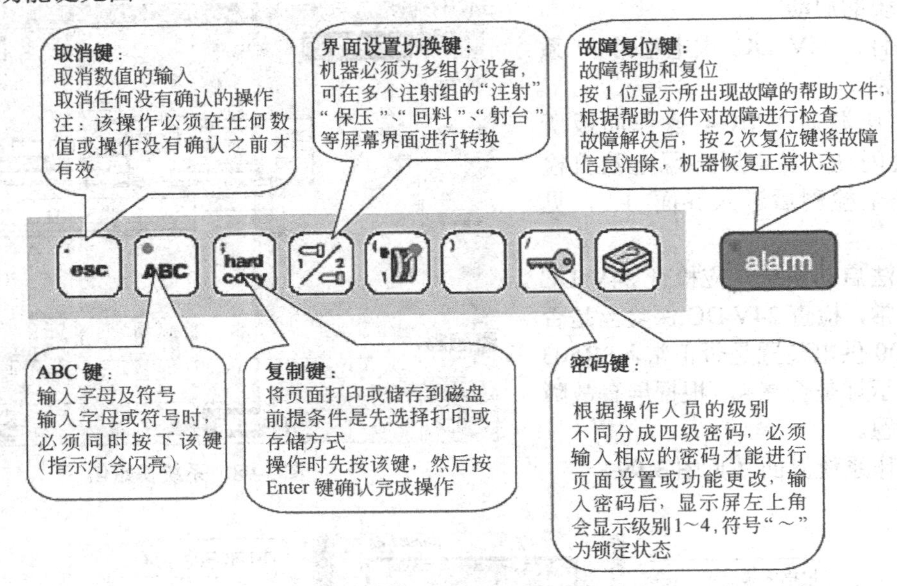

图 3-100　特殊功能键

（4）功能键（见图 3-101）

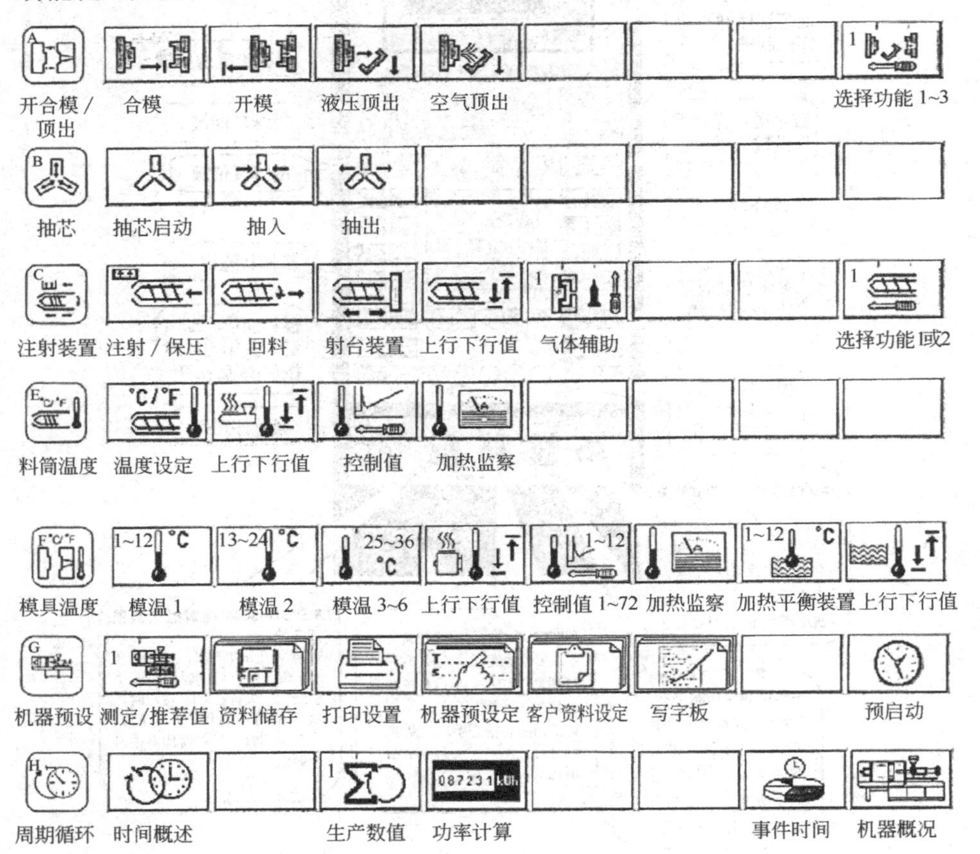

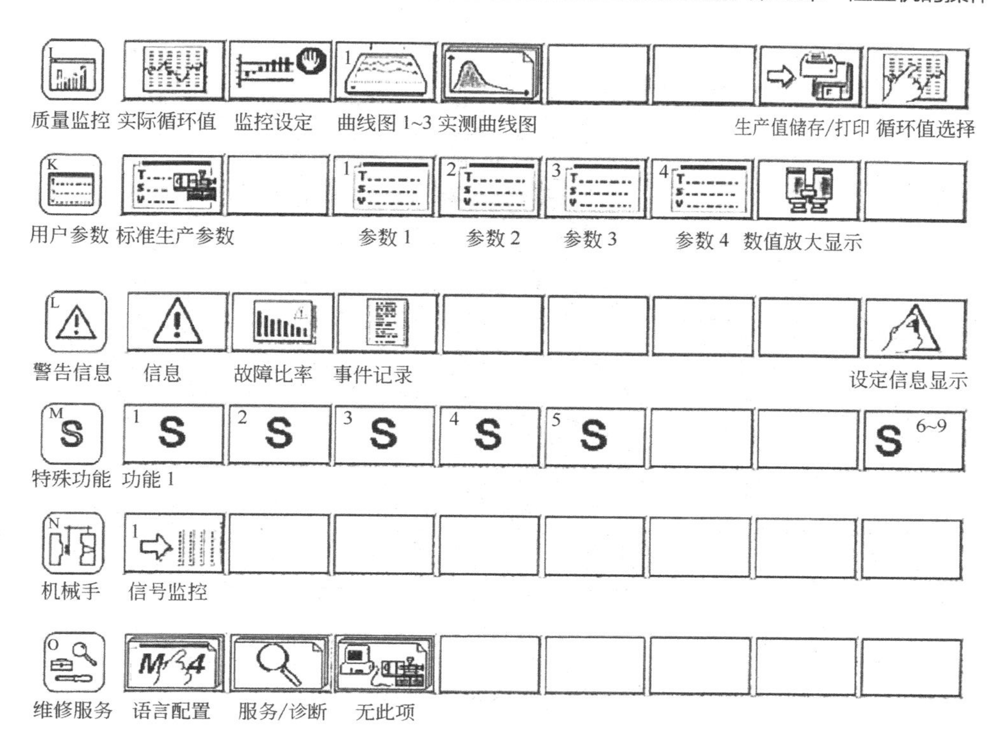

图 3-101 功能键

（5）页面设置

在所有的数据均以实数显示（不是百分比），根据运用会有不同的计算单位来显示，见图 3-102。

物理量	陈述	计算单位	
S	行程位置	mm	毫米
v	速度	mm/s	毫米/秒
F	锁模力	kN	千牛
P	液压压力	bar	巴
T	温度	℃	摄氏度
n	转速	r/min	转/分钟
Q	容积流率	L/min	升/分钟

图 3-102 系统工艺参数的单位

在 MC4 版本中根据功能的运用会有不同的按钮（见图 3-103）来进行激活，选定“确认”按钮符号显示如图 3-104 所示。

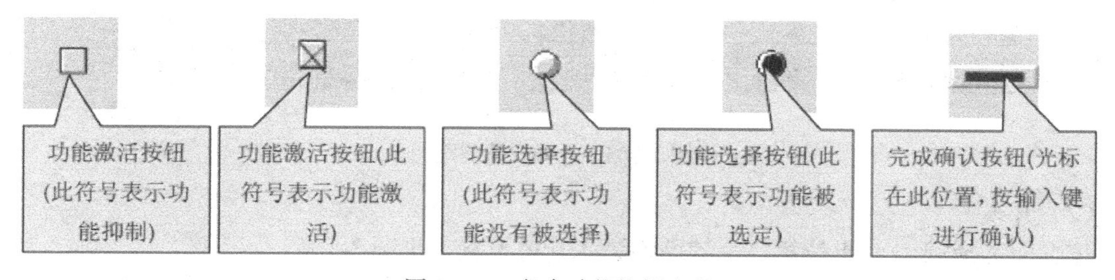

图 3-103 各个功能按钮含义

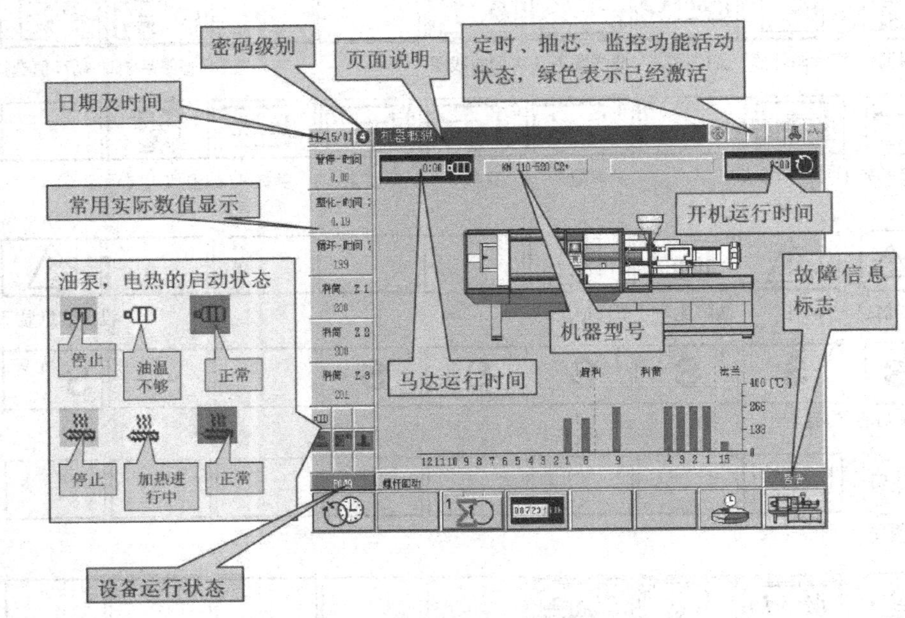

图 3-104 确认按钮下的显示

3.3.3 克劳斯玛菲注塑机的参数设置

（1）合模

按页面选择键进入合模设置，见图 3-105。

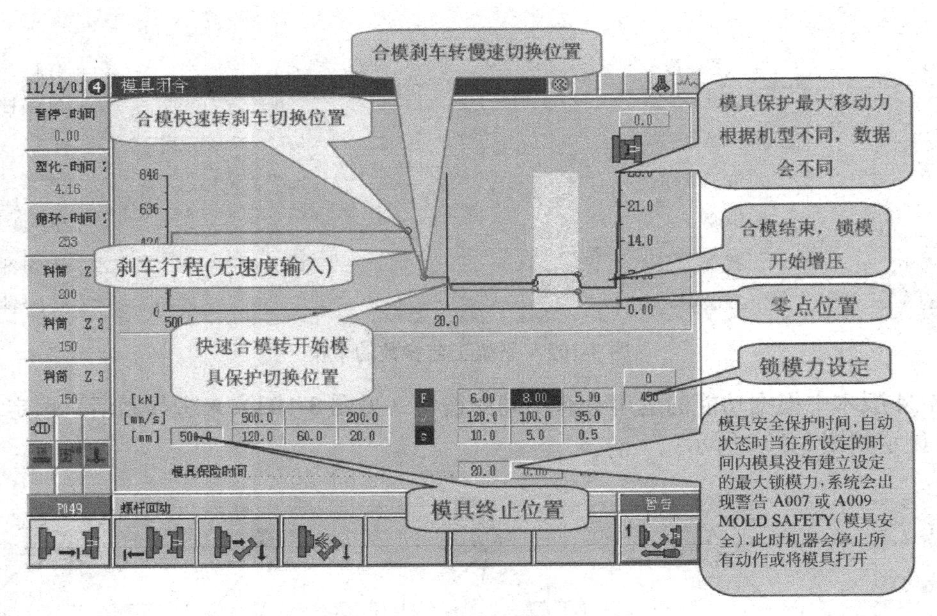

图 3-105 合模设置界面

（2）开模

按页面选择键，再按第二个辅助键进入开模设置，见图 3-106。

机械手中间停顿功能：根据机械手动作，启动一个开模的位置用于开始机械手动作。

（3）液压顶出

按页面选择键[icon]，再按第三个辅助键进入液压顶出界面，见图3-107。

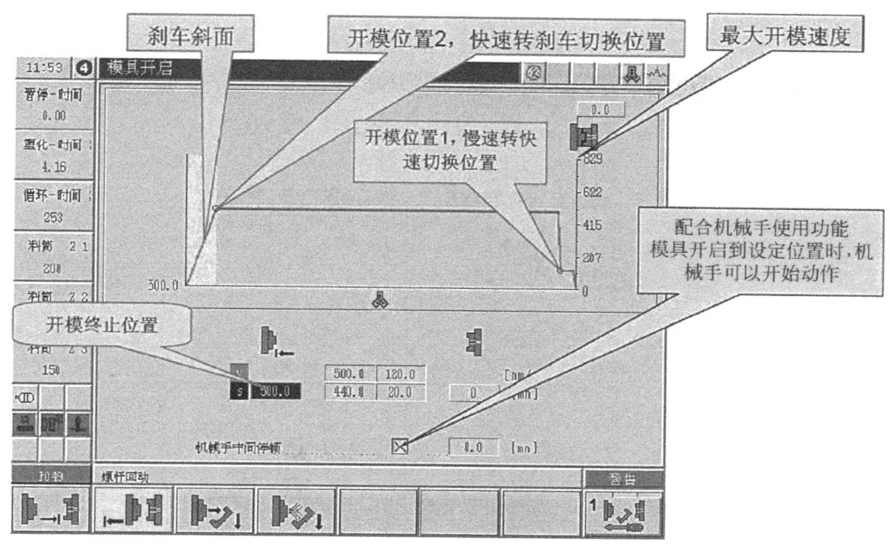

图3-106 开模设置界面

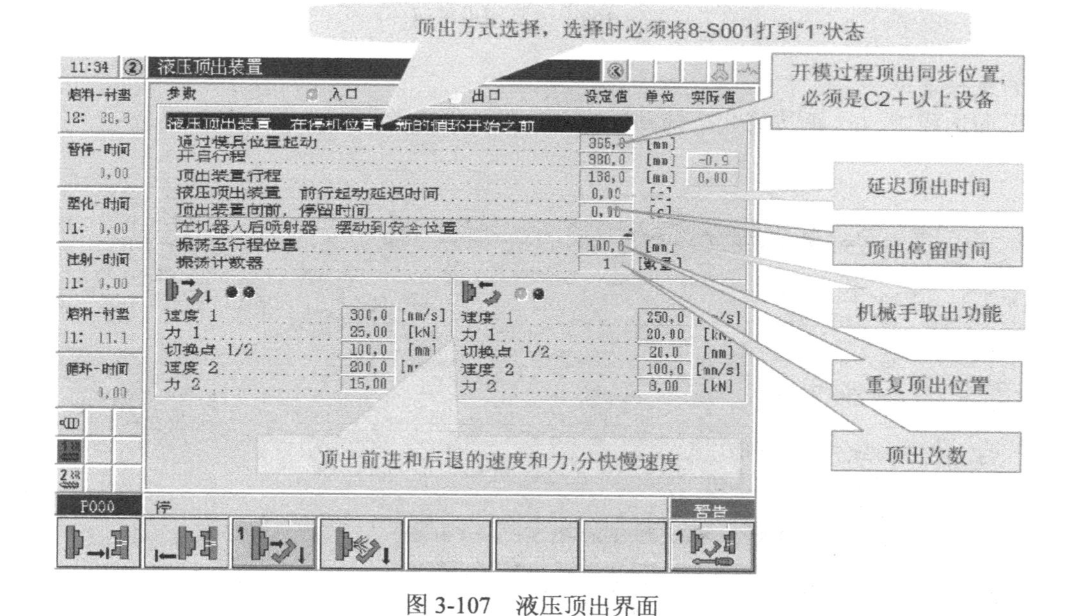

图3-107 液压顶出界面

顶出方式：1—开始新循环时顶出装置退回；2—新循环开始之前顶出装置处于停机位置。

（4）气动顶出

按页面选择键[icon]，再按第四个辅助键进入气动顶出界面，见图3-108。

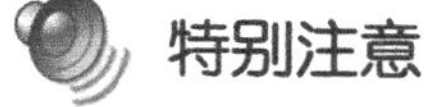

界面中各主要选择项的含义如下。

① 通过工具位置：指通过开模的位置来启动吹气动作；

② 通过冷却时间启动：特殊配置，在冷却时间开始时进行吹气动作；
③ 通过前喷射器：特殊配置，顶出开始时开始吹气动作；
④ 冷却时间结束前：特殊配置，在冷却时间结束之前启动吹气动作。

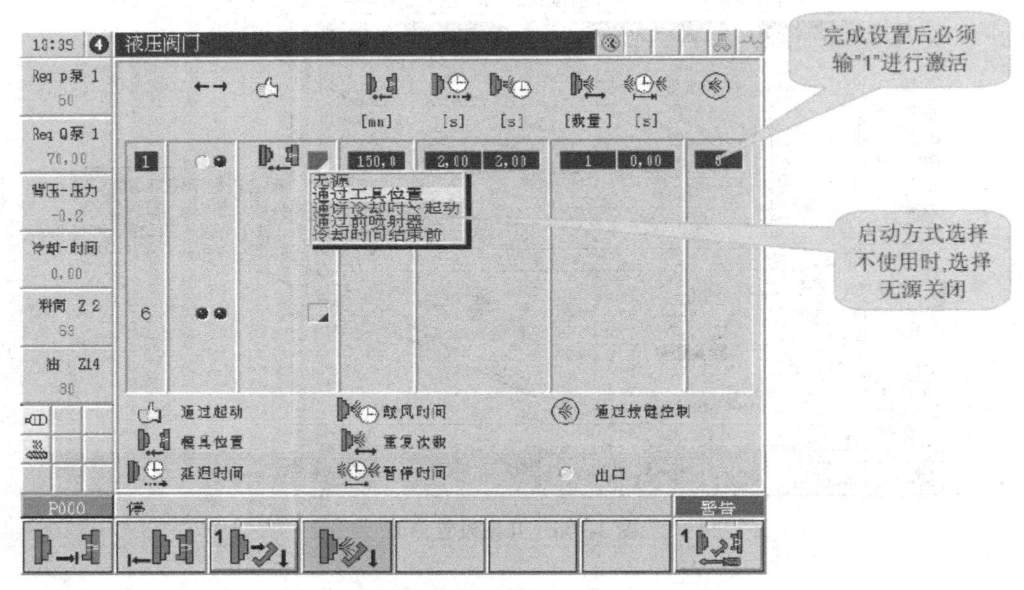

图 3-108 气动顶出界面

(5) 选择功能

按页面选择键，再按第八个辅助键进入选择功能 1 界面，见图 3-109。

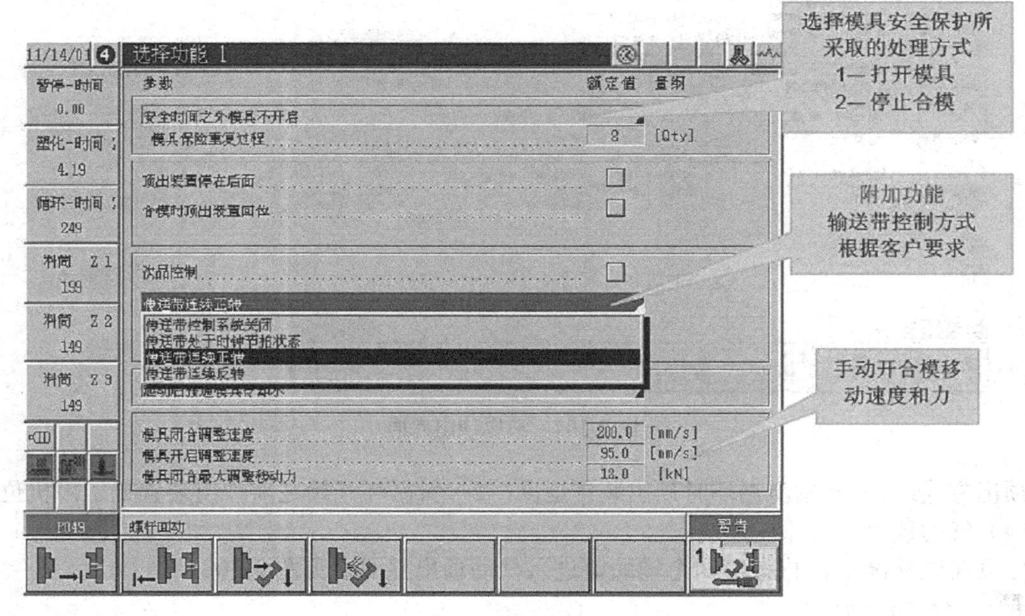

图 3-109 选择功能 1 界面

按页面选择键，重复按第八个辅助键两次进入选择功能 2 界面，见图 3-110。

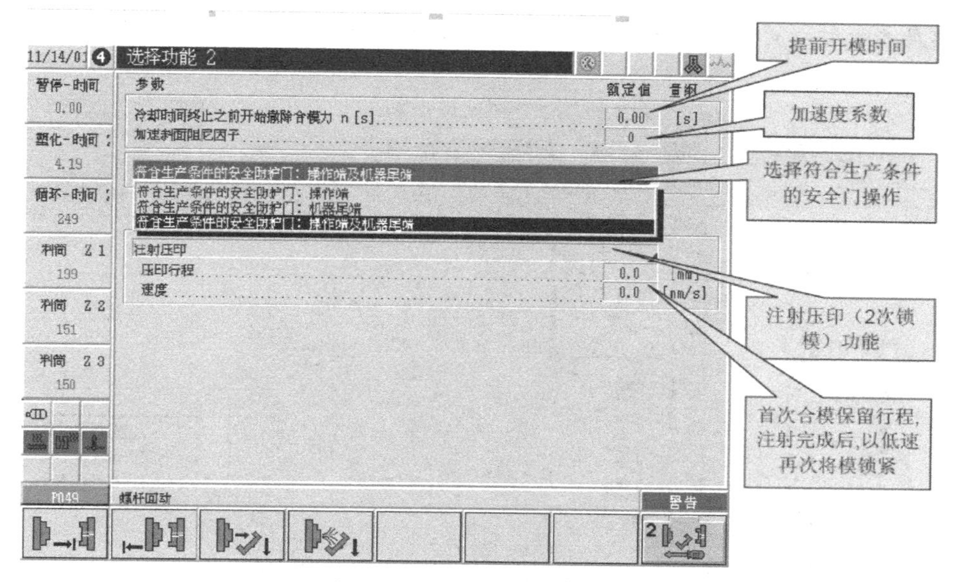

图 3-110 选择功能 2 界面

（6）抽芯功能

按页面选择键，进入抽芯功能启动界面，见图 3-111。

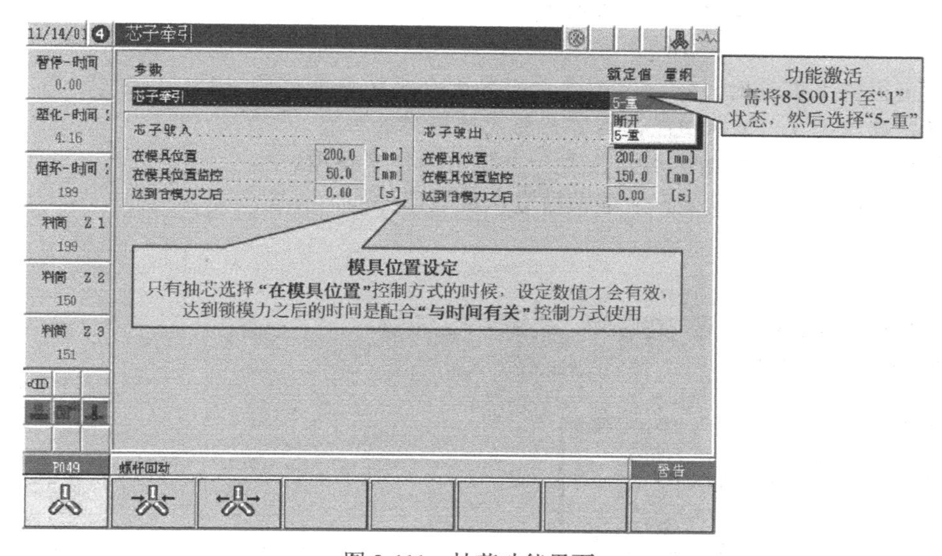

图 3-111 抽芯功能界面

抽芯的限位开关接线位置在安装于动模板非操作端 7-X700A 的插座上，具体的位置可参看机器的电路图。

按页面选择键，再按第二个辅助键进入抽芯入界面，见图 3-112。

界面中主要选择项的含义如下。

① 模具开启时：指模具到达最大开模行程后启动抽芯动作；

② 在模具位置：指在开模的过程中启动抽芯动作，启动位置见“模具位置设置”；

③ 模具闭合时，卸载：指模具已经关闭但还没有建立锁模力之前，启动抽芯动作；

④ 模具闭合时，受载：指模具已经关闭并已经建立锁模力之后，启动抽芯动作；

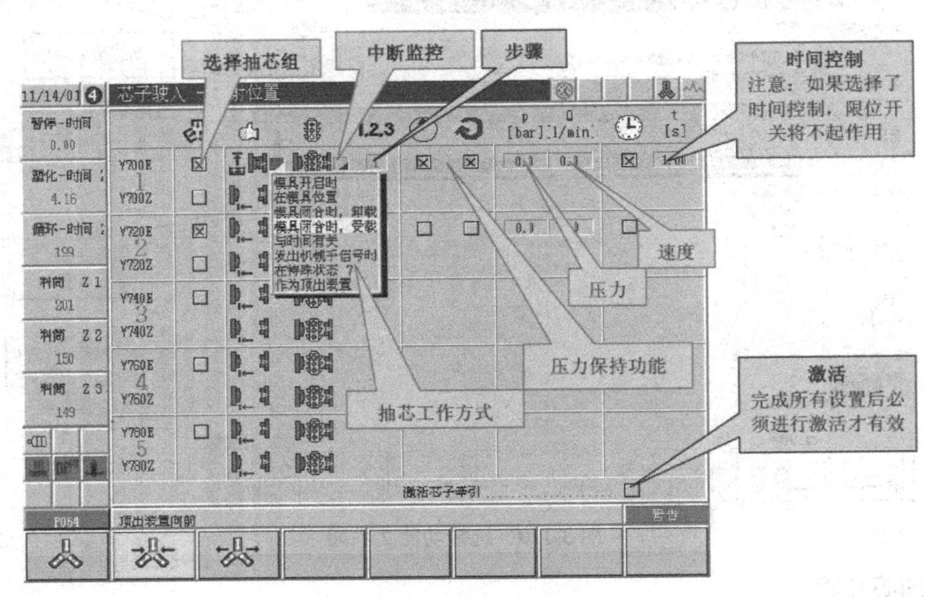

图 3-112 抽芯入界面

⑤ 与时间有关：指抽芯的启动与锁模力建立之后的时间有关， 启动时间见“达到锁模力之后”；

⑥ 发出机械手信号时：指抽芯的启动需要配合机械手的信号进行；

⑦ 在特殊状态 7：特殊功能，需客户指定的特殊指令；

⑧ 作为顶出装置：指抽芯动作作为一个顶出动作来使用。

按页面选择键，再按第三个辅助键进入抽芯出界面，见图 3-113。

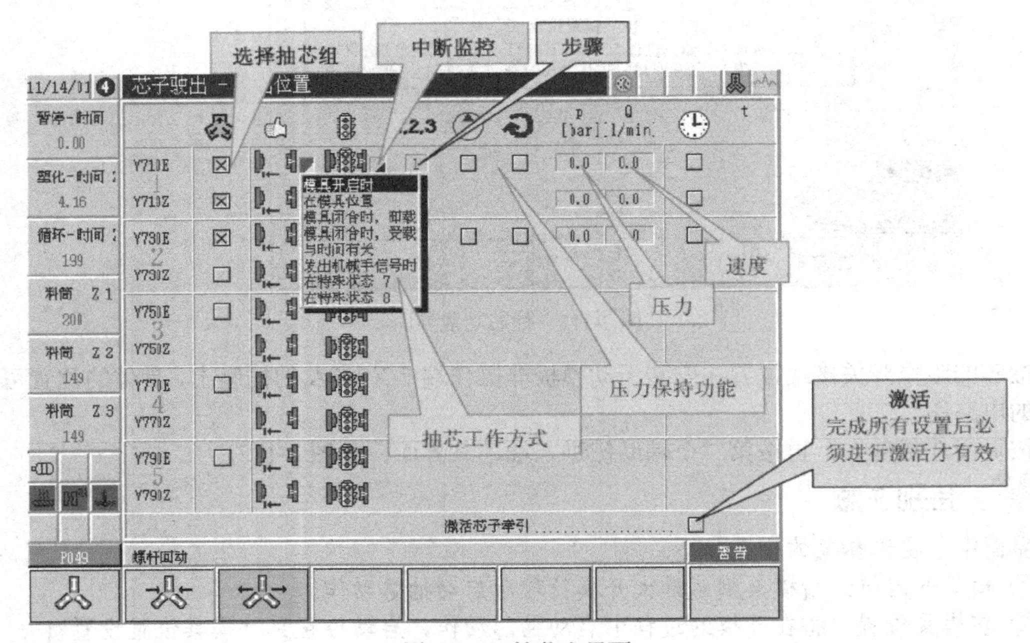

图 3-113 抽芯出界面

（7）注射/保压设置

按页面选择键进入注射/保压界面，见图 3-114。

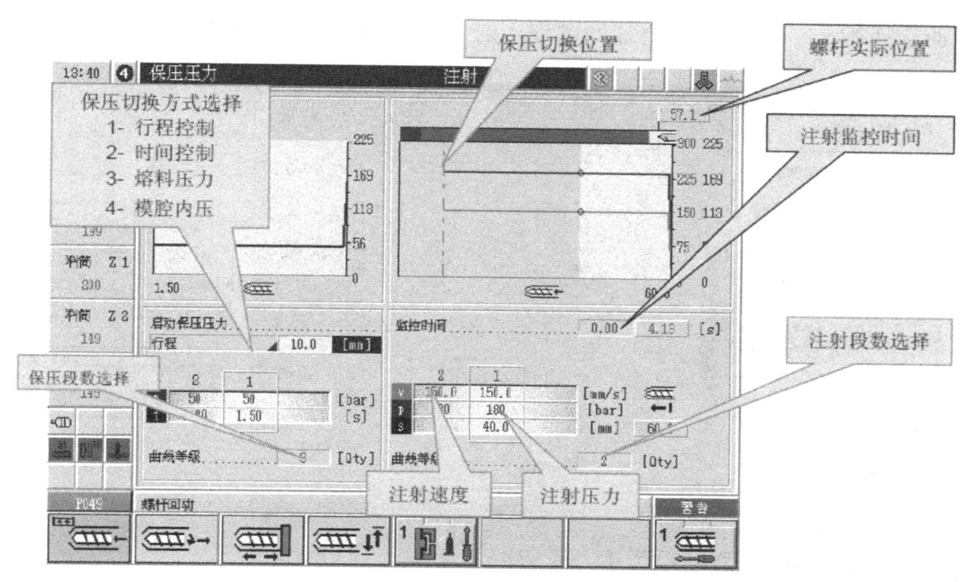

图 3-114 注射/保压界面

注射方式取决于保压切换方式的选择，如果需要行程控制注射时，应在保压切换方式选择“行程”，输入注射位置，同时在监控时间输入需要监控的注射时间，输入数字“0”不起监控作用。在自动生产过程中，若在监控时间内螺杆没有达到设定的注射位置，设备将不能进行下一个循环，屏幕出现故障信息：A064“保压压力切换”；模具内压/熔料压力切换或保压压力切换行程未能达到；未能在保压压力切换时间内实现切换。

解决方法：重新设定注射位置；检查注射压力或速度；加大注射监控时间。

（8）回料

按页面选择键，再按第二个辅助键进入回料设置界面，见图 3-115。

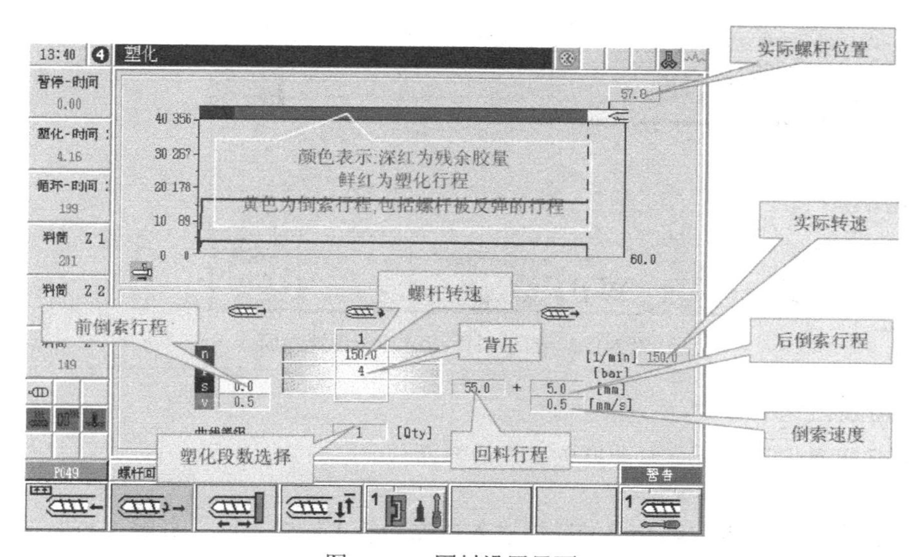

图 3-115 回料设置界面

当长时间塑化无法到达设定的位置时，系统会自动关闭马达，并显示故障信息 A068。解决方法：A068 塑化时间监控，超出塑化时间 （5min)；检查控制背压；检查进料状况。

（9）射台设置

按界面选择键，再按第三个辅助键进入射台设置界面，见图 3-116。

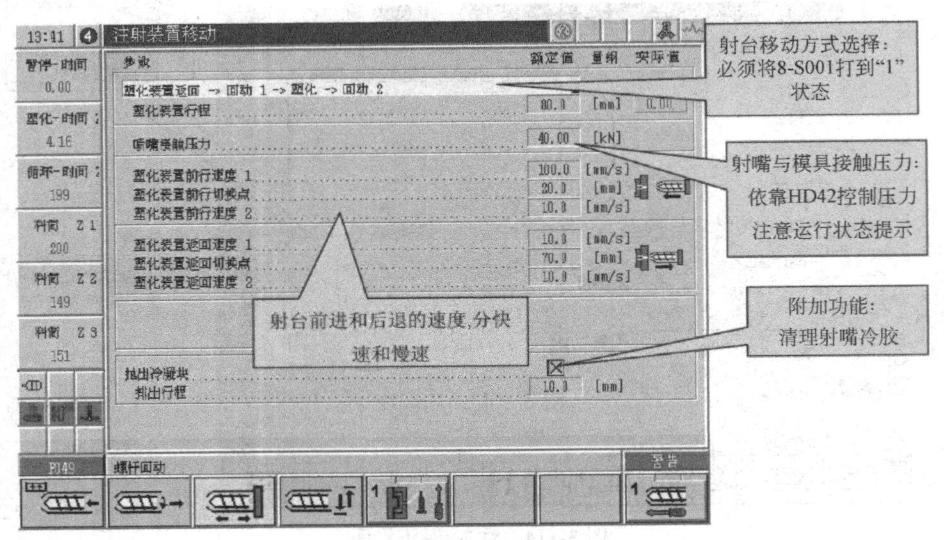

图 3-116 射台设置界面

（10）自动料筒清洁功能

按界面选择键，再按第四个辅助键进入自动料筒清洁功能设置界面，见图 3-117。

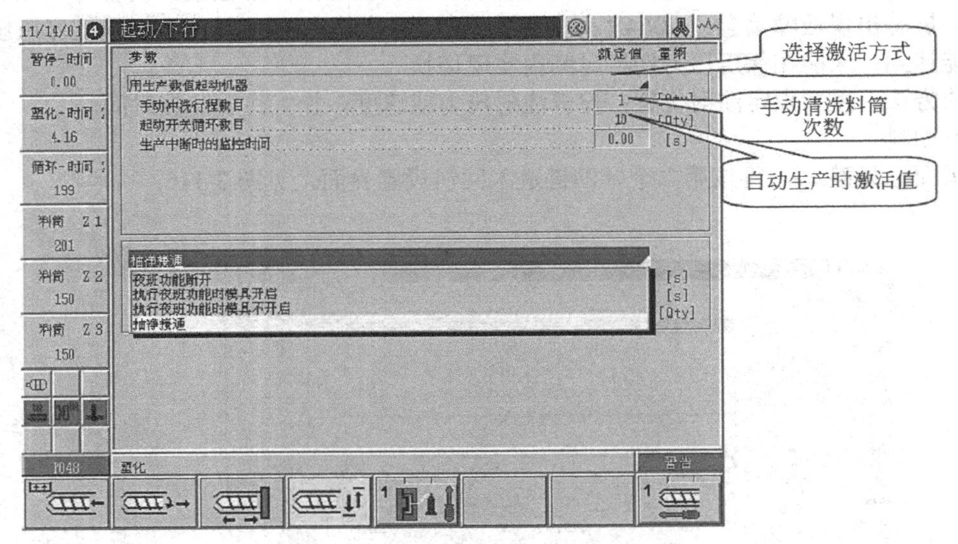

图 3-117 自动料筒清洁功能设置界面

特别注意

该功能只适用于不间断全自动换色生产的产品。

（11）选择功能

按界面选择键，再按第八个辅助键进入选择功能 1 设置界面，见图 3-118。

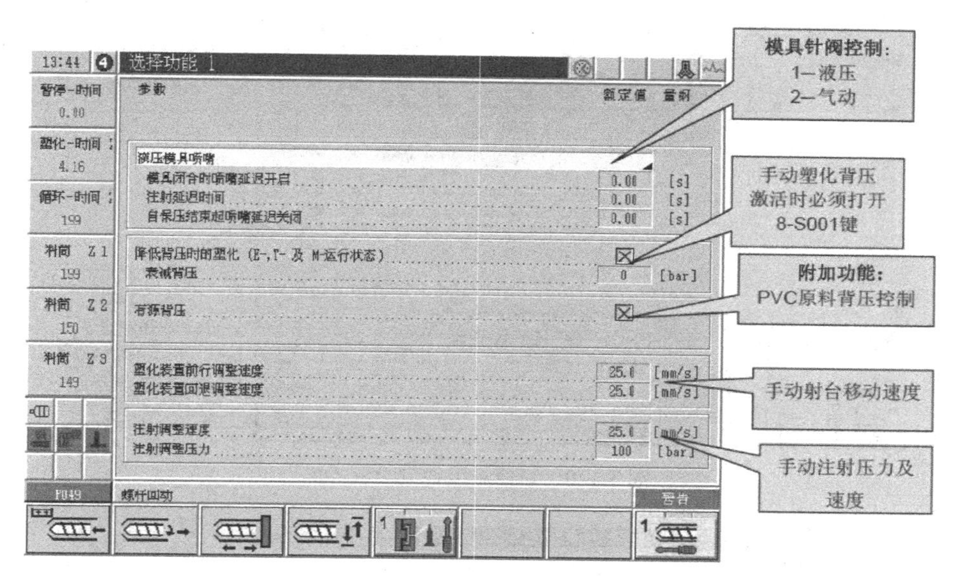

图 3-118 选择功能 1 设置界面

按界面选择键，重复按第八个辅助键进入选择功能 2 设置界面，见图 3-119。

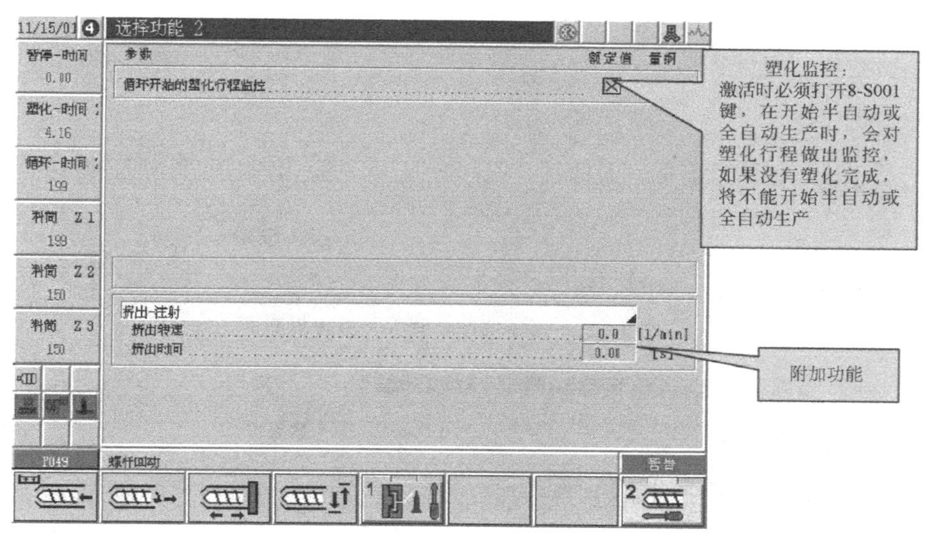

图 3-119 选择功能 2 设置界面

（12）料筒温度控制

按界面选择键，进入料筒温度控制设置界面，见图 3-120。

（13）料筒温度控制方式

按界面选择键，再按第二个辅助键进入料筒温度控制方式设置界面，见图 3-121。

（14）料筒加热优化

按界面选择键，再按第三个辅助键进入料筒加热优化设置界面，见图 3-122。

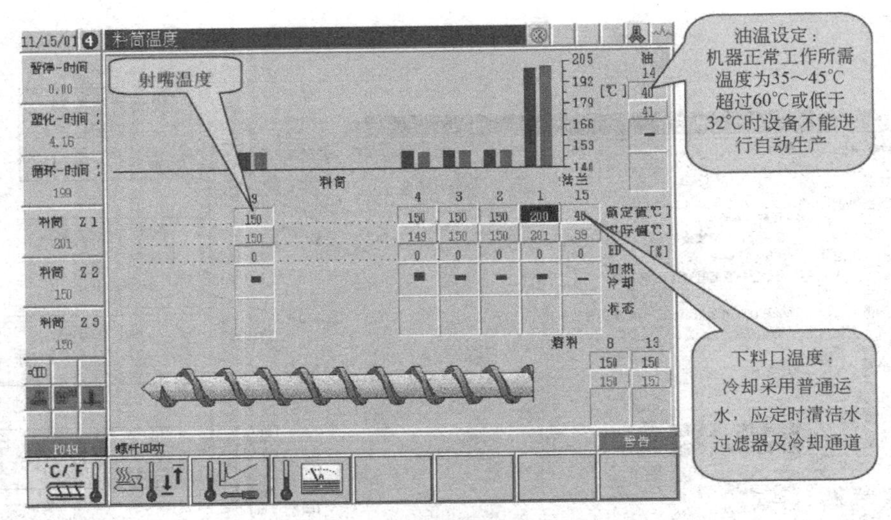

图 3-120 料筒温度控制设置界面

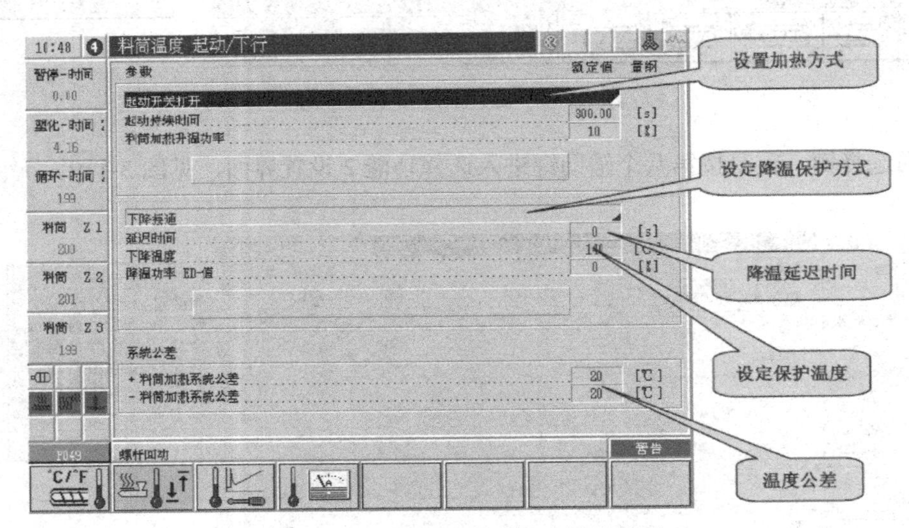

图 3-121 料筒温度控制方式设置界面

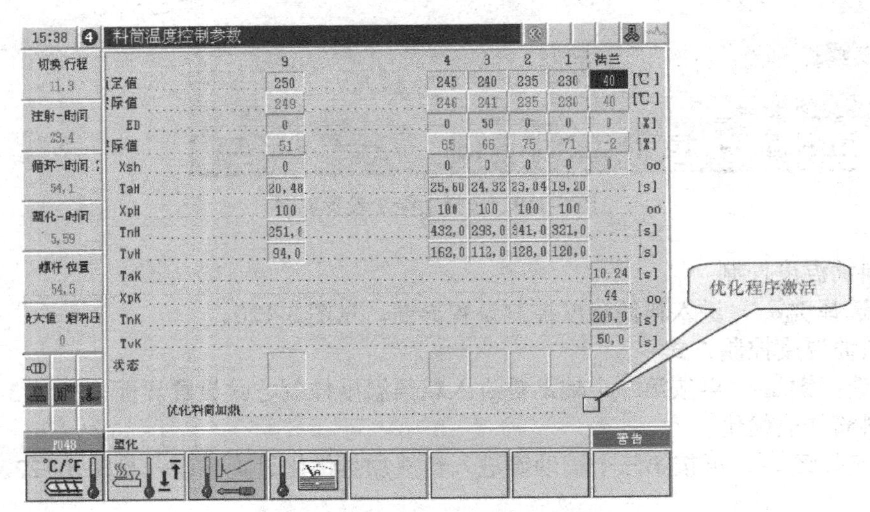

图 3-122 料筒加热优化设置界面

① 加热系统的优化作用在于可以使用更好的控制数据来保证温度的稳定性。

② 在优化程序启动之前，要确保温度是否在室温状态（25～35℃）。

③ 当温度在室温状态时，可以启动优化程序，按启动键开始升温，在这过程中，设备会在屏幕上用“手势”表示优化结果，当“手势”全部转为绿色，表示优化成功。如果“手势”转为红色，表示优化失败，必须关闭加热状态，待温度下降到室温状态时再重新优化。如果重复出现红色“手势”，应检查感温线和发热圈。

（15）模具加热控制

按界面选择键，进入模具加热设置界面，见图 3-123。

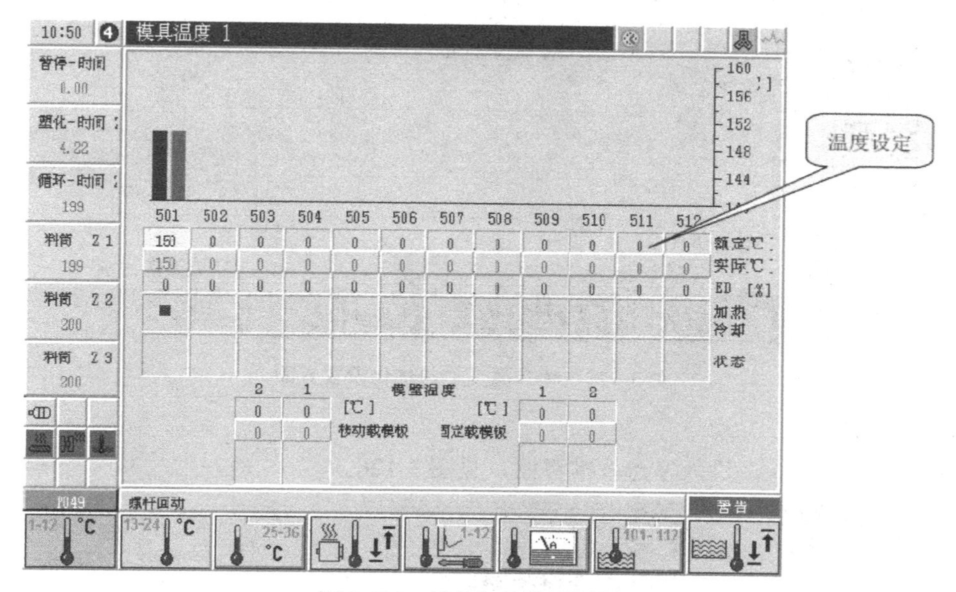

图 3-123 模具加热设置界面

（16）模具加热方式选择

按界面选择键，进入模具温度控制方式设置界面，见图 3-124。

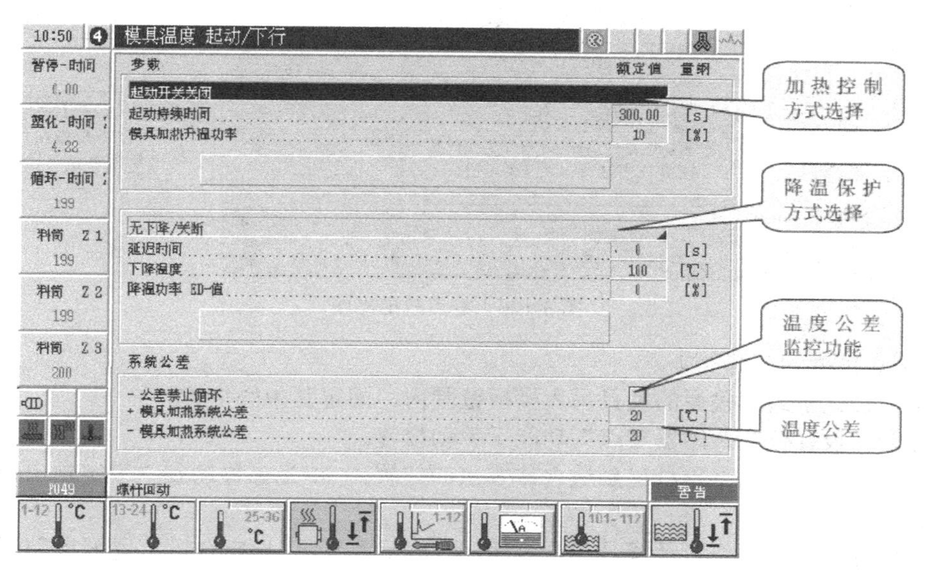

图 3-124 模具温度控制方式设置界面

（17）模具加热优化

按界面选择键，进入模具温度加热优化设置界面，见图 3-125。

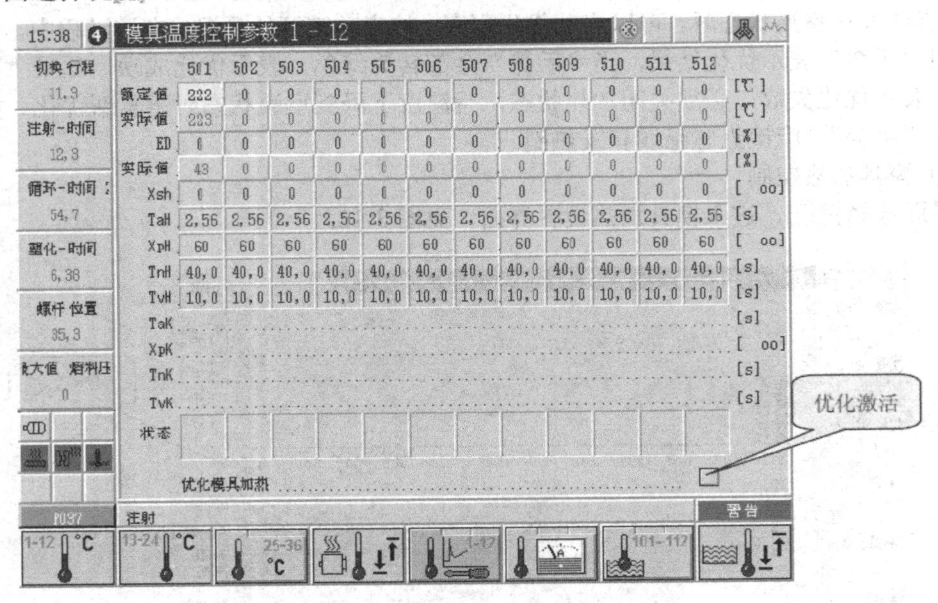

图 3-125　模具温度加热优化设置界面

（18）零点校准

按界面键选择键，进入零点校准界面，见图 3-126。

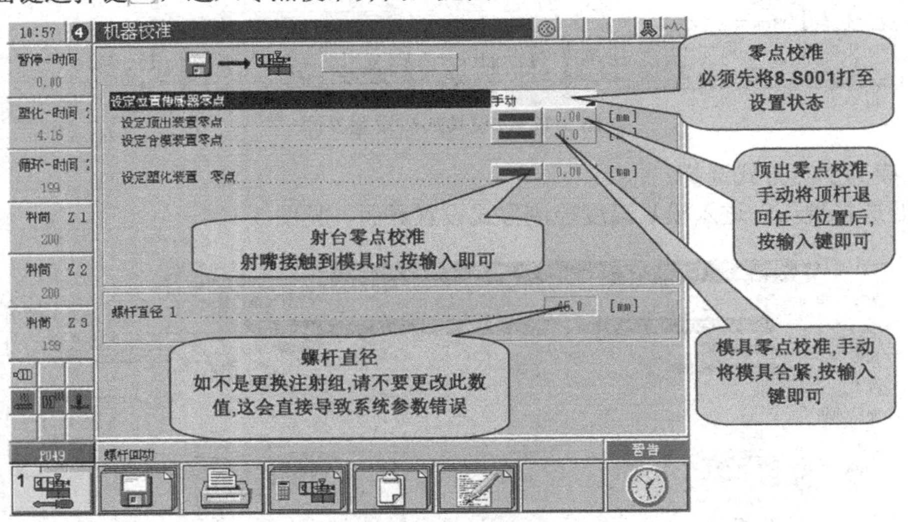

图 3-126　零点校准界面

进行零点校准的方法如下。

① 将一套大于最小模厚的模具吊入模板范围内，固定其中心位置。

② 打开“设置位置传感器零点”功能于手动位置。

③ 首先按顶出退回将顶杆退到适合作零点的位置， 将光标移动到“设定顶出装置零点”位置，按 Enter 键归零。

④ 然后开始合模动作直至模具完全合闭，将光标移动到“设定合模装置零点”位置按 Enter 键归零。

⑤ 最后将射台向前移动直至顶住模具，将光标移动到“设定塑化装置零点”位置按 Enter 键归零。

⑥ 完成以上设置后，将“设置位置传感器零点”功能关闭。

⑦ 如果选择的模具小于最小模厚进行安装，将可能导致合模超过电子尺机械零点，马达无法启动，系统出现故障“信息 A012 模具高度低于最小安装高度”，在“设置（S）”状态下应答警告并打开模具，模具高度低于零点 20mm（带有定位系统的机器），校准零点。具体的解决方法如下：将 8-S001 键打到设置状态，按故障复位键将故障信息排除，然后启动马达，将模具打开换上合适模具。如果超过机械零点太多，将合模电子松开（并做好标志），向前移动直至屏幕显示合模数值为正数，然后按故障复位键将故障信息排除，再启动马达，将模具打开换上合适模具。

（19）系统单位转换

按界面键选择键，重复按第一个辅助键进入单位转换界面，见图 3-127。

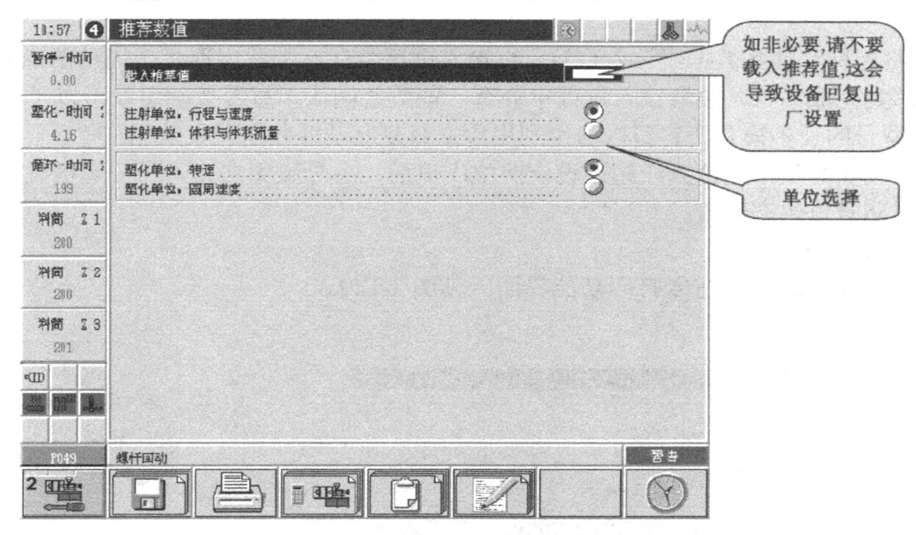

图 3-127 单位转换界面

（20）模具资料存储

按界面键选择键，再按第二个辅助键进入模具资料存储界面，见图 3-128。

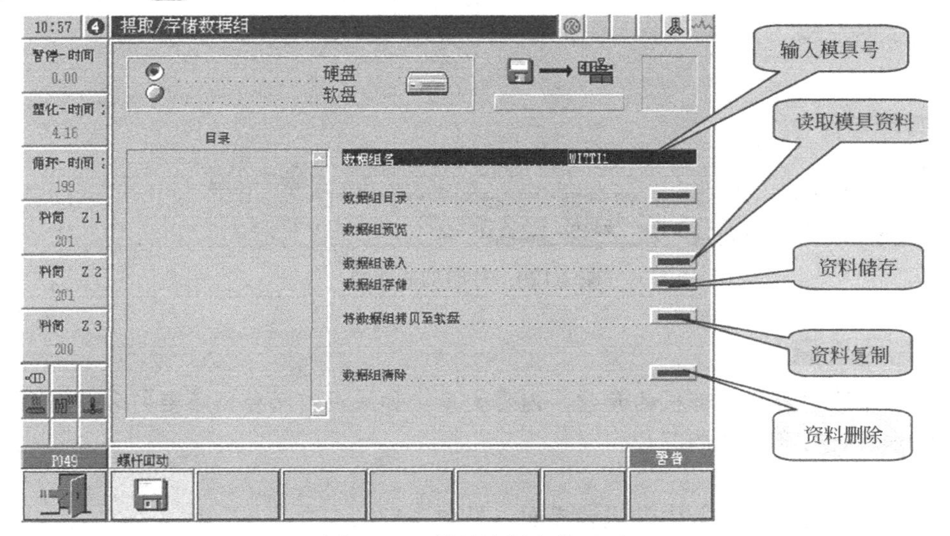

图 3-128 模具资料存储界面

经验总结

① 储存模具资料的方法如下：

a．首先选择储存媒体（硬盘或软盘）；

b．在数据组名处输入模具号；

c．将光标移动到数据组储存位置，按输入键完成储存。

② 读取模具资料的方法如下：

a．确认设备已经设置好所有的零点位置；

b．将 8-S001 键打到设置状态，选择储存媒体（硬盘或软盘）；

c．将光标移动到数据组目录位置，按输入显示所有的模具号；

d．将光标移动到左边的模具数据目录表，选择需要的模具号，按输入后模具号会显示在数据组名位置；

e．再将光标移动到数据组读入位置，按输入键后会在右上角出现一个闪动的磁盘，直到磁盘消失才算是完成读入，注意读入过程中会有一些数值确认，直接按确定就可以了；

f．同型号的设备模具资料可以通用利用数据组复制功能任意调取数据。

注意：当实际生产值达到或超过设定的生产值后，会导致无法读入另一套模具资料，解决方法就是重新复位生产数值。

（21）打印功能

按界面键选择键，进入打印功能界面，见图 3-129。

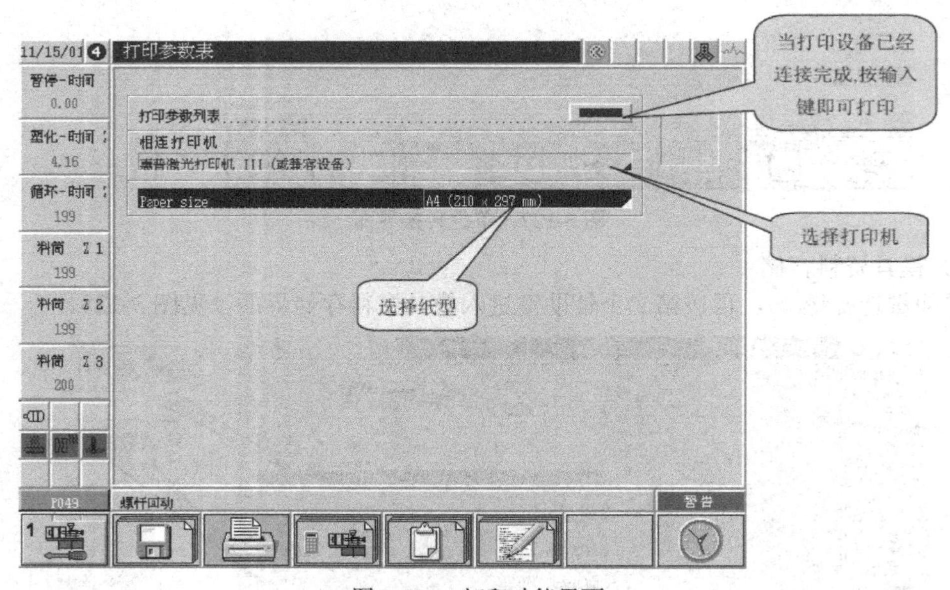

图 3-129 打印功能界面

特别注意

在该项打印的内容是整部机的参数，内容太多，如果没有必要则不要打印，可对生产数据表及事件记录表进行有选择的打印。

（22）生产记录

按界面键选择键，进入生产记录界面，见图 3-130。

图 3-130　生产记录界面

特别注意

该记录是用于产品的成型数据记录，对设备的生产没有任何影响，纯属记事本。

（23）定时启动功能

按界面键选择键，进入定时启动界面，见图 3-131。

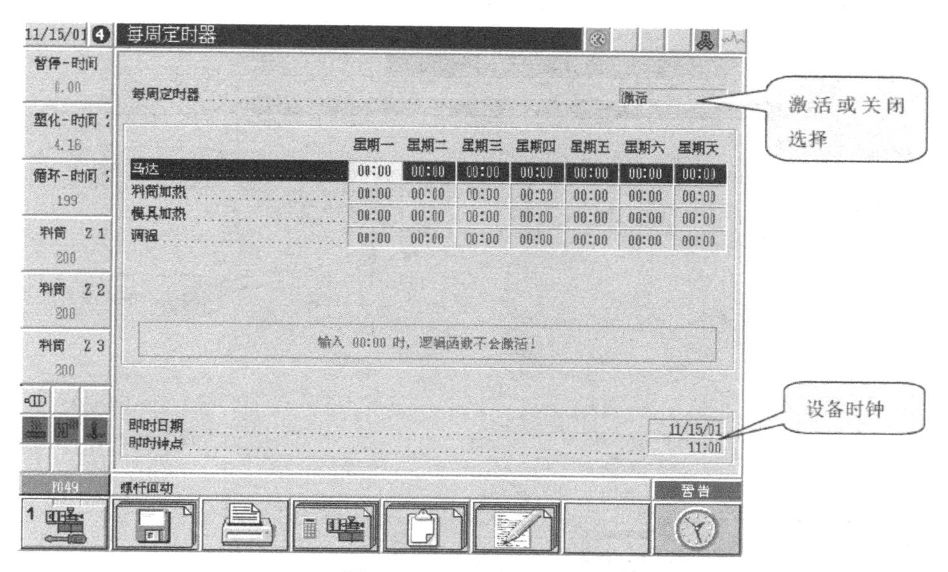

图 3-131　定时启动界面

特别注意

所有启动时间依据的是设备目前设定时间，在激活功能之前请务必检查设备时钟是否正确。

（24）循环时间分析

按界面键选择键进入循环时间分析界面，见图 3-132。

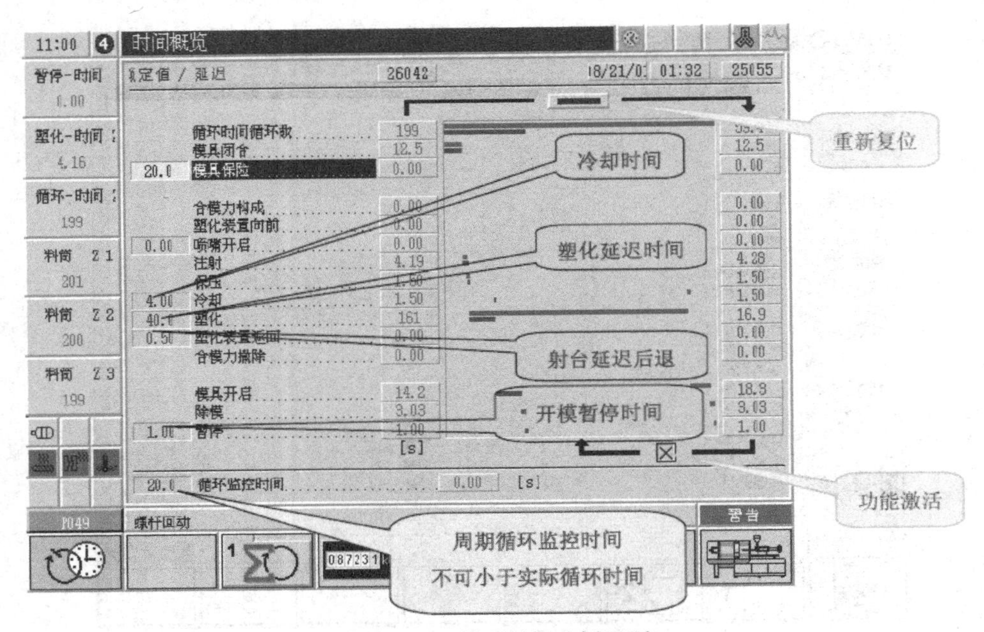

图 3-132 循环时间分析界面

特别注意

循环时间分析表的主要作用在于有效分析整个循环周期中时间的分布，有效找出无理损耗时间并重新调整生产周期，使设备达到最佳的生产速度。

（25）生产循环数值设定

按界面键选择键，再按第三个两次辅助键进入生产循环数值设定界面，见图 3-133。

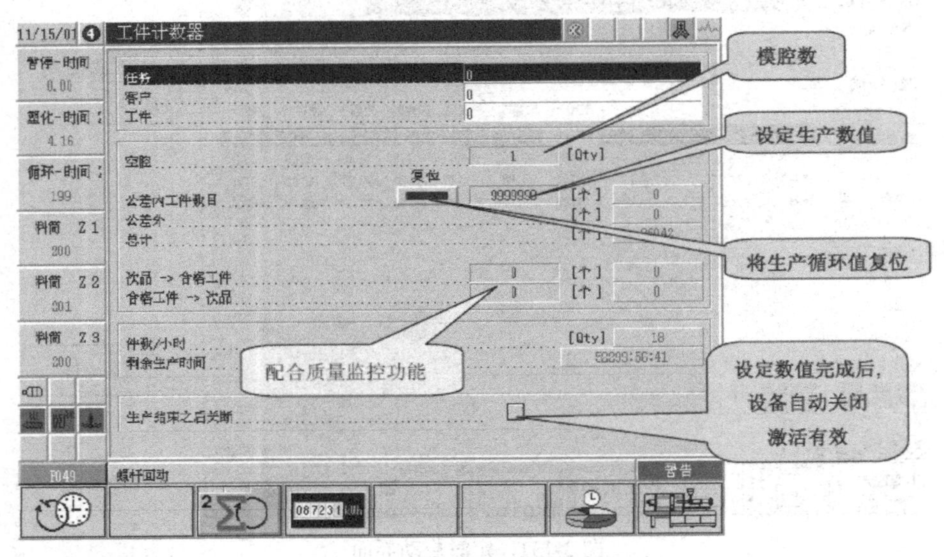

图 3-133 生产循环数值设定界面

经验总结

当实际生产值达到或超过设定的生产值后，会导致无法读入另一套模具资料，解决方法就是重新复位生产数值，另外如果启动了“生产结束之后关断”功能，系统会自动关闭马达并有信息 A063 提示 A063 工件数目关断，达到预定工件数目， 停机，复位后重新设定工件数目。

（26）质量分析表

按界面键选择键进入质量分析表界面，见图 3-134。

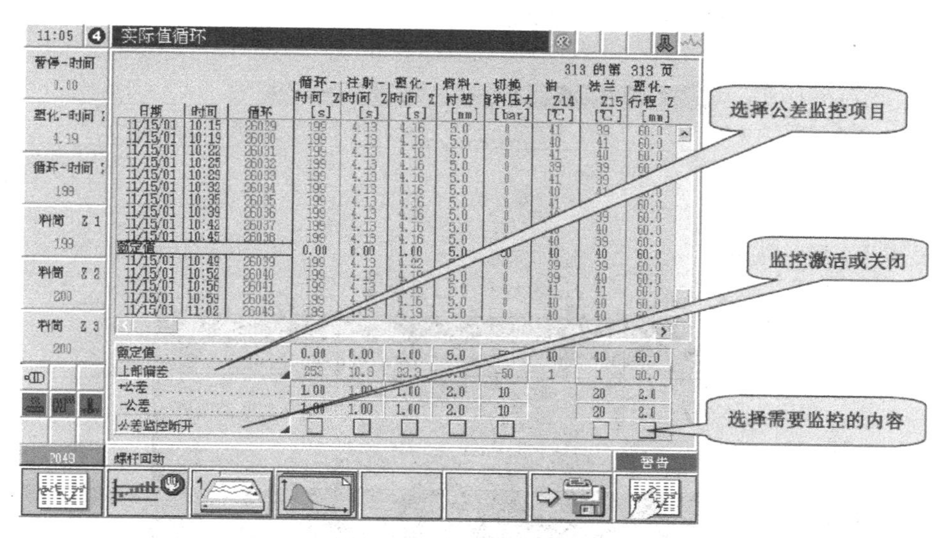

图 3-134 质量分析表界面

特别注意

监控表主要功能是记录生产过程中的所有实际数值，用于监视设备的稳定性，并可以任意选择监控项目，监控公差外的数值会在表内以红色显示。

（27）质量监控-出错率

按界面键选择键，再按第二个两次辅助键进入质量监控-出错率界面，见图 3-135。

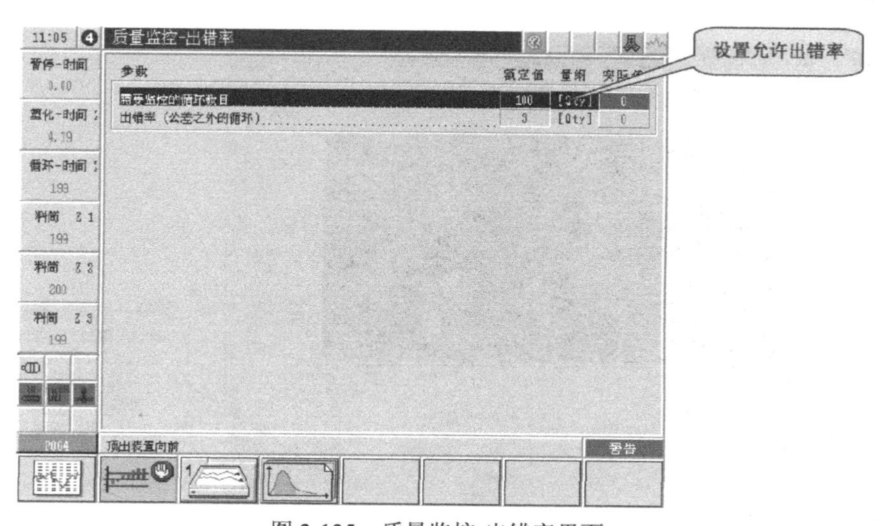

图 3-135 质量监控-出错率界面

经验总结

在质量表选择了监控项目后，然后在该页设置一个允许的出错率，一旦出错率超出，设备将会停止运作，直至取消警告信息 A014，根据故障提示解决方案，检查质量分析表监控内容的公差值 A140 超出允许出错率检查设定参数、检查质量标准的公差极限、检查材料类型、检查进料区、检查压力传感器、检查载荷放大器的设定。

（28）图形分析

按界面键选择键，再按第三个辅助键进入图形分析界面，见图 3-136。

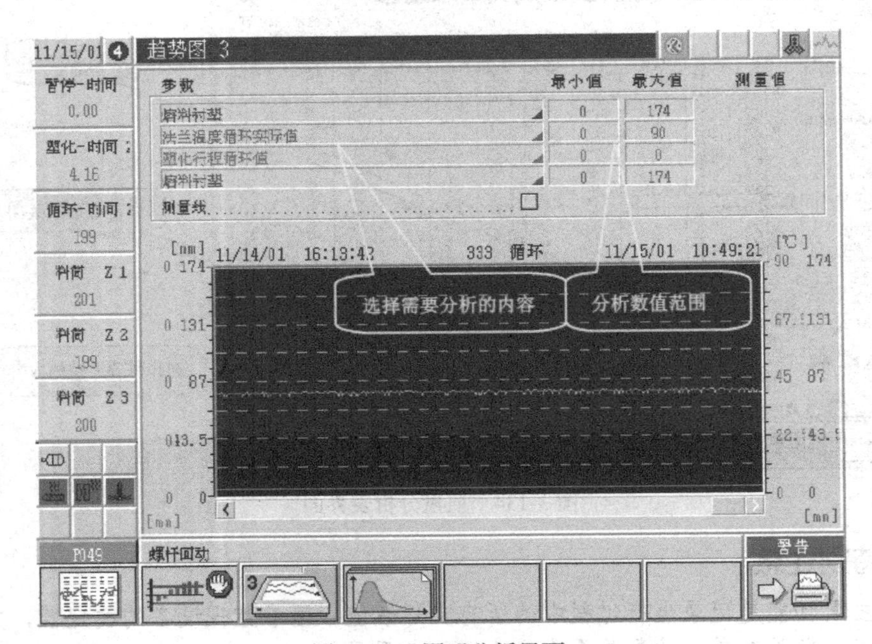

图 3-136 图形分析界面

（29）图形监控

按界面键选择键，再按第四个辅助键进入图形监控界面，见图 3-137。

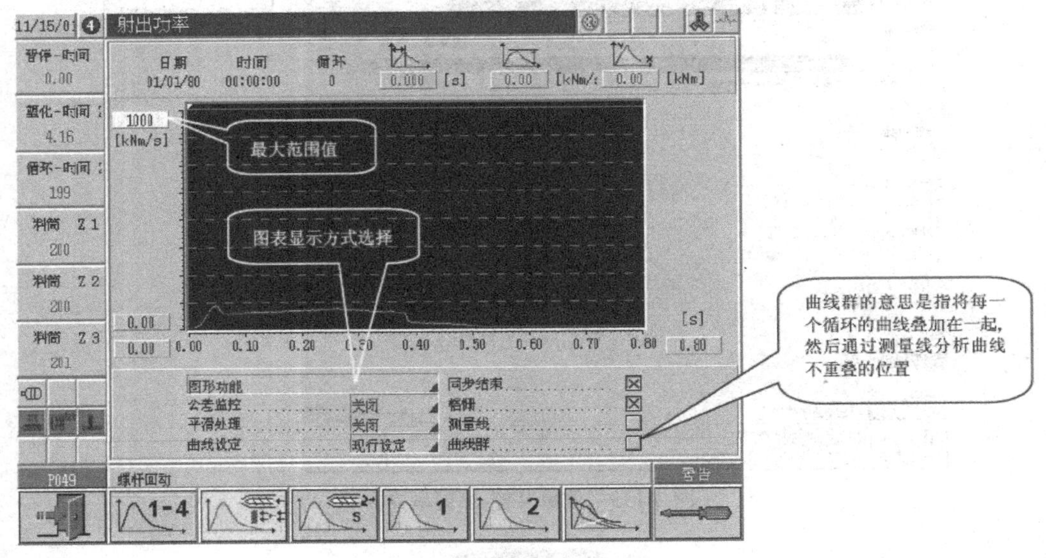

图 3-137 图形监控界面

（30）标准操作页

按界面键选择键进入标准操作页，见图 3-138。

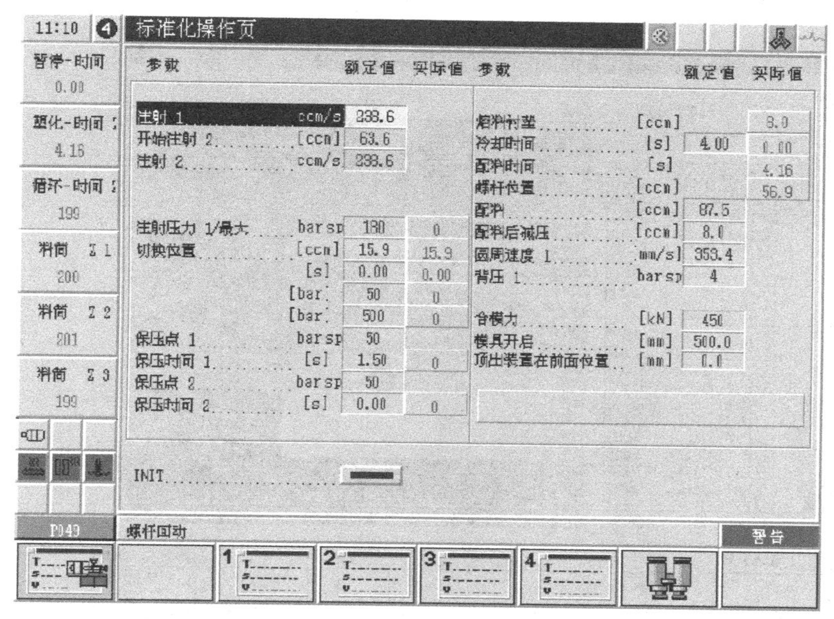

图 3-138　标准操作页

特别注意

设备的标准操作页，将一些经常更改的项目集中在一起方便设置，但必须注意有些条件和单位的差异。

（31）故障信息

按界面键选择键⚠进入故障信息界面，见图 3-139。

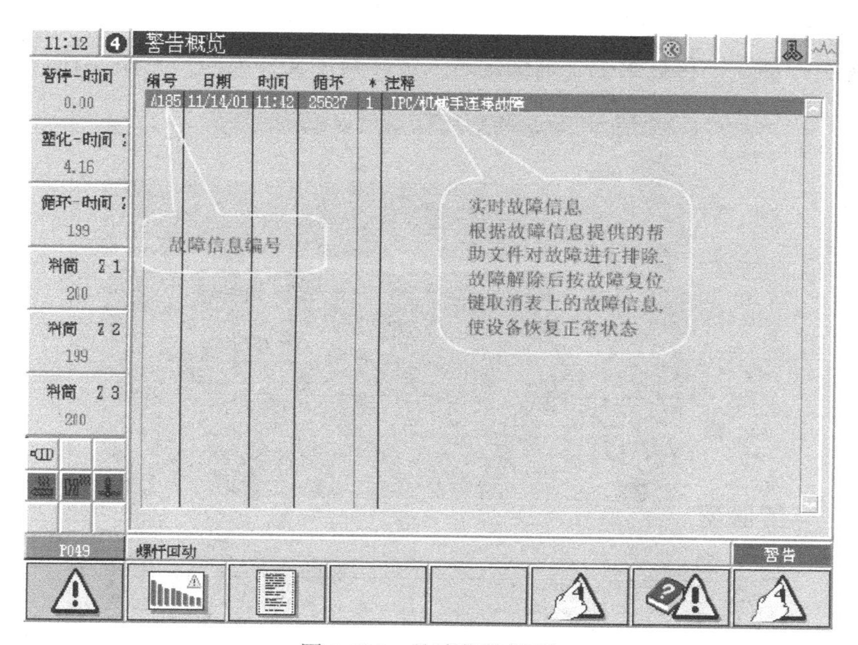

图 3-139　故障信息界面

（32）事件记录

按界面键选择键⚠，再按第三个辅助键进入事件记录界面，见图 3-140。

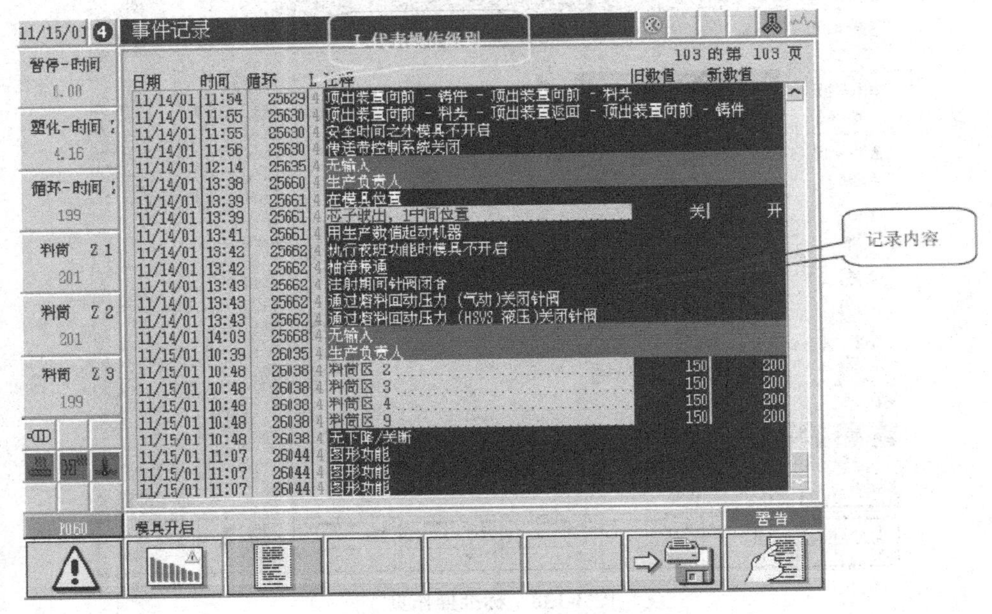

图 3-140 事件记录界面

经验总结

事件记录的内容记录是从设备启动电源开始，记录设备的启动，不同级别操作人员在系统上的任何操作、故障记录，有利于记录回查，故障原因分析，最大记录值为 10000 条，以此向上推进。采用 Excel 记录，可以在台面电脑查看。

（33）故障帮助文件

按界面键选择键，再按第七个辅助键进入故障帮助文件界面，见图 3-141。

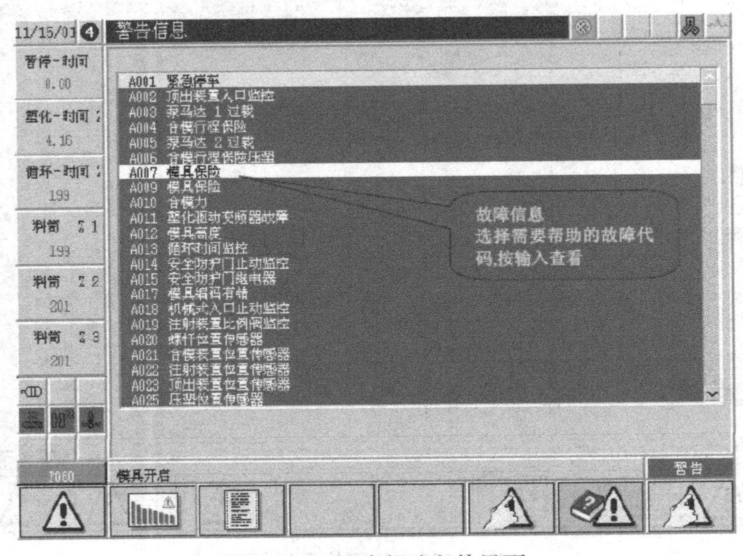

图 3-141 故障帮助文件界面

（34）服务/诊断

按界面键选择键进入服务/诊断界面，见图 3-142。

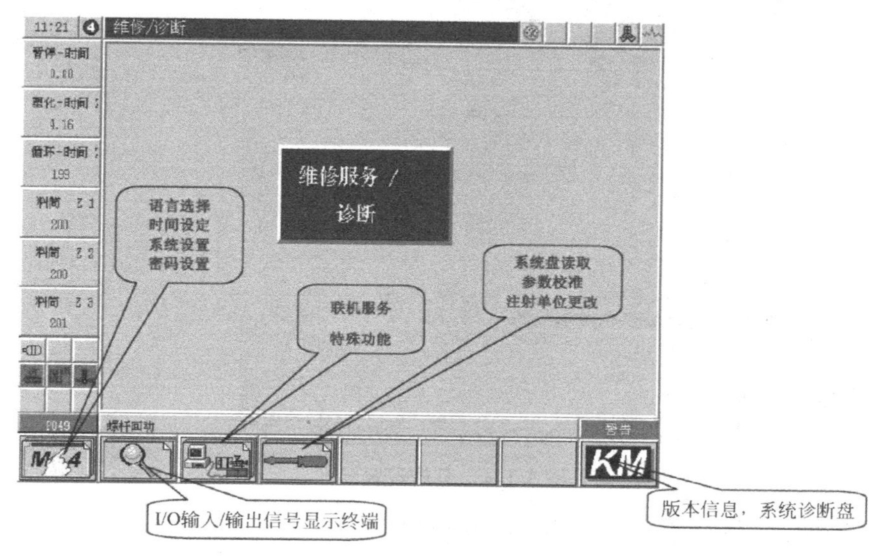

图 3-142 服务/诊断界面

(35) 语言选择

按界面键选择键，再按第一个辅助键进入语言选择界面，见图 3-143。

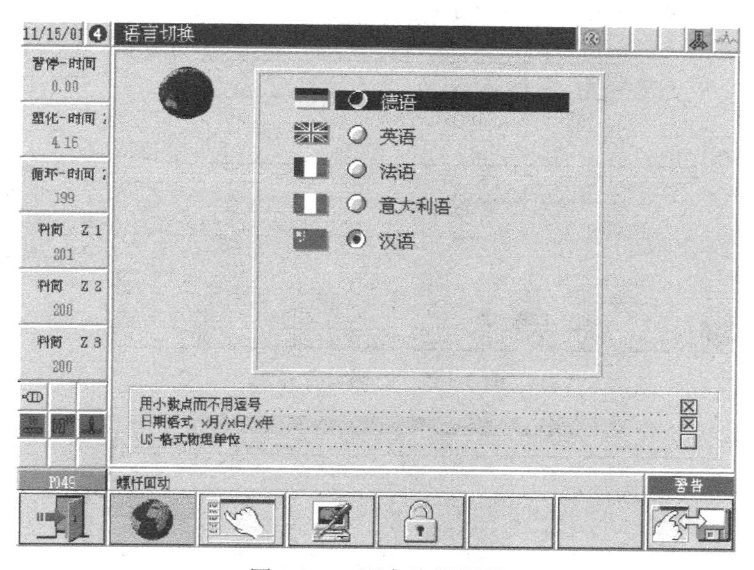

图 3-143 语言选择界面

(36) 系统设置

按界面键选择键，按第一个辅助键进入后再按第四个辅助键，系统设置界面见图 3-144。

(37) 密码设置

按界面键选择键，按第一个辅助键进入后再按第五个辅助键，密码设置界面见图 3-145。

(38) 密码定义

按界面键选择键，按第一个辅助键进入后再按第八个辅助键，密码定义界面见图 3-146。

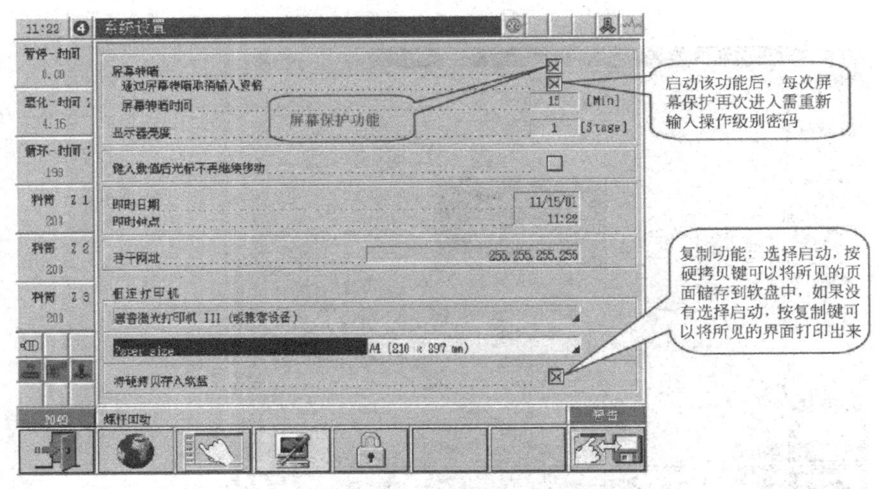

图 3-144 系统设置界面

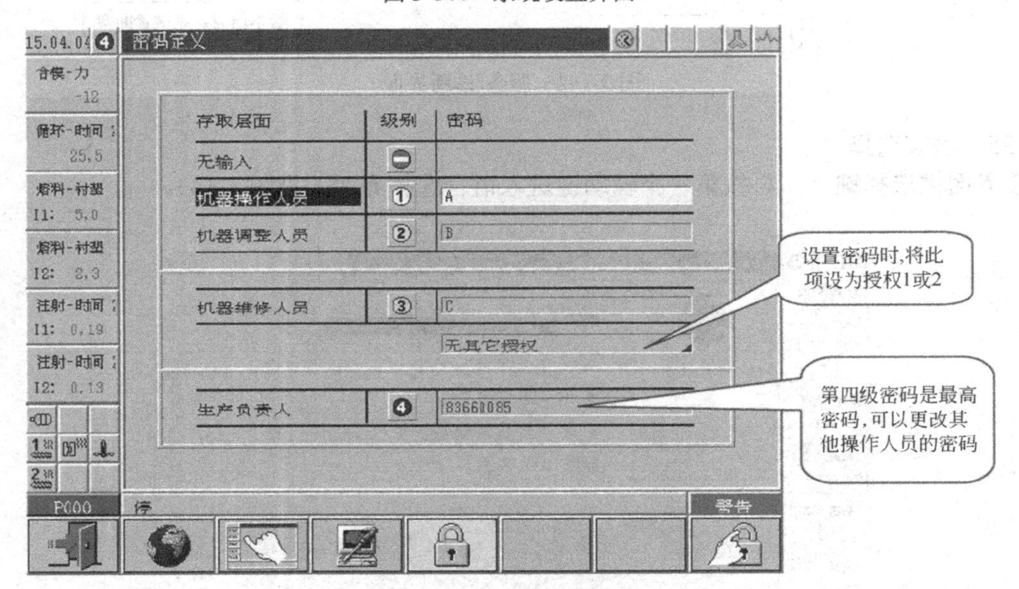

图 3-145 密码设置界面

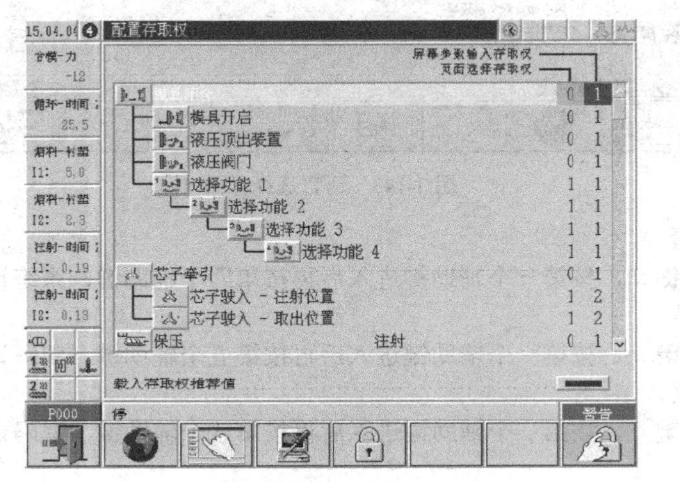

图 3-146 密码定义界面

特别注意

该界面只有第四级密码持有人才能进入，负责人可以根据每一级操作人员不同的性质分配不同的操作页面给他们，防止不必要的误操作。

经验总结

分配界面的方法为：利用光标键移动到需要分配项，左右移动光标到界面选择存取权或屏幕参数存取权，再通过+或−键选择操作级别。界面选择存取权的意思是在一个特定的级别内，可以查看但不能更改参数的界面；屏幕参数选择存取权的意思是在一个特定的级别内，可以查看并可以更改参数的界面，这个级别一定要高于界面选择存取权的级别。

（39）系统校准

按界面键选择键，再按第四个辅助键进入系统校准界面，见图 3-147。

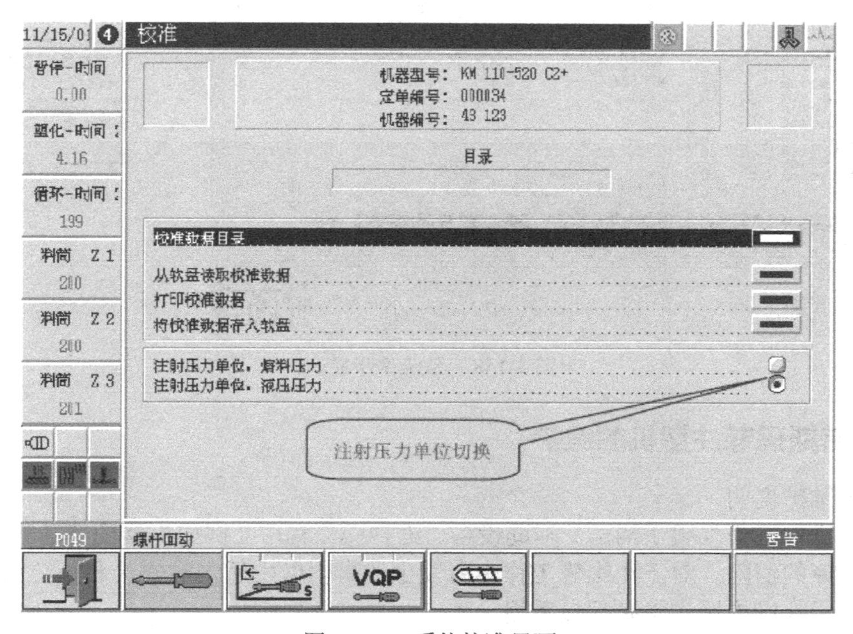

图 3-147　系统校准界面

特别注意

系统校准界面的主要作用是校准系统的位置、压力、速度。当设备出现系统位置、压力、速度不正确的时候，可以通过随机的系统校准盘进行重新校准或者手动校准后将数据制作成校准盘，方便以后进行校准。

经验总结

（1）系统校准方法

① 插入随机系统校准盘，将钥匙键 8-S001 打到设置状态；

② 光标在校准数据目录时，按输入读取标识编码；

③ 将光标移动到从软盘读取校准数据，按输入进行读取，此时左上角会有磁盘闪动；

④ 当左上角闪动磁盘消失后，表示已经完成读入；

⑤ 每次读取系统校准盘后，必须进行机器零点校准。

（2）制作校准盘方法

① 插入一张空白存储盘；

② 然后将光标移动到将校准数据存入磁盘，按输入进行存储，此时右上角会有磁盘闪动；

③ 当右上角闪动磁盘消失后，表示已经完成储存。

（40）系统诊断

按界面键选择键，再按第八个辅助键进入系统诊断界面，见图3-148。

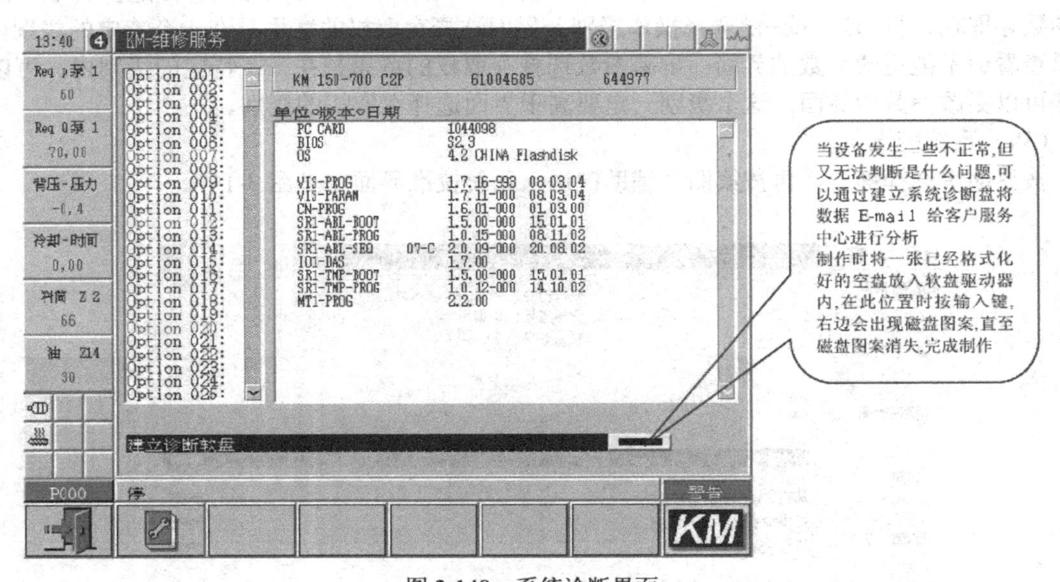

图3-148　系统诊断界面

3.3.4 克劳斯玛菲注塑机的维护

（1）总体维护说明

注塑机的维修工作仅限于清洁、辅助设备、维护操作程序（例如机器的清洁）、组件的更换和调整以及故障的消除。对于在维修工作中所发生的事情做出适当的安全和预防措施。

以下的提示在维护操作中必须被重视。

① 各个操作的说明，CAUTIOU（必须注意），ATTENTION（一般性注意）和NOTE（注意）的明确划分能够直接让操作员了解操作系统的特殊性或机器可能发生的损害及伤害危险。

② 零件的温度无法在大部分的生产程序中明确标示。

③ 塑化物、刚注塑出的制品和发热的机器组件对材料和人体可能造成的伤害会极高。

④ 必须提供手套或其他的适当的保护措施（例如支撑物、防护盖）。

⑤ 注塑机加工不同的塑料发出的损害性的气体、蒸气或粉末，一定要采取适当的措施进行排气，使用者一定要负责安装排气系统。

特别注意

当在处理以下的设备和生产材料时应该使用国内或法定规则作为防止意外事故：注塑机、吊车、压力蓄能器、清洁剂、润滑油。

（2）总体维护措施

对注塑机尽责维护、对整台机器噪声进行检测和每天的日常检查是确保机器有长的使用寿命及无机械故障的关键。

① 在开机之前必须检查管接口之间连接是否紧密，是否存在泄漏，这是非常重要的。

② 泵在进行中产生的噪声，液压系统的响声和急剧的运动都可能是因为液压系统中有空气夹附物，因此必须立即进行故障检查，直至消除故障。

③ 停机之前（例如周末），机器应被全面检查。所有的故障（如渗漏）都得一一排除。

④ 所有的维护和操作都应该按照相关的检查和维护规范进行。

⑤ 用专用的棉质清洁布或羊毛布来清洗哥林柱、油缸和活塞等。

⑥ 使用指定的液压油和润滑油脂。

⑦ 保持控制柜的散热片清洁，不可将任何物体放入柜内，尽可能在任何时候保持散热的流通。

（3）滚珠轨道的润滑

轨道的润滑油需要一种型号为 NO12506 的多功能抗磨轴承润滑油；轨道每工作一个月加油一次，油的黏度参照标准 ISO-VG 68～ISO-VG 100。

其后，至少定期每三个月给轨道上一次润滑油，如果机器停机一个星期以上，那么开机时导轨需重新润滑。具体步骤如下：

① 擦干净滚珠导轨面；

② 擦干净油嘴及其周围的地方；

③ 用油枪把黄油压入油嘴；

④ 用油枪最少来回压 2 次；

⑤ 检查润滑油脂是否溢出；

⑥ 确保黄油在轨道上均匀散开。

（4）润滑分配器的替换

型号为 KM420C～KM650C 的机器已经装了由 Perma 公司生产的自动润滑分配器。此分配器注满了润滑脂，这种润滑脂是以锂和镉元素为基准的润滑油。此分配器适用的温度范围为 −25～130℃。在室温 25℃的情况下，它可以连续工作 6 个月。但温度的升高会使它的使用寿命缩短。

特别注意

① 在分配器工作期间不能卸下分配器，因为这样会导致释放掉建立起来的分配压力。

② 在分配器上有个分配量指示器。在一个外螺纹盖上，有一个彩色活塞将提示分配器分配量。

分配器储存在正常的环境下，它的储存寿命是一年。但由于润滑油寿命的缘故，一般情况下不建议储存超过一年。替换润滑油分配器的步骤如下：

① 卸下旧的分配器；

② 卸下新分配器上的插头；

③ 把新分配器安装在润滑点的部位上；

④ 旋入一个彩色环，直到此环在断裂处断裂；

⑤ 在分配器上记上所更换的日期。

特别注意

① 所换下来的分配器在一段时间内还会保持一定的压力，此时千万不能打开分配器，因为里面会有腐蚀性液体流出。如果不慎，手接触到此液体，务必马上用水冲洗。

② 此类润滑油属于德国标准的矿物类润滑油。

③ 必要时将废油进行正确合适的处理。

（5）检查软管

机器每工作 500h 后要对液压系统的软管进行全面检查。应检查是否有以下故障：

① 从外层到内层的损害（例如裂缝、磨损等）；

② 软管外层的脆裂；

③ 在有压力或无压力或弯曲状态下，软管不能还原成原来的形状；

④ 软管泄漏；

⑤ 软管接头的腐蚀、损坏；

⑥ 软管从接头中脱落出来。

注意：软管的保存不能超过 2 年，使用不能超过 6 年。每 20000 个工时，替换一次。

（6）液压系统的螺栓极其转矩

表 3-1 为固定液压元件的螺栓的转矩值

表 3-1　螺栓的转矩值

螺栓型号	转矩/N · m
M5	7.6
M6	13
M8	31
M10	62
M12	110
M16	270
M20	530

特别注意

拧紧过程不得使用锁紧垫圈。

（7）液压系统的维护

液压系统的维护一般只要对污染指示器进行检查和对过滤器进行清洗和替换，还有液压油的灌注等。

特别注意

① 每 5000 个工时，必须对油箱进行清洗和换油。如果必要，还可以对油质进行分析。

② 当油箱油已排完了，在液压软管、管路、油缸里还留有一定数量的残余油。在其他新油加入前，一定要检查旧油与新油的兼容性和混合性，因为混合油会改变油的特性及降低过滤功能。

（8）清洗油箱

清洗油箱的步骤如下。

① 卸掉加油管的盖子以及空气滤清器。

② 用泵抽干主油箱以及蓄油箱中的油，打开放油塞放干残余油。

③ 去掉油箱盖板，检查其密封性。如果不好，更换密封垫。

④ 用除净设备来清洗油箱并用压缩空气来干燥油箱。

⑤ 旋紧放油塞。

⑥ 把油箱盖板和密封垫紧固。

⑦ 用 25N · m 的扭力把油箱盖板旋紧，注意密封件的正确位置。

⑧ 重新放入滤芯和空气滤清器。

⑨ 重新加油。

（9）冷却部分

冷却水的进、出口连接管道都是根据机器型号来分的。供水管道必须与在操作侧反面的水分配器相连。

(10) 液压油冷却

图 3-149 所示为液压油与料筒法兰冷却系统，系统在显示“料筒温度”的页面上显示油温（工作温度为 45℃），而且由冷却水自动来控制液压油的温度。

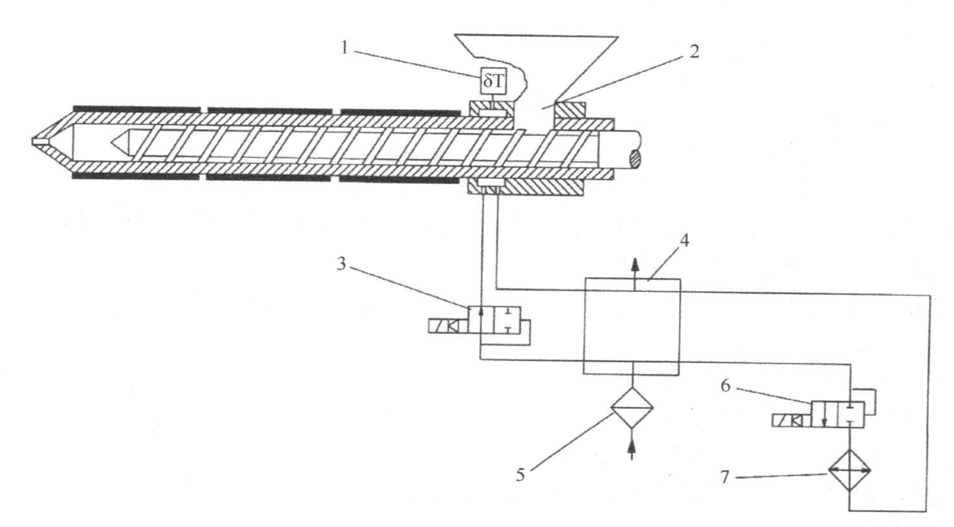

图 3-149 液压油与料筒法兰冷却系统

1—热电偶；2—法兰；3—电磁阀6-Y000W；4—分配器；
5—过滤器；6—电磁阀6-Y001W；7—油冷却器

(11) 清洗油冷却器

冷却器的带肋线圈是由一种 CU 合金组成的，为了清洗油冷却器，采用反浸灰设备来清洗油冷却器。

油冷却器不拆卸下来也可进行清洗。此时应卸下冷却水的供水管子和回流管子，并装上一个具有反浸灰器的循环泵。

① 油冷却器的拆卸 油冷却器的结构如图 3-150 所示。

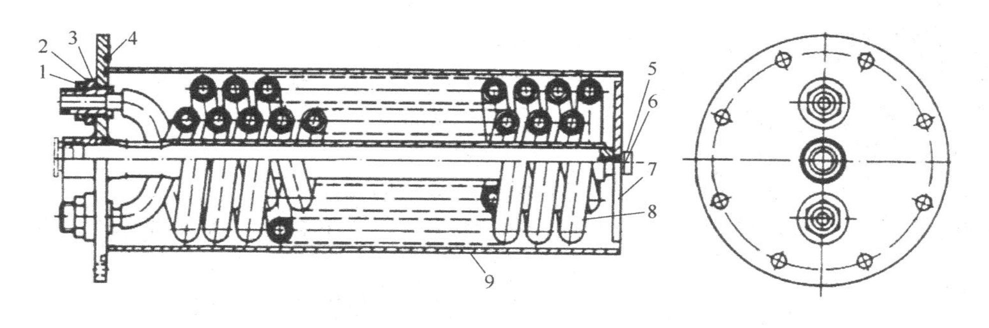

图 3-150 油冷却器

1—螺母；2—O形密封圈；3—垫圈；4—安装板；5—螺栓；
6—锁紧垫圈；7—固定架；8—带肋圈；9—筒体

拆卸油冷器的步骤如下。

a. 首先确定液压系统无压力以及油箱内没有油；

b．确定冷却水已关闭；

c．把一个盘放在冷却水和液压油连接处下面；

d．拆掉油冷却器法兰的 8 个锁紧螺母，把油冷却器从油箱中取出放稳。

② 油冷却器的解体　油冷器进行分拆解体的步骤如下。

a．拆掉 2 个螺母 1 然后把两个 O 形圈 2 和垫圈 3 取下；

b．拆掉螺栓 5，然后把锁紧垫圈 6 和固定架 7 取下；

c．从架子上取下安装板 4；

d．把带肋圈 8 从筒体中抽出来，并且把它洗干净；

e．把筒体和所有紧固元件洗干净。

③ 装配　装配时必须选用新的 O 形密封圈和安装板。具体步骤如下。

a．把带肋圈 8 塞进筒体 9，注意此过程中务必保证 O 形圈正对着带肋圈的光滑管末端；

b．把两个 O 形圈装在管末端上；

c．把垫片放上去；

d．把螺母旋上，并旋紧；

e．用紧固垫圈和螺栓把固定架装好；

f．把筒体和安装板装配在一起。

④ 安装冷却器　安装的步骤如下。

a．把冷却器放入主油箱，并用八个螺母把它旋紧；

b．把油回路和冷却水回路连好；

c．向主油箱加油；

d．打开冷却水；

e．液压系统加压；

f．检查油冷却器法兰以及连接处是否漏油，拧紧各自连接处的螺母来消除漏油。

（12）料筒法兰的冷却器

料筒法兰冷却器控制是为了防止落料口里的料被凝结。此段温度可以在料筒温度显示页上看到。

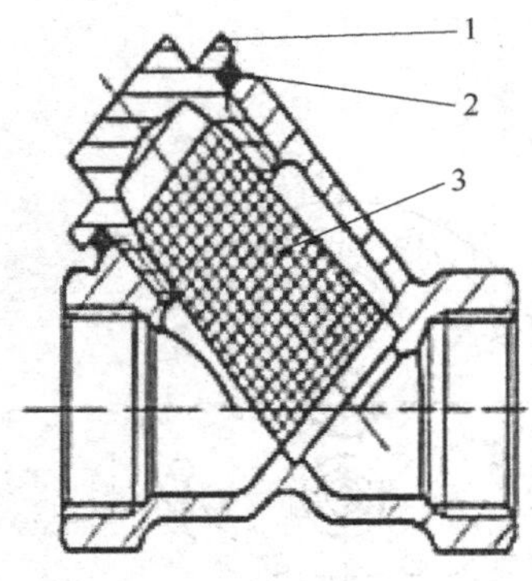

图3-151　水过滤器结构

1—盖；2—密封圈；3—滤芯

（13）清洗水过滤器

水过滤器的结构如图 3-151 所示。

① 拆卸　步骤如下。

a．确定冷却水被切断；

b．把一个盘放在防尘盘下面，把盖 1 拆下；

c．拆掉密封圈 2 和滤芯 3；

d．洗清滤芯 3。

② 安装　步骤如下。

a．把滤芯 3 放进防尘盘内，然后固定密封圈 2；

b．把盖装好；

c．接通冷却水，检查其是否泄漏。

（14）模具的冷却（附加设备）

把冷却水的进出水管与水量控制器接好，然后把模具冷却的单独回流管（通径口）与水量控制器连好。这样就可以通过一个浮子开关来监测流量，而且能够调整水量大小。

（15）清洗料筒

① 清洗喷嘴和注射区　在生产过程中，定期清洗喷嘴与流道之间的区域，而清除射出的熔融物。如果熔融物是在塑化以及熔融状态，应用一个铁钩来去除。

特别注意

凝固的熔融物会损坏喷嘴加热圈、加热线以及热电偶，应该在高温、塑化状态下用一个铁刷把喷嘴射出的熔融物清除。

② 清洗料筒　在全自动模式，按“INJECTION UNIT BACK”键，注射台能够退到最后，同时工作循环不会中断。步骤如下。

a. 首先确定安全盖和喷嘴完全已关闭；

b. 把模式 8-5001 设到“1”，并用手动模式；

c. 按“INJECTION UNIT BACK”键使射台退到最后位置；

d. 移开料斗或者卸掉；

e. 把一个托盘放在射嘴下面；

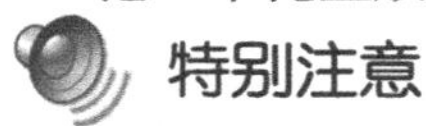

特别注意

当螺杆在最前面时，应彻底清洗料筒。

f. 交替按“注射”（INJECTION）键和“塑化”（PLASTICISING）键，直到料筒完全清洗干净。

特别注意

在塑化、高温下，熔融物容易清除干净。

③ 用清洗剂清洗螺杆　一定要注意清洗剂与料的兼容性。如果不兼容会导致超温、爆炸等危害。

a. 准备好清洗剂；

b. 把喷嘴的安全门完全关好；

c. 把钥匙 8-S001 设置到“1”，把操作模式设为“M”模式；

d. 把射台退到最后；

e. 把料斗卸掉；

f. 把一个小盘放在射嘴下面，如果必要，把喷嘴拆下；

g. 把螺杆顶到最前面；

h. 开始塑化并且同时慢慢加入清洁剂。

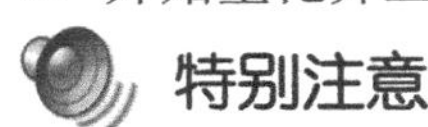

特别注意

当螺杆位移指示器指示螺杆在最前端位置，而且此时已经没有清洁剂排出时，表明料筒已经完全被清洗干净。

④ 拆除料筒　步骤如下。

a. 保证料筒已经清洗干净，料斗已拆除，料筒继续加热；

b. 准备好吊车；

c. 拆掉附有螺杆行程指示器的有机玻璃盖板；

d. 松掉在螺杆联轴器上的平头螺栓；

e. 完全松掉螺母，并把它移到螺杆轴上；

f. 从螺母上取下半个盘，如果必要，更换O形圈和半盘；

g. 从螺杆轴上取下螺母；

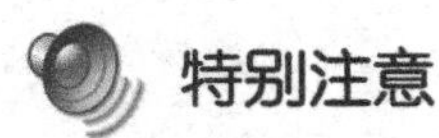

如果料筒没有清理干净而重新安装，在拆卸料筒之前螺杆必须向后退 20～50mm，这有利于联轴器的更新安装。

h. 按“倒塑”（SCREW SUCK-BACK）键，使联轴器退到最后位置，并使螺杆轴脱离；
i. 按“射台退”（INJECTION UNIT BACK）键，使射台退到最后；
j. 关掉料筒加温，在控制面板上拔掉控制加热和热电偶的插头；
k. 拆除料筒法兰盘；

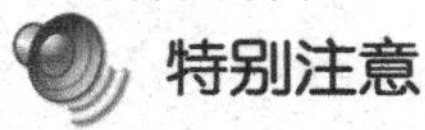

当从射台上提升料筒时，螺杆能够从料筒中滑出。保证螺杆紧靠滑道不要碰伤。

l. 去掉定位块的螺钉；
m. 把料筒从射台上吊高；
n. 把料筒放置好。

⑤ 料筒的清洗　步骤如下。
a. 在开始清洗之前，先把“喷嘴”止回阀拆下来；
b. 在清洗时，保证料筒元件是热的，如果加热，温度不能超过 300℃；
c. 用一块金属片就可以清除掉料筒中的大部分熔融物。

⑥ 清洗螺杆　用一把铁毛刷就可以将螺杆清洗干净。

⑦ 清洗止回阀　用铁毛刷把止回阀的每个零件清洗干净，在安装之前，首先用纱布把每个零件擦干净。

⑧ 止回阀的拆卸　所安装的螺杆必须允许拆卸止回阀。步骤如下。
a. 首先保证料筒已清洗干净；
b. 去除热防护罩，并脱离喷嘴和料筒头端；
c. 拆下加热圈和热电偶；
d. 拆除喷嘴和料筒头，并立即清洗；
e. 清洗螺杆头和止回阀；
f. 用钢棒松开螺杆头（螺杆头必须是左旋螺纹，如安装标准止回阀请按照步骤 f 和 g 执行，如安装带滚珠止回阀请按照步骤 h 和 i 执行）；
g. 清洗螺杆头、止回阀、过胶圈；
h. 把球取下，拆除止逆环；
i. 放松螺杆头，把六角零件拆开并清洗；
j. 清洗螺杆头、球以及止回环。

⑨ 止回阀的安装　步骤如下。
a. 首先保证螺杆头、止回阀、螺杆、料筒已清洗干净；
b. 用高温油涂在螺杆头的螺纹上；
c. 将止回阀、密封胶圈安装在螺杆头上，如有必要，需先安装滚珠止回阀。

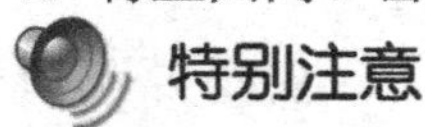

螺杆头必须是左旋螺纹。

d. 用高温油涂在螺杆轴上；
e. 用螺栓固定料筒头，如果高温油从安装孔中溢出，擦干净，并把高强度螺栓擦干，顺时针固定螺栓

特别注意

避免将高温油涂在高强度螺栓上。

f. 安装喷嘴，拧紧加热圈以及热电偶；

g. 安装热保护罩。

⑩ 滚珠止回阀的装配　滚珠止回阀的结构如图3-152所示，装配的顺序和方法如下。

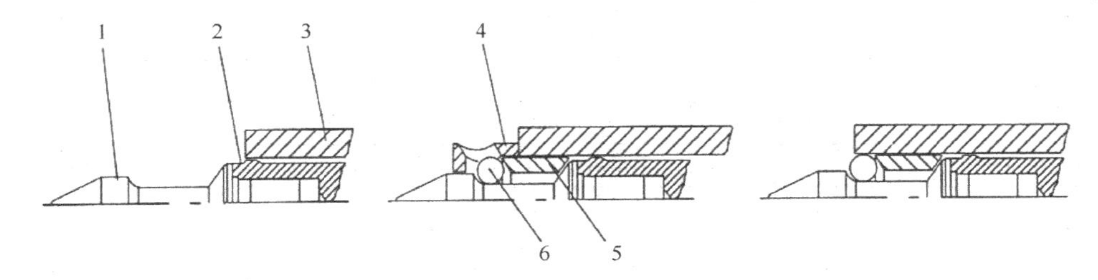

图3-152　滚珠止回阀的结构

1—螺杆头；2—螺杆；3—料筒；4—安装环；5—止回环；6—滚珠

a. 首先把螺杆头、止回阀、料筒上的防腐剂擦干净；

b. 在螺杆头的螺纹上涂上高温油（螺杆头必须是左旋螺纹）；

c. 将螺杆向前推直至螺杆头能够旋入；

d. 退后螺杆将止回环装入，利用安装环把六个滚珠装入；

e. 把安装环紧紧压住料筒端面上，同时，螺杆向后退直到滚珠进入料筒中，然后拿掉安装环。

⚠ 注意：此滚珠是易磨损部件，每3个月检查一次，如果必要，更换一次。

(16) 拆换加热圈

① 拆卸　步骤如下。

a. 按“射台退”(INJECTION UNIT BACK) 键，把射台移到最后；

b. 卸掉热防护罩板；

c. 卸掉各个热电偶；

d. 断开加热线缆；

e. 松开螺栓，打开加热圈并取下。

② 安装　步骤如下。

a. 首先确保新加热圈与旧加热圈的功率一致；

b. 把加热圈装在固定的位置上，注意热电偶的排列顺序并且紧固加热圈（确保加热圈的传热性良好）；

c. 拧紧安装螺栓；

d. 连上加热电线；

e. 安装好各个热电偶；

f. 短时间加热，重新拧紧加热圈螺栓；

g. 安装加热防护罩。

(17) 料筒头螺栓的转矩值

料筒头螺栓的转矩值如表3-2所示。

表 3-2 料筒头螺栓的转矩值

料筒型号	数量	螺栓型号 DIN912	转矩值/N·m
SP135，SP160	12	Cylinder screw M 12×80/10.9	104
SP190，SP220	12	Cylinder screw M 12×80/10.9	104
SP340，SP390	16	Cylinder screw M 12×80/10.9	104
SP460，SP520	16	Cylinder screw M 12×80/10.9	104
SP620，SP700	16	Cylinder screw M 12×80/10.9	104
SP900，SP1000	16	Cylinder screw M 12×80/10.9	250
SO1200，SP1400	15	Cylinder screw M 12×80/10.9	250
SO1650，SP1900	15	Cylinder screw M 12×80/10.9	250
SO2300，SP2700	16	Reduced-shaft screw M20×2×90/10.9	380
SP3000，SP3500	16	Reduced-shaft screw M20×2×90/10.9	380
SO4350	15	Reduced-shaft screw M24×2×100/10.9	623
SP5700	18	Reduced-shaft screw M24×2×100/10.9	623
SP8000	16	Reduced-shaft screw M30×2×153/10.9	1256

（18）吸油过滤器

新一代液压系统的泵和阀需要非常纯净的液压油，因此吸油过滤器是决定液压泵的使用寿命的重要因素。不清洁的、有故障的滤芯和密封件会导致噪声、局部过热和堵塞。从外部清洗过滤器滤芯、例如，没有打开或清空油箱。

（19）清洗吸油过滤器一

吸油过滤器一的结构如图 3-153 所示。

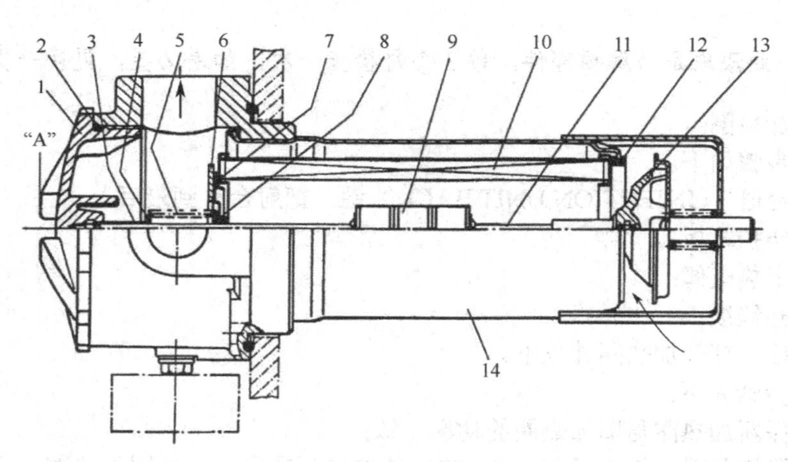

图 3-153 吸油过滤器一

1—过滤器盖；2—O形密封圈；3—衬套；4—垫圈；5—压力弹簧；6—锁紧垫圈；7—密封件；8，12—橡胶套；9—磁性系统；10—滤芯；11—滤棒；13—阀；14—筒身

① 拆卸 安装位置在操作台反面的液压油箱里，步骤如下。

a. 确保已关掉油泵，使液压系统卸压（务必旋紧过滤器盖，否则会导致吸油过滤器堵塞）；

b. 松掉过滤器盖子；

c. 取出滤芯，注意 O 形密封圈；

d. 放置好滤芯。

② 清洗　步骤如下。

a．用过滤器盖1固定过滤器，向左旋松滤芯10和阀13，拿出滤芯并放置好；

b．用台虎钳夹住芯棒旋松过滤器的盖子，拿掉衬套3、垫圈4和带有锁紧垫圈6的压力弹簧5，此时应对安装位置做好标记；

c．取下橡胶套8和密封件，更换橡胶套；

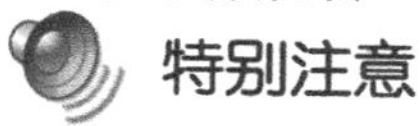

特别注意

用石油醚清洗磁铁系统。

d．清洗阀13、过滤器盖1、滤棒11和磁性系统9；

e．用软刷清洗滤芯10，用压缩空气将其吹干；

f．检查滤芯是否安装好；

g．检查密封件是否安装好。

③ 装配　步骤如下。

a．将橡胶套8安装在滤棒11上；

b．将密封件7垫在锁紧垫圈6下，并安装好；

c．塞入压力弹簧5、垫圈4和衬套3，并且旋紧过滤器盖1；

d．将“A”面盖装入固定基座，将滤芯10沿滤棒（11）滑入锁紧垫圈6的密封件7上；

e．压入滤芯，塞入阀13并拧紧；

f．在过滤器盖下垫入O形圈。

④ 安装　步骤如下。

a．把滤芯旋入过滤器筒身，注意O形密封圈2的准确安装位置，然后旋紧过滤器盖；

b．启动油泵并且加压；

c．检查过滤器是否漏油，如果漏油判断是否要继续以下步骤：拿出滤芯、分别换掉各个O形密封圈、检查损坏件的表面是否需要换零件、重新安装滤芯。

（20）清洗吸油过滤器二

吸油过滤器二的结构如图3-154所示。

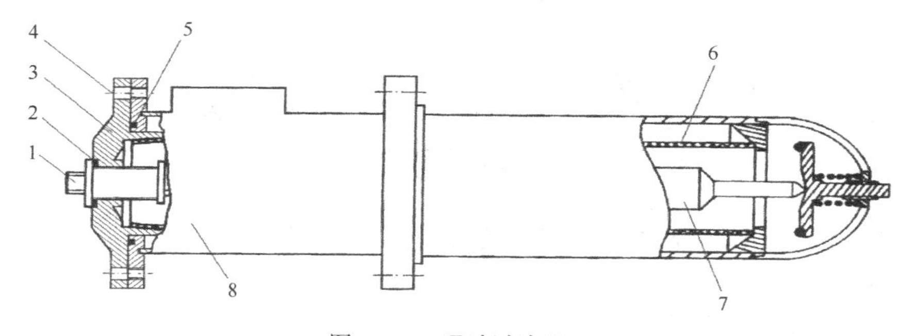

图3-154　吸油过滤器二

1—阀芯；2—密封件；3—滤芯盖；4—螺栓；5—O形密封圈；6—滤网；7—滤棒；8—筒身

① 拆卸　该装置的安装位置在注塑台下面，泵前部分的液压油箱里，拆卸的步骤如下。

a．松开过滤器油路开关，将油路断开；

b．确保泵已关闭，使液压系统卸压；

c．把阀芯1旋开；

d．准备盛油盘；

e. 拆卸螺栓 4；

f. 从过滤器的外壳中取出滤芯盖 3 和磁棒 7 以及滤网 6；

g. 将滤网和滤芯分开；

h. 用石油醚清洗每个零件（1，3，7），取出磨损的金属片，用压缩空气吹干所有零件；

i. 检查密封件 2 和 O 形密封圈 5，如果损坏，必须更换。

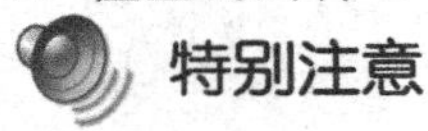

特别注意

滤芯由滤芯盖、滤网和磁棒组成。

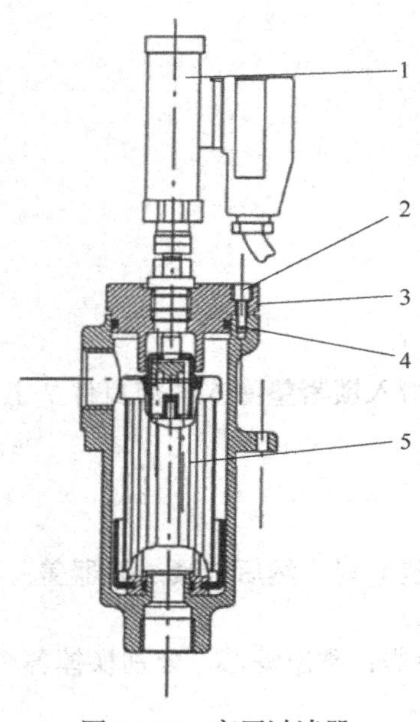

图 3-155 高压过滤器

1—报警监测器；2—螺栓；3—过滤器盖；4—O 形密封圈；5—滤芯

② 安装 步骤如下。

a. 首先使阀芯 1 松开；

b. 在滤芯盖 3 的圆锥面上对称地装上过滤网；

c. 将带有滤网和磁棒的过滤塞插入筒身 8；

d. 旋紧螺栓 4，旋紧阀芯 1（重新打开过滤器油路开关）；

e. 旋紧阀芯 1；

f. 启动油泵，建立系统压力；

g. 检查过滤器是否漏油，如果漏油按前文所提方法处理。

（21）高压过滤器滤芯的更换

高压过滤器的结构如图 3-155 所示。

① 拆卸 步骤如下。

a. 确保泵已关闭，液压系统卸压；

b. 准备一个盛油盘；

c. 拔掉污染报警监测器 1 的接头；

d. 将带有污染报警监测器的螺栓 2 和过滤器盖 3 从过滤器外壳中拆除下来（滤芯 5 不能重复使用，它属于一次性零件）；

e. 卸下并更换滤芯 5；

f. 从过滤器盖上 3 取下 O 形密封圈；

g. 检查 O 形密封圈及相应的接触面是否损坏，如损坏必须更换；

h. 用石油醚清洗干净过滤器盖，再用压缩空气吹干。

② 过滤器的安装 步骤如下。

a. 用干净液压油湿润螺纹密封面、新的滤芯 5 以及 O 形密封圈 4；

b. 塞入 O 形密封圈 4；

c. 把滤芯塞入过滤器筒内；

d. 将带有污染报警监测器 1 的过滤器盖 3 安装好，用螺栓 2 固定；

e. 连接污染报警监测器的接头；

f. 启动油泵，建立液压系统压力；

g. 检查过滤器盖与过滤器筒之间是否有泄漏，如果有按前文所提方法处理。

（22）空气滤清器

空气滤清器的结构如图 3-156 所示，安装完毕后每 500 个工时，必须检查一次空气过滤器。在换油后每两年，必须更换空气滤清器的滤芯。注油排气滤清器必须整个更换。

根据折层的方向用压缩空气清洁排气滤清器的滤芯（最大值 5bar）。对于排气滤清器来说，可以用压缩空气清洗；不能用石油醚及相关的清洗剂清洗滤芯。

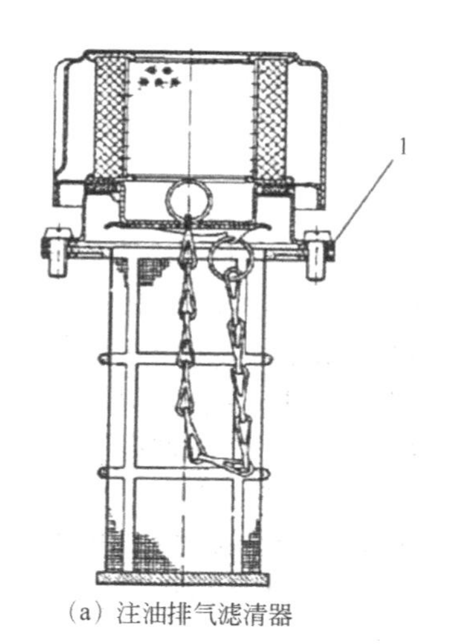

(a) 注油排气滤清器

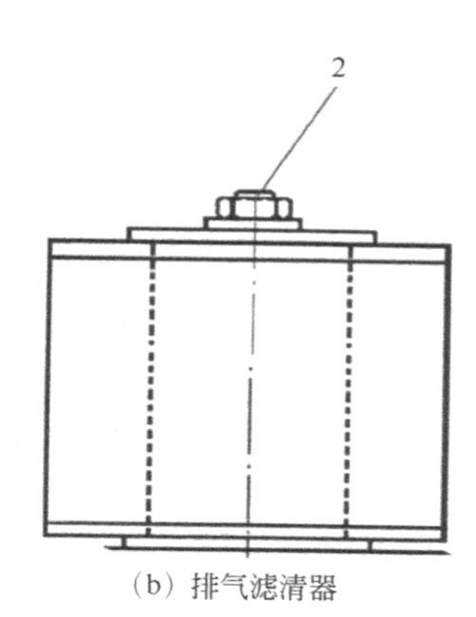

(b) 排气滤清器

图 3-156 空气滤清器

(23) 冷却水量控制器测量管子的清洗及替换

冷却水量控制器的结构如图 3-157 所示。

应根据水质状况，定期清洗和维护管子，拆卸的步骤如下。

a. 关闭主控制阀；

b. 关闭上部控制阀 6；

c. 拧开螺纹盖；

d. 用配带的管刷清洗管子 3；

e. 更换螺纹盖上的 O 形密封圈 2（如果有磨损连同管上的 O 形密封圈 4 一起更换）；

f. 重新插上管子；

g. 旋紧螺纹盖。

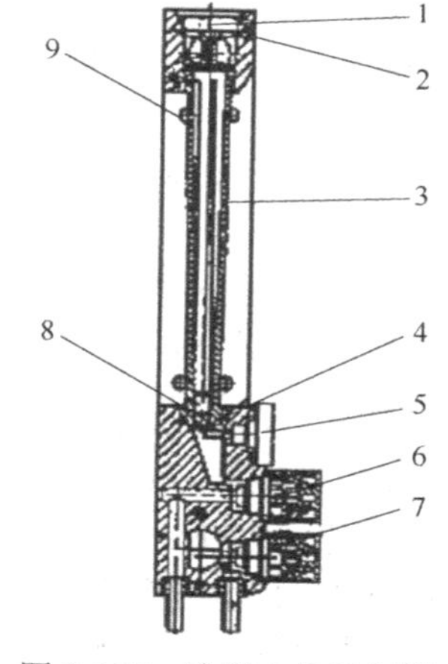

图 3-157 冷却水量控制器

1—螺塞；2，4—O 形密封圈；3—管子；5—热电流计；6，7—控制阀；8—锥体；9—管挡块

(24) 电控柜的冷却

由一个带有电扇的通风设备来冷却电控箱，根据空气污染程度来定期清洗过滤器罩，具体的步骤如下。

a. 取下通风栅栏；

b. 取下过滤器罩；

c. 用加入清洗剂的温水清洗过滤器罩，如果必要，将其更换；

d. 烘干过滤器罩；

e. 重新装入过滤器罩；

f. 重新把通风栅栏装上（注意：在易产生高温的开关柜内部安装空调机组，根据外部空气的污染程度定期清洗热交换器的滤芯）；

g. 拆除滤芯；

h. 用压缩空气或敲打的方式清除滤芯上的污垢；

i. 用温水清洗（最高温度不能超过 40℃）清洗滤芯上的污垢，必要时使用温和的清洁剂清洗；

j. 重新安装滤芯。

特别注意

- 带有过多污垢的滤芯会导致过热；
- 只能使用原装的备件；
- 不能用过强的喷水器来冲洗滤芯，也不能拧扭。

（25）HK50 蓄能器的更换

HK50 蓄能器的结构如图 3-158 所示。

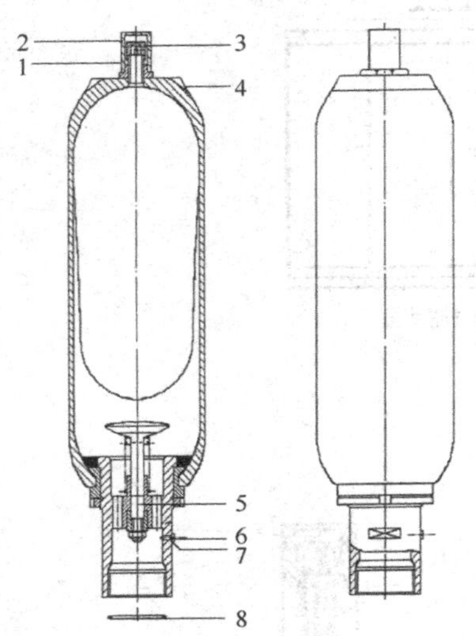

图 3-158　HK50 蓄能器

1—螺栓；2—螺母；3—空气阀芯；4—蓄能器；5—液体阀身；6—放气螺栓；7—密封件；8—O形密封圈

应注意：HK50 蓄能器是以 DRUCKBEH V 为标准的。根据“TRB”标准，HK50 蓄能器的容量和压力的乘积小于 1000。蓄能器既不用于焊接也不用于切削加工。

① 拆卸　在开始拆之前，首先确保 HK50 蓄能器无压力。确保利用充气和测量装置释放氮气预充压力。

如使用“HYDAC TECHNOLOGY GmbH”的特殊工具和检测装置，才可按照以下步骤进行拆卸。

a．确保液压系统已关闭而且系统已卸压；

b．确保截止阀 HA58 关闭口处于水平位置，而且旋松停止阀 HA58.1 的星形把手（不要拆掉气阀芯上的 O 形密封圈）；

c．旋松螺栓（1）和螺母（2）；

d．将手动充气和测量装置安装在空气阀芯 3 上，调整到一个合适的可读位置；

e．在测试仪器上顺时针旋转充气和测量装置上部的转轴，直到此仪器指示预充压力；

f．在此设备的一侧小心地打开卸荷阀来卸掉预充压力，观察压力指示器，直到蓄能器放空；

g．拆除充气和测量装置；

h．拆卸放气螺栓 6 和密封件 7；

i．拆卸螺栓、螺母、垫圈；

j．用六角扳手拧松蓄能器上的六角螺钉，若有必要就记住六角螺钉的位置；

k．从蓄能器拆下 O 形密封圈；

l．放好蓄能器。

② 安装　如使用“ HYDAC TECHNOLOGY GmbH”的特殊工具和检测装置，才可按照以下步骤进行安装。

a．确保液压系统已关闭而且系统已卸压；

b．确保截止阀 HA58 关闭口处于水平位置，而且旋松停止阀 HA58.1 的星形把手；

c．安装新的 O 形密封圈 8；

d．把蓄能器竖起来，旋紧；

e．旋紧螺母 2 和螺栓 1；

f．将充气和测量装置安装在空气阀芯 3 上，调整到一个合适的可读位置；

g．确保卸荷阀已关闭（此蓄能器只能用氮气，不能用氧气，否则会导致爆炸，如果氮气瓶的压力高于蓄能器的最大工作压力，则必须在氮气瓶与充气和测量装置中安装减压阀）；

h．用一软管把氮气筒和测试设备相连接；

i．顺时针把测试设备旋紧（注意：慢慢地将氮气充入蓄能器，直到达到一个稳定的压力，并防止气阀芯受到损害，预充压力以技术参数为基础，用小氮气瓶充气，停留大约 5min 后重复步骤 j 和 k，对于大的氮气瓶必须停留更长时间)；

j. 打开氮气瓶的截止阀，观察充气和测量装置上的压力指示器，直到预充压力达到；

k. 等到达到预期的预充压力后，向左打开充气和测量装置上部的转轴直到拧紧，关闭气阀；

l. 放掉充气管子的压力，将充气和测量装置与氮气瓶单独分开；

m. 拆除充气和测量装置；

n. 用适当的测量器检查气阀芯是否泄漏，如果泄漏，用 HYDAC 的专用工具旋紧气阀芯，确保气阀芯无泄漏；

o. 把螺母 2 装在空气阀上并旋紧；

p. 把外罩装在空气阀上并旋紧。

(26) 检查和维护

表 3-3～表 3-5 所列为注塑机每 500 工时、1000 工时和 5000 工时需要检查和维修的项目。

表 3-3 500 工时的检测/维修项目

维护种类	时间	签名
安全设施的检验:		
检查紧停按钮		
检查安全门（开合模）		
检查安全门（喷嘴）		
检查安全门（注射）		
检查安全门（顶针）		
检查固定安全盖		
检查喷嘴中心:		
换模时的零点调整		
检查油量		
液压管路:		
检查使用寿命		
检查损坏及泄漏		
进行泄漏检查		
液压管路连接:		
检查损坏及泄漏		
进行泄漏检查		
对控制阀的泄漏检查		
检查系统压力		
测试蓄能器的氮气预充压力		
检查导轨和滑轮的状态		
检查料筒加热		
检查喷嘴加热		
检查热电偶		
水冷却块:		
检查连接处		
检查测量管		
检查冷却部分		
检查连接处塞子是否紧密		
检查热交换器的滤芯		

表 3-4 1000 工时的检测/维修项目

维护种类	时间	签名
安全设施的检验：		
检查紧停按钮		
检查安全门（开合模）		
检查安全门（喷嘴）		
检查安全门（注射）		
检查安全门（顶针）		
检查固定安全盖		
检查喷嘴中心：		
换模时的零点调整		
检查油量		
液压管路：		
检查使用寿命		
检查损坏及泄漏		
进行泄漏检查		
液压管路连接：		
检查损坏及泄漏		
进行泄漏检查		
对控制阀的泄漏检查		
清洗吸油过滤器		
出现警报后更换高压过滤器		
检查压力系统		
测试蓄能器的氮气预充压力		
检查导轨和滑轮的状态		
检查料筒加热		
检查喷嘴加热		
检查热电偶		
水冷却块：		
检查连接处		
检查测量管		
清洁冷却水过滤滤芯		
检查冷却部分		
检查连接处塞子是否紧密		
检查热交换器的滤芯		
检查止回阀里的钢球		
清洗空气过滤器		

表 3-5　5000 工时的检测/维修项目

维护种类	时间	签名
安全设施的检验：		
拧紧按钮的检查		
检查安全门（开合模）		
检查安全门（喷嘴）		
检查安全门（注射）		
检查安全门（顶针）		
检查固定安全盖		
检查喷嘴中心：		
换模时的零点调整		
控制机器的位置及水平		
检查锁模系统/顶针/套筒		
检查哥林柱的延伸度		
检查模板的平行度		
检查导轨和滑轮的状态		
测试压力表		
更换油		
清洁油冷却器		
液压管路：		
检查寿命		
检查损坏及泄漏		
进行泄漏检查		
液压管路连接：		
检查损坏及泄漏		
进行泄漏检查		
检查管接头		
对控制阀的泄漏检查		
清洗吸油过滤器		
出现警报后更换高压过滤器		
检查系统压力		
检查比例压力阀的特性曲线		
检查比例流量阀的特性曲线		
测试蓄能器的氮气预充压力		
检查料筒加热		
检查喷嘴加热		
检查热电偶		
水冷却块：		
检查连接处		

续表

维护种类	时间	签名
检查测量管		
清洁冷却水过滤滤芯		
更换润滑分配器		
检查料斗冷却法兰		
检查止回阀里的钢球		
根据信号指示对 350t 以上的机器检查电机的润滑		
清洁空气过滤器		
检查控制柜和线管匣		
旋紧配电器的线缆接口		
检查接触器		
检查限位开关		
检查插座		
检查 MC4 控制卡		
检查热交换器的过滤芯		

第4章

注塑生产常见问题及解决方法

4.1 注塑过程常见问题及解决方法

4.1.1 下料不顺畅

下料不顺畅是指注塑过程中，烘料桶（料斗）内的塑料原料有时会发生不下料的现象，从而导致进入注塑机料筒的塑料不足，影响产品质量。导致下料不顺畅的原因及改善方法如表4-1所示。

表4-1 下料不顺畅的原因及改善方法

原因分析	改善方法
回用水口料的颗粒太大（大小不均）	将较大颗粒的水口料重新粉碎（调小碎料机刀口的间隙）
料斗内的原料熔化结块（干燥温度失控）	检修烘料加热系统，更换新料
料斗内的原料出现“架桥”现象	检查/疏通烘料桶内的原料
水口料回用比例过大	减少水口料的回用比例
熔料筒下料口段的温度过高	降低送料段的料温或检查下料口处的冷却水
干燥温度过高或干燥时间过长（熔块）	降低干燥温度或缩短干燥时间
注塑过程中射台振动大	控制射台的振动
烘料桶下料口或机台的入料口过小	改大下料口孔径或更换机台

4.1.2 塑化噪声

塑化噪声是指在注塑过程中，螺杆转动对塑料进行塑化时，料筒内出现“叽叽”或“啾啾”的摩擦声音（在塑化黏度高的PMMA、PC料时噪声更为明显）。

塑化噪声主要是由于螺杆的旋转阻力过大，导致螺杆与塑料原料在压缩段和送料段发生强烈的摩擦和剪切所引起的。导致该现象的原因及改善方法如表4-2所示。

表4-2 塑化噪声的原因及改善方法

原因分析	改善方法
背压过大	降低背压
螺杆转速过快	降低螺杆转速
料筒（压缩段）温度过低	提高压缩段的温度
塑料的黏度大（流动性差）	改用流动性好的塑料
树脂的自润滑性差	在原料中添加润滑剂（如滑石粉）
螺杆压缩比较小	更换螺杆压缩比较大的注塑机

4.1.3 螺杆打滑

注塑过程中，螺杆无法塑化塑料原料而只产生空运转的现象称为螺杆打滑。发生螺杆打滑时，螺杆只有转动行为，没有后退动作。导致该现象的原因及改善方法如表 4-3 所示。

表 4-3 螺杆打滑的原因及改善方法

原因分析	改善方法
料管后段温度太高，料粒熔化结块（不落料）	检查入料口处的冷却水，降低后段熔料温度
树脂干燥不良	充分干燥树脂及适当添加润滑剂
背压过大且螺杆转速太快（螺杆抱胶）	减小背压和降低螺杆转速
料斗内的树脂温度高（结块不落料）	检修烘料桶的加热系统更换新料
回用水口料的料粒过大，产生“架桥”现象	将过大的水口料粒挑拣出来，重新粉碎
料斗内缺料	及时向烘料桶添加塑料
料管内壁及螺杆磨损严重	检查或更换料管/螺杆

4.1.4 喷嘴堵塞

注塑过程中，熔体无法进入模具流道的现象称为喷嘴堵塞。导致该现象的原因及改善方法如表 4-4 所示。

表 4-4 喷嘴堵塞的原因及改善方法

原因分析	改善方法
射嘴中有金属及其他不熔物质	拆卸喷嘴清除射嘴内的异物
水口料中混有金属粒	检查/清除水口料中的金属异物或更换水口料（使用离心分类器处理）
烘料桶内未放磁力架	将磁力架清理干净后放入烘料桶中
水口料中混有高熔点的塑料杂质	清除水口料中的高熔点塑料杂质
结晶型树脂（如 PA、PBT）喷嘴温度偏低	提高喷嘴温度
喷嘴头部的加热圈烧坏	更换喷嘴头部的加热圈
长喷嘴加热圈数量过少	增加喷嘴加热圈数量
射嘴内未装磁力管	射嘴内加装磁力管

4.1.5 喷嘴流涎

在注塑过程中对塑料进行塑料时，喷嘴内出现熔体流出的现象称为喷嘴流涎。接触式注塑作业中，如果喷嘴流涎，熔体流到主流道内，冷却的塑料会影响注塑的顺利进行（堵塞浇口或流道）或在塑件表面造成外观缺陷（如冷斑、缩水、缺料等），特别是 PA 料最容易产生流涎。导致喷嘴流涎原因及改善方法如表 4-5 所示。

表 4-5 喷嘴流涎原因分析与改善方法

原因分析	改善方法
熔料温度或喷嘴温度过高	降低熔料温度或喷嘴温度
背压过大或螺杆转速过高	减小背压或降低螺杆转速
抽胶量不足	增大抽胶量（熔前或熔后抽胶）
喷嘴孔径过大或喷嘴结构不当	改用孔径小的喷嘴或自锁式喷嘴
塑料黏度过低	改用黏度较大的塑料
接触式注塑成型方式	改为射台移动式注塑成型

4.1.6　喷嘴漏胶

在注塑过程中，热的塑料熔体从喷嘴头部或喷嘴螺纹与料筒连接处流出来的现象称为喷嘴漏胶。喷嘴出现漏胶现象会影响注塑生产的正常进行，轻者造成产品重量或质量不稳定，重者会造成塑件出现缩水、缺料、烧坏加热圈等现象，影响产品的外观质量，且不良品增多，浪费原料。导致喷嘴漏胶的原因及改善方法如表 4-6 所示。

表 4-6　喷嘴漏胶的原因与改善方法

原因分析	改善方法
射嘴与模具喷嘴贴合不紧密	重新对嘴或检查射嘴头与模具的匹配性
射嘴的紧固螺纹松动或损伤	紧固射嘴螺纹或更换射嘴
背压过大或螺杆转速过高	减小背压或降低螺杆转速
熔料温度过高或嘴温过高（黏度低）	降低射嘴及料筒温度
抽胶行程不足	适当增加抽胶距离
塑料黏度过低（熔融指数 FMI 较高）	改用熔融指数（FMI）低的塑料

4.1.7　压模

注塑过程中，如果制品或水口料没有完全取出来或制品粘在模具上操作人员又没有及时分离，合模后留在模具内的塑件或水口料会造成压伤模具的现象称为压模。压模故障是注塑生产中严重的安全生产问题，会造成生产停止，需拆模进行维修。某些尺寸精度要求高的模芯无法修复，需更换模芯，造成很大的损失甚至影响订单的交货期。因此，注塑生产中要特别预防出现压模事件，需合理设定模具的低压保护参数，安装模具监控装置。压模的原因及改善方法如表 4-7 所示。

表 4-7　压模原因及改善方法

原因分析	改善方法
胶件粘前模	改善胶件粘模现象（同改善粘模措施）
模具低压保护功能失效	合理设定模具低压保护参数
全自动生产中未安装产品脱模监控装置	全自动生产中加装模具监控装置
顶针板无复位装置	加设顶针板复位装置
作业员未发现胶件粘模	对作业员进行操作培训并加强责任心
全自动注塑的胶件粘模	有行位（滑块）和深型腔结构的产品不宜使用全自动生产，改为半自动生产模式
水口（流道）拉丝	清理拉丝并彻底消除水口拉丝现象

4.1.8　制品粘前模

注塑过程中，制品在开模时整体粘在前模（定模）的模腔内而导致无法顺利脱模，这种现象称为制品粘前模。导致该现象的原因及改善的方法如表 4-8 所示。

表 4-8　制品粘前模的原因及改善方法

原因分析	改善方法
射胶量不足（产品未注满），塑件易粘在模腔内	增大射胶量
注射压力及保压压力太高	降低注射压力和保压压力
保压时间过长（过饱）	缩短保压时间
末端注射速度过快	减慢末端注射速度

续表

原因分析	改善方法
料温太高或冷却时间不足	降低料温或延长冷却时间
模具温度过高或过低	调整模温及前、后模温度差
进料不均使部分过饱	变更浇口位置或浇口大小
前模柱位及碰穿位有倒扣	检修模具，消除倒扣
前模表面不光滑或模边有毛刺	抛光模具或清理模具边缘的毛刺
前模脱模斜度不足（太小）	增大前模脱模斜度
前模腔形成真空（吸力大）	延长冷却时间或改善进气效果
启动时开模速度过快	减慢一段开模速度

4.1.9 水口料（流道凝料）粘模

注塑过程中，开模后水口料（流道凝料）粘在模具流道内不能脱离出来的现象称为水口料粘模，水口料粘前模主要是由于注塑机喷嘴与浇口套（主流道衬套）的孔径不匹配，水口料产生毛刺（倒扣）无法顺利脱出所致。该现象的原因及改善方法如表4-9所示。

表4-9 水口料粘模的原因及改善方法

原因分析	改善方法
射胶压力或保压压力过大	减小射胶压力或保压压力
熔料温度过高	降低熔料温度
主流道入口与射嘴孔配合不好	重新调整主流道入口与射嘴配合状况
主流道内表面不光滑或有脱模倒角	抛光主流道或改善其脱模倒角
主流道入口处的口径小于喷嘴口径	加大主流道入口孔径
主流道入口处圆弧 R 比喷嘴头部的 R 小	加大主流道入口处圆弧 R
主流道中心孔与喷嘴孔中心不对中	调整两者孔中心在同一条直线上
流道口外侧损伤或喷嘴头部不光滑	检修模具，修善损伤处，清理喷嘴头（防止产生飞边倒扣）
主流道无拉料扣	水口顶针前端做成“Z”形扣针
主流道尺寸过大或冷却时间不够	减小主流道尺寸或延长冷却时间
主流道脱模斜度过小	加大主流道脱模斜度

4.1.10 水口（主流道前端部）拉丝

注塑过程中，水口（主流道前端部）在脱模时会出现拉丝的现象，如果拉丝留在模具上会导致合模式模具被压坏，如留在模具流道则会被后续熔体冲入型腔而影响产品的外观。PP、PA等塑料在注塑时水口易产生拉丝现象。该现象的产生原因及改善方法如表4-10所示。

表4-10 水口拉丝的原因及改善方法

原因分析	改善方法
料筒温度或喷嘴温度过高	降低料筒温度或喷嘴温度
喷嘴和浇口衬套配合不良	检查/调整喷嘴
背压过大或螺杆转速过快（料温高）	减小背压或螺杆转速
冷却时间不够或抽胶量不足	增加冷却时间或抽胶量行程
喷嘴流涎或喷嘴形式不当	改用自锁式喷嘴

4.1.11　开模困难

注塑生产过程中，如果出现锁模力过大、模芯错位、导柱磨损、模具长时间处于高压锁模状态下造成模具变形而生产“咬合力”，就会出现打不开模具的现象，这种现象统称为开模困难。尺寸较大的塑件、型腔较深的模具及或注塑机采用肘节式锁模机构时，上述不良现象最为常见。导致该现象的原因及改善方法表 4-11 如所示。

表 4-11　开模困难原因及改善方法

原因分析	改善方法
锁模力过大造成模具变形，产生“咬合”	重新调模，减小锁模力
导柱/导套磨损，摩擦力过大	清洁/润滑导柱或更换导柱、导套
停机时模具长时间处于高压锁紧状态	停机时手动合模（勿升高压）
单边模具压板松脱，模具产生移位	重新安装模具，拧紧压板螺钉
注塑机的开模力不足	增大开模力或将模具拆下更换较大的机台
模具排气系统阻塞，出现“闭气”	清理排气槽/顶针孔内的油污或异物（疏通进气道）
三板模拉钩的拉力（强度）不够	更换强度较大的拉钩

特别注意

一般的铰链式注塑机的开模力只能达到锁模力的 80%左右。

4.1.12　其他异常现象

注塑生产过程中，由于受材料、模具、机器、注塑工艺、操作方法、车间环境、生产管理等多方面因素的影响，出现的注塑过程异常现象会很多，除了上述一些不良现象外，还有可能出现如断柱、顶针位凹陷等一种或多种异常现象，这些异常现象的原因及改善方法如表 4-12 所示。

表 4-12　其他异常现象及改善方法

异常现象	缺陷原因	改善方法
断柱	① 注射压力或保压压力过大 ② 柱孔的脱模斜度不够或不光滑，冷却时间不够 ③ 熔胶材质发脆	① 减小注射压力或保压压力 ② 增大柱孔的脱模斜度、省光（抛光）柱孔 ③ 降低料温、干燥原料、减少水口料比例
多胶	模具（模芯或模腔）塌陷、模芯组件零件脱落、成型针/顶针折断等	检修模具或更换模具内相关的脱落零件
模印	模具（模芯或模腔）上凸凹点、模具碰伤、花纹、烧焊痕、锈斑、顶针印等	检修模具，改善模具上存在的此类问题，防止断顶针及压模
顶针位凹陷	顶针过长或松脱出来	减短顶针长度或更换顶针
顶针位凸起	顶针板内有异物、顶针本身长度不足或顶针头部折断	清理顶针板内的异物、加大顶针长度或更换顶针
顶针位穿孔	顶针断后卡在顶针孔内，变成了“成型针”	检修/更换顶针，并在注塑生产过程中打顶针油（防止烧针）
顶针孔进胶	顶针孔磨损，熔料进入间隙内	扩孔后更换顶针、生产中定时打顶针油、减小顶出行程、减少顶出次数、减小注射压力/保压压力/注射速度
断顶针	顶出不平衡、顶针次数多、顶出长度过大、顶出速度快、顶出力过大、顶针润滑不良	更换顶针、生产中定时打顶针油，减小顶出行程、减少顶出次数、减小注射压力/保压压力
断成型针	保压压力过大、成型针单薄（偏细）、材质不好、压模	更换成型针、选用刚性好/强度高的钢材，减小注射压力及保压压力、防止压模
字唛（印字块）装反	更换/安装字唛（印字块）时，字唛装错或方向装反	对照样板安装字唛或字唛加定位销

4.2 塑件常见缺陷及解决方法

4.2.1 欠注（缺料）

欠注又称缺料、短射、充填不足等，是指塑料熔体进入型腔后未能完全填满模具成型空间的各个角落，如图 4-1 所示。

（a）示意图

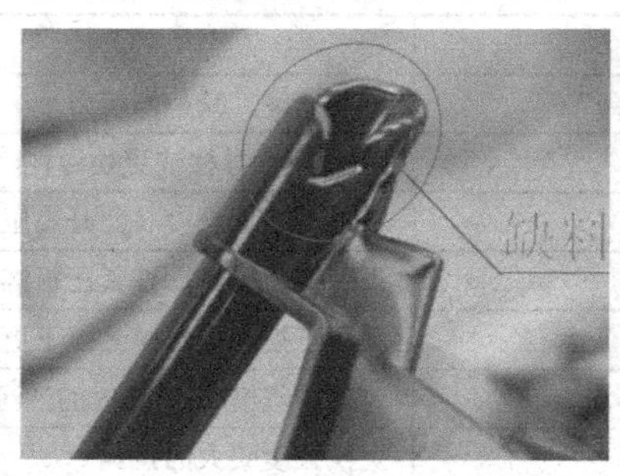

（b）实物图一

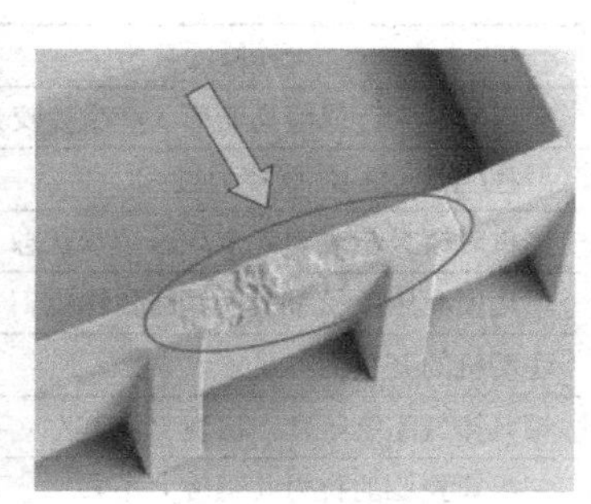

（b）实物图二

图 4-1　欠注的塑料制品

经验总结

缺陷原因与解决方法如下。

① 设备选型不当。因此，在选用注塑设备时，注塑机的最大注射量必须大于塑件重量。在校核时，注射总量（包括塑件、流道凝料）不能超出注射机塑化量的 85%。

② 供料不足。即注塑机料斗的加料口底部可能有“架桥”现象，解决的方法是适当增加螺杆的注射行程，以增加供料量。

③ 原料流动性能太差。应设法改善模具浇注系统的滞流缺陷，如合理设置流道位置，扩大浇口、流道等的尺寸以及采用较大的喷嘴等。同时，可在原料配方中增加适量助剂，改善塑料的流动性能。

④ 润滑剂超量。应减少润滑剂用量或调整料筒与螺杆间隙。

⑤ 冷料杂质阻塞流道。应将喷嘴拆卸清理或扩大模具冷料穴和流道的截面。

⑥ 浇注系统设计不合理。设计浇注系统时，要注意浇口平衡，各型腔内塑件的重量要与浇口大小成正比，以保证各型腔能同时充满；浇口位置要选择在厚壁部位，也可采用分流道平衡布置的设计方案。如果浇口或流道小、薄、长，则熔体的压力在流动过程中沿程损失会非常大，流动受阻，容易产生充填不良的现象，如图 4-2 所示。对此现象，应扩大流道截面和浇口面积，必要时可采用多点进料的方法。

⑦ 模具排气不良，如图 4-3 所示。应检查有无冷料穴，或冷料穴的位置是否正确。对于型腔较深的模具，应在欠注部位增设排气沟槽或排气孔，在合理的分型面上，可开设深度为 0.02～0.04mm、宽度为 5～10mm 的排气槽，排气孔应设置在型腔的最终充填处。此外，使用水分及易挥发物含量超标的原料时也会产生大量气体，导致模具排气不良，此时应对原料进行干燥及清除易挥发物。在注塑成型工艺方面，可通过提高模具温度，降低注射速度、减小浇注系统流动阻力，以及减小合模力、加大模具间隙等辅助措施改善排气不良现象。

⑧ 模具温度太低。对此，开机前必须将模具预热至工艺要求的温度。刚开机时，应适当控制模具内冷却水的通过量，如果模具温度升不上去，应检查模具冷却系统的设计是否合理。

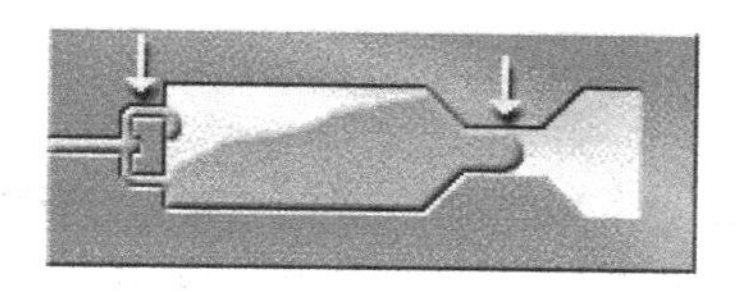

图 4-2　流道过小导致熔体提早凝固

图 4-3　困气导致熔体流动受阻

⑨ 熔体温度太低。在适当的成型范围内，熔体温度与充模流程接近于正比例关系，低温熔体的流动性能下降，充模流程将减短。同时，应注意将料筒加热到仪表温度后还需恒温一段时间才能开机，在此过程中，为了防止熔体分解不得不采取低温注射时，可适当延长注射时间，以克服可能出现的欠注缺陷。

⑩ 喷嘴温度太低。对此，在开模时应使喷嘴与模具分离，以减少模具对喷嘴温度的影响，使喷嘴处的温度保持在工艺要求的范围内。

⑪ 注射压力或保压不足。注射压力与充模流程接近于正比例关系，注射压力太小，充模流程会变短，导致型腔充填不满。对此，可通过减慢螺杆前进速度，适当延长注射时间等办法来提高注射压力。

⑫ 注射速度太慢。注射速度与熔体充模速度直接相关，如果注射速度太慢，熔体充模缓慢，因低速流动的熔体很容易冷却，故使熔体流动性能进一步下降产生而欠注现象。对此，应适当提高注射速度。

⑬ 塑件结构设计不合理。如图 4-4 所示，当塑件的宽度与其厚度比例过大或形状十分复杂且成型面积很大时，熔体很容易在塑件薄壁部位的入口处流动受阻，致使型腔很难充满而产生欠注缺陷。因此，在设计塑件的形状和结构时，应注意塑件厚度与熔体极限充模长度的关系。经验表明，注塑成型的塑件，壁厚大都采用 1～3mm，大型塑件的壁厚为 3～6mm，塑件厚度超过 8mm 或小于 0.5mm 都对注塑成型不利，设计时应避免采用这样的厚度。

图 4-4　熔体流程过长而产生欠注

综上所述，注塑过程中出现制品缺料的原因及改善方法如表 4-13 所示。

表 4-13　缺料原因及改善方法

原因分析	改善方法
熔料温度太低	提高料筒温度
注射压力太低或油温过高	提高注射压力或清理冷凝器
熔胶量不够（注射量不足）	增加计量行程
注射时间太短或保压切换过早	增加注射时间或延迟切换保压
注射速度太慢	加快注射速度
模具温度不均	重开模具运水道
模具温度偏低	提高模具温度
模具排气不良（困气）	在合适的位置增加排气槽或排气针
射嘴堵塞或漏胶（或发热圈烧坏）	拆除/清理射嘴或重新对嘴
浇口数量/位置不适，进胶不平均	重新设置进浇口/调整平衡
流道/浇口太小或流道太长	加大流道/浇口尺寸或缩短流道
原料内润滑剂不够	酌加润滑剂（改善流动性）
螺杆止逆环（过胶圈）磨损	拆下止逆环并检修或更换
机器容量不够或料斗内的树脂不下料	更换较大的机器或检查/改善下料情况
成品胶厚不合理或太薄	改善胶件的胶厚或加厚薄位
熔料流动性太差（FMI 低）	改用流动性较好的塑料

4.2.2 缩水

注塑过程中由于模腔某些位置未能产生足够的压力，当熔体开始冷却时，塑件上壁厚较大处的体积收缩较慢而并形成拉应力，如果制品表面硬度不够，而又无熔体补充，则制品表面便被应力拉陷，这种现象称为缩水，如图 4-5 所示。缩水现象多出现在模腔上熔体聚集的部位和制品厚壁区，如加强筋、支撑柱等于与制品表面的交界处。

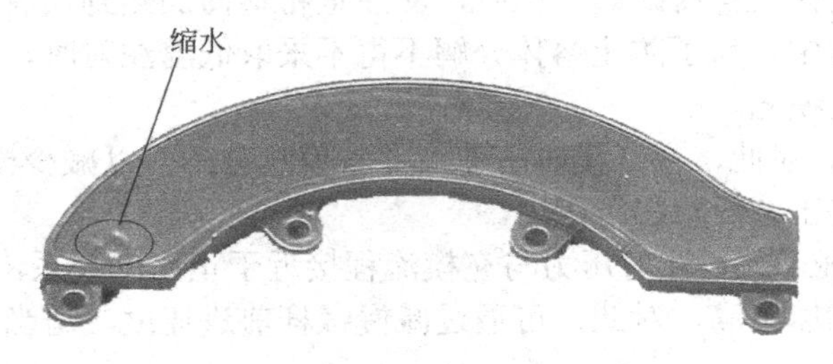

图 4-5 制品缩水现象

经验总结

缺陷原因与解决方法如下。

注塑件表面上的缩水现象，不但影响塑件的外观，也会降低塑件的强度。缩水现象与使用塑料种类、注塑工艺、塑件和模具结构等均有密切关系。

① 塑料原料方面 不同塑料的缩水率不同，通常容易缩水的原料大都属于结晶型塑料（如尼龙、聚丙烯等）。在注塑过程中，结晶型塑料受热变成流动状态时，分子呈无规则排列；当被射入较冷的模腔时，塑料分子会逐步整齐排列而形成结晶，从而导致体积收缩较大，其尺寸小于规定的范围，即出现“缩水”。

② 注塑工艺方面 出现缩水的情况有保压压力不足、注射速度太慢、模温或料温太低、保压时间不够等。

因此，在设定注塑工艺参数时，必须检查成型条件是否正确及保压是否足够，以防出现缩水问题。一般而言，延长保压时间，可确保制品有充足的时间冷却和补充熔体。

③ 塑件和模具结构方面 缩水产生的根本原因在于塑料制品的壁厚不均，典型的例子是塑件非常容易在加强筋和支撑柱表面出现缩水。此外，模具的流道设计、浇口大小及冷却效果对制品的影响也很大，由于塑料的传热能力较低，距离型腔壁越远，则其凝冷却越慢，因此，该处应有足够的熔体填满型腔，这就要求注塑机的螺杆在注射或保压时，熔体不会因倒流而降低压力；另外，如果模具的流道过细、过长或浇口太小而冷却太快，则半凝固的熔体会阻塞流道或浇口而造成型腔压力下降，导致制品缩水。

综上分析，塑件出现缩水的原因及改善方法如表 4-14 所示。

表 4-14 缩水原因及改善方法

原因分析	改善方法
模具进胶量不足：	增强熔胶注射量：
① 熔胶量不足	① 增加熔胶计量行程
② 注射压力不足	② 提高注射压力
③ 保压不够或保压切换位置过早	③ 提高保压压力或延长保压时间
④ 注射时间太短	④ 延长注射时间（采用预顶出动作）
⑤ 注射速度太慢或太快（困气）	⑤ 加快注射速度或减慢注射速度

续表

原因分析	改善方法
⑥ 浇口尺寸太小或不平衡（多模腔）	⑥ 加大浇口尺寸或使模具进胶平衡
⑦ 射嘴阻塞或发热圈烧坏	⑦ 拆除清理射嘴内异物或更换发热圈
⑧ 射嘴漏胶	⑧ 重新对嘴/紧固射嘴或降低背压
料温不当（过低或过高）	调整料温（适当）
模温偏低或太高	提高模温或适当降低模温
冷却时间不够（筋/骨位脱模拉陷）	酌延冷却时间
缩水处模具排气不良（困气）	在缩水处开设排气槽
塑件骨位/柱位胶壁过厚	使胶厚尽量均匀（改为气辅注塑）
螺杆止逆环磨损（逆流量大）	拆卸与更换止逆环（过胶圈）
浇口位置不当或流程过长	浇口开设于壁厚处或增加浇口数量
流道过细或过长	加粗主/分流道，减短流道长度

知识拓展

不同的塑料，其缩水率是不一样的，表4-15所示为常见塑料的缩水率。

表4-15 常见塑料的缩水率

代号	原料名称	缩水率/%
GPPS	普通级聚苯乙烯（硬胶）	0.5
HIPS	不碎级聚苯乙烯（不碎硬胶）	0.5
SAN	AS胶	0.4
ABS	丙烯腈-丁二烯-苯乙烯共聚物	0.6
LDPE	低密度聚乙烯（花胶）	1.5～4.5
HDPE	高密度聚乙烯	2～5
PP	聚丙烯（百折胶）	1～4.7
PA66	尼龙66	0.8～1.5
PA6	尼龙6	1.0
PPO	聚苯醚	0.6～0.8
POM	聚甲醛（赛钢、特灵）	1.5～2.0
CAB	乙酸丁酸纤维素（酸性胶）	0.5～0.7
PET	聚对苯二甲酸乙二醇酯	2～2.5
PBT	聚对苯二甲酸丁二醇酯	1.5～2.0
PC	聚碳酸酯（防弹胶）	0.5～0.7
PMMA	亚克力（有机玻璃）	0.5～0.8
PVC硬	硬PVC	0.1～0.5
PVC软	软PVC	1～5
PU	PU胶、乌拉坦胶	0.1～3
EVA	EVA胶（橡皮胶）	1.0
PSF	聚砜	0.6～0.8

4.2.3 鼓包

某些塑件在成型脱模后，很快在某些位置出现了局部体积变大的现象称之为鼓包或肿胀，如图 4-6 所示。

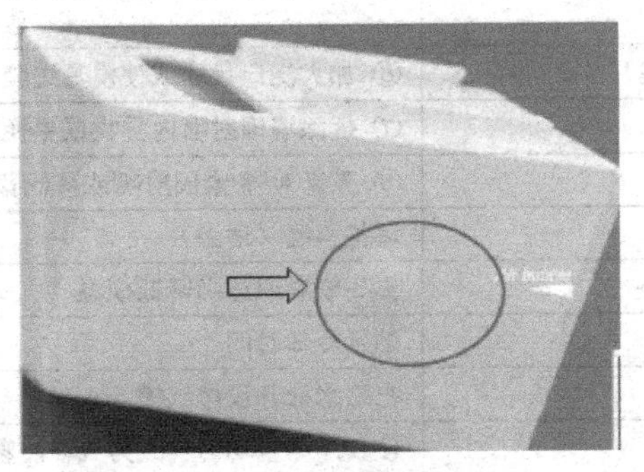

图 4-6 塑件上出现的鼓包现象

经验总结

缺陷原因与解决方法如下。

塑件的鼓包是因为未完全冷却硬化的塑料在内压的作用下释放气体，导致塑件膨胀引起的。因此，该缺陷的改善措施如下。

① 有效冷却。方法是降低模温，延长开模时间，降低塑料的干燥与塑化温度。

② 降低充模速度，减少成型周期，减少流动阻力。

③ 提高保压压力和时间。

④ 改善塑件结构，避免塑件上出现局部太厚或厚薄变化过大的状况。

4.2.4 缩孔（真空泡）

制品缩孔，也称真空泡或空穴，如图 4-7 所示，一般出现在塑件上大量熔体积聚的位置，是因熔体在冷却收缩时得到充分的熔体补充而引起的。缩孔现象常常出现在塑件的厚壁区， 如加强筋或支撑柱与塑件表面的交接处。

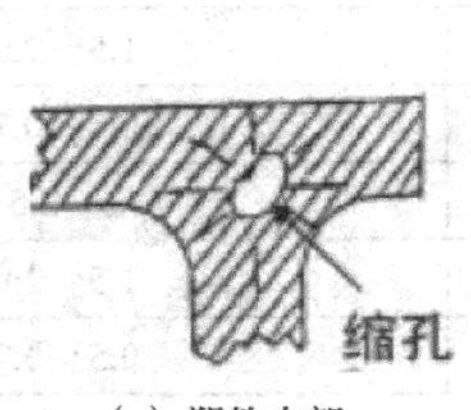

(a) 塑件内部

(b) 塑件表面

图 4-7 塑件上出现的缩孔现象

经验总结

缺陷原因与解决方法如下。

塑件出现缩孔的原因是熔体转为固体时， 壁厚处体积收缩慢， 形成拉应力，此时如果制品表面硬度不够，而又无熔体补充， 则制品内部便形成空洞。塑件产生缩孔的原因与缩水相似，区别是缩水在塑件的表面凹陷，而缩孔是在内部形成空洞。缩孔通常产生在厚壁部位，主要与模具冷却快慢有关。熔体在模具内的冷却速度不同，不同位置的熔体的收缩程度就会不一样，如果模温过低，熔体表面急剧冷却，将壁厚部分内较热的熔体拉向四周表面，就会造成内部出现缩孔。

塑件出现缩孔现象会影响塑件的强度和力学性能，如果塑件是透明制品，缩孔还会影响制品的外观。改善制品缩孔的重点是控制模具温度，具体的原因及改善方法如表 4-16 所示。

表 4-16　缩孔原因及改善方法

原因分析	改善方法
模具温度过低	提高模具温度（使用模温机）
成品断面、筋或柱位过厚	改善产品的设计，尽量使壁厚均匀
浇口尺寸太小或位置不当	改大浇口或改变浇口位置（厚壁处）
流道过长或太细（熔料易冷却）	减短流道长度或加粗流道
注射压力太低或注射速度过慢	提高注射压力或注射速度
保压压力或保压时间不足	提高保压压力，延长保压时间
流道冷料穴太小或不足	加大冷料穴或增开冷料穴
熔料温度偏低或射胶量不足	提高熔料温度或增加熔胶行程
模内冷却时间太长	减少模内冷却，使用热水浴冷却
水浴冷却过急（水温过低）	提高水温，防止水浴冷却过快
背压太小（熔料密度低）	适当提高背压，增大熔料密度
射嘴阻塞或漏胶（发热圈会烧坏）	拆除/清理射嘴或重新对嘴

4.2.5　溢边（飞边、批锋）

塑料熔体被从模具分型面挤压出模具型腔而在制品边缘产生的薄片称为溢边，也称飞边，俗称批锋，如图 4-8 所示。

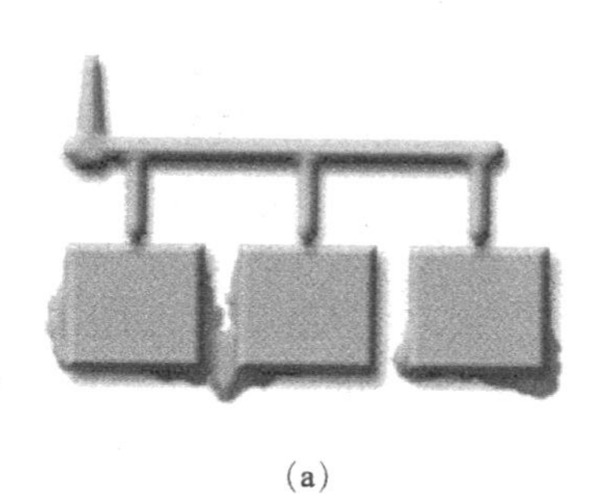

(a)

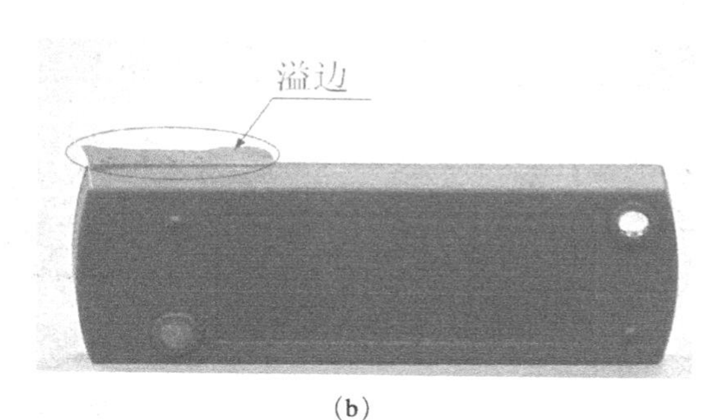

(b)

图 4-8　塑件上出现的溢边现象

经验总结

缺陷原因与解决方法如下。

溢边是注塑生产中较为恶劣的现象，如果溢边粘在模具分型面上没有清理掉而直接锁模的话，则会损伤模具分型面，该损伤部位又会导致产生新的溢边。因此，注塑过程需特别注意是否出现溢边现象。

注塑生产过程中，导致溢边的原因较多，如注射压力压力过大、末端注射速度过快、锁模力不足、顶针孔或滑块磨损、合模面不平整（有间隙）、塑料的黏度太低（如尼龙料）等，具体分析如表 4-17 所示。

表 4-17 溢边原因及改善方法

原因分析	改善方法
熔料温度或模温太高	降低熔料温度及模具温度
注射压力太高或注射速度太快	降低注射压力或末端注射速度
保压压力过大（胀模力大）	降低保压压力
合模面贴合不良或合模精度差	检修模具或提高合模精度
锁模力不够（产品周边均有披锋）	加大锁模力
制品投影面积过大	更换锁模力较大的机器
进浇口不平衡，造成局部披锋	重新平衡进浇口
模具变形或机板变形（机铰式机）	模具加装撑头或加大模具硬度
保压切换（位置）过迟	提早从注射转换到保压的位置
模具材质差或易磨损	选择更好的钢材并进行热处理
塑料的黏度太低（如 PA、PP 料）	改用黏度较大的塑料或加填充剂
合模面有异物或机铰磨损	清理模面异物或检修/更换机铰

4.2.6 熔接痕

在塑料熔体充填模具型腔时，如果两股或多股熔体在相遇时前锋部分温度没有完全相同（见图 4-9），则这些熔体无法完全融合，在汇合处会产生线性凹槽，从而形成熔接痕，如图 4-10 所示。

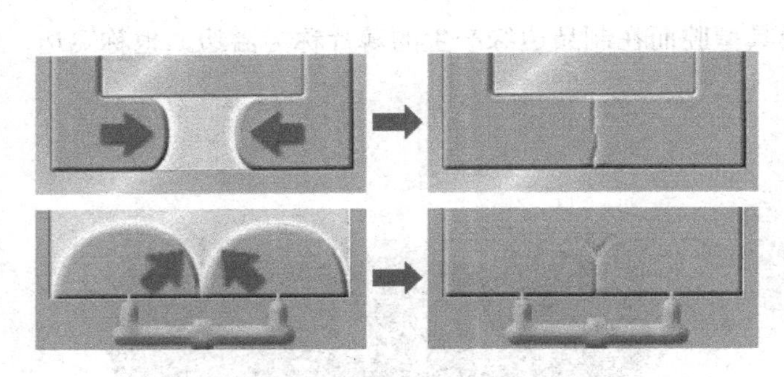

图 4-9 熔接痕形成示意图

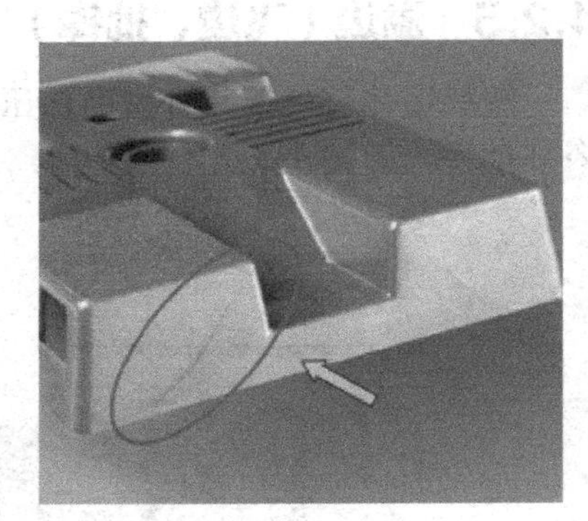

图 4-10 塑件上产生的熔接痕

经验总结

缺陷原因与解决方法如下。

① 熔体温度太低。低温熔体的分流汇合性能较差，容易形成熔接痕。如果塑件的内外表面在同一部位产生熔接细纹时，往往是由于料温太低引起的熔接不良。对此，可适当提高料筒及喷嘴的温度，或者延长注射周期，促使料温上升。同时，应控制模具内冷却水的通过量，适当提高模具温度。一般情况下，塑件熔接痕处的强度较差，如果对模具中产生熔接痕的相应部位进行局部加热，提高成型件熔接部位的局部温度，往往可以提高塑件熔接处的强度。如果由于特殊需要，必须采用低温成型工艺时，可适当提高注射速度及注射压力，从而改善熔体的汇合性能。也可在原料配方中适当增用少量润滑剂，提高熔体的流动性能。

② 模具缺陷。在模具结构上，如浇口位置在塑件左侧[见图 4-11 图（a）]，浇口位置在塑件上部[见图 4-11（b）]，浇口位置在塑件右侧[见图 4-11（c）]。应尽量采用分流少的浇口形式

并合理选择浇口位置，尽量避免充模速率不一致及充模料流中断。在可能的条件下，应选用单点进料。为了防止低温熔体注入模腔产生熔接痕，可在提高模具温度的同时，在模具内设制冷料穴。

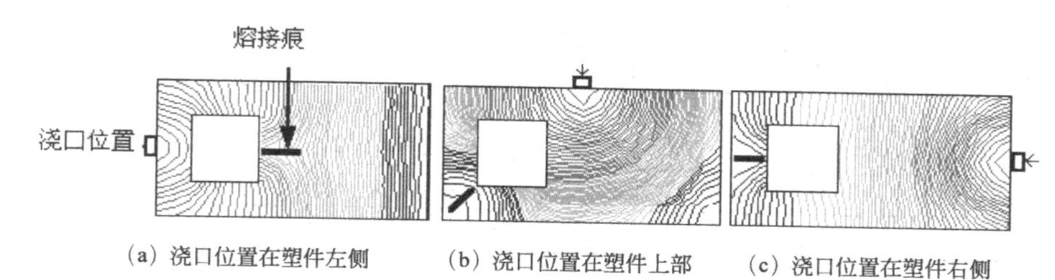

(a) 浇口位置在塑件左侧　(b) 浇口位置在塑件上部　(c) 浇口位置在塑件右侧

图 4-11　改变浇口位置对熔接痕的影响

③ 模具排气不良。此时，首先应检查模具排气孔是否被熔体的固化物或其他物体阻塞，浇口处有无异物。如果阻塞物清除后仍出现炭化点，应在模具汇料点处增加排气孔，也可通过重新定位浇口，或适当降低合模力，增大排气间隙来加速汇料合流。在注塑工艺方面，可采取降低料温及模具温度、缩短高压注射时间、降低注射压力等辅助措施。

④ 脱模剂使用不当。在注塑成型中，一般只在螺纹等不易脱模的部位才均匀地涂用少量脱模剂，原则上应尽量减少脱模剂的用量。

⑤ 塑件结构设计不合理。如果塑件壁厚设计得太薄或厚薄悬殊或嵌件太多，都会引起熔体的熔接不良，如图 4-12 所示。在设计塑件形状和结构时，应确保塑件的最薄部位大于成型时允许的最小壁厚。此外，应尽量减少嵌件的使用且壁厚尽可能趋于一致。

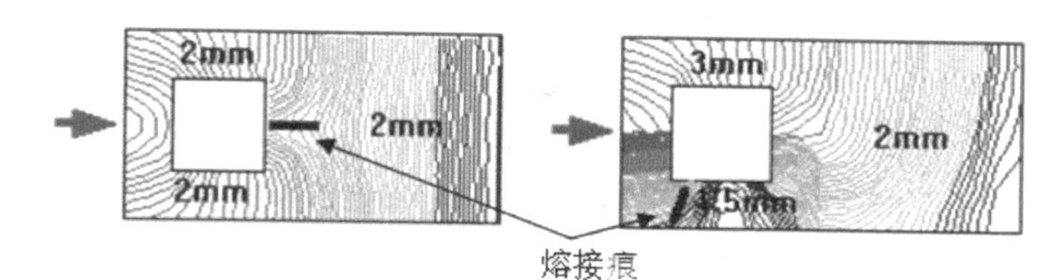

图 4-12　塑件壁厚对熔接痕的影响示例

⑥ 其他原因。如使用的塑料原料中水分或易挥发物含量太高，模具中的油渍未清除干净，模腔中有冷料或熔体内的纤维填料分布不均，模具冷却系统设计不合理，熔体冷却太快，嵌件温度太低，喷嘴孔太小，注射机塑化能力不够，柱塞或注射机料筒中压力损失大等，都可能导致不同程度的熔体汇合不良而出现熔接痕迹。对此，在操作过程中，应针对不同情况，分别采取原料干燥、定期清理模具、改变模具冷却水道设计、控制冷却水的流量、提高嵌件温度、换用较大孔径的喷嘴、改用较大规格的注射机等措施予以解决。

综上所述，塑件产生熔接痕的原因及改善方法如表 4-18 所示。

表 4-18　熔接痕产生的原因及改善方法

原因分析	改善方法
原料熔融不佳或干燥不充分	① 提高料筒温度 ② 提高背压 ③ 加快螺杆转速 ④ 充分干燥原料
模具温度过低	提高模具温度（蒸汽模可改善夹水纹）
注射速度太慢	增大注射速度（顺序注塑技术可改善之）
注射压力太低	提高注射压力

续表

原因分析	改善方法
原料不纯或渗有杂料	检查或更换原料
脱模剂太多	少用脱模剂（尽量不用）
流道及进浇口过小或浇口位置不适当	增大浇道及进浇口尺寸或改变浇口的位置
模具内空气排除不良（困气）	①在产生夹水纹的位置增大排气槽 ②检查排气槽是否堵塞或用抽真空注塑
主、分流道过细或过长	加粗主、分流道尺寸（加快一段速度）
冷料穴太小	加大冷料穴或在夹水纹部位开设溢料槽

4.2.7 气泡（气穴）

在塑料熔体充填型腔时，多股熔体前锋包裹形成的空穴或者熔体充填末端由于气体无法排出导致气体被熔体包裹在熔体中，就会在塑件上形成气泡，也称气穴，如图4-13所示。

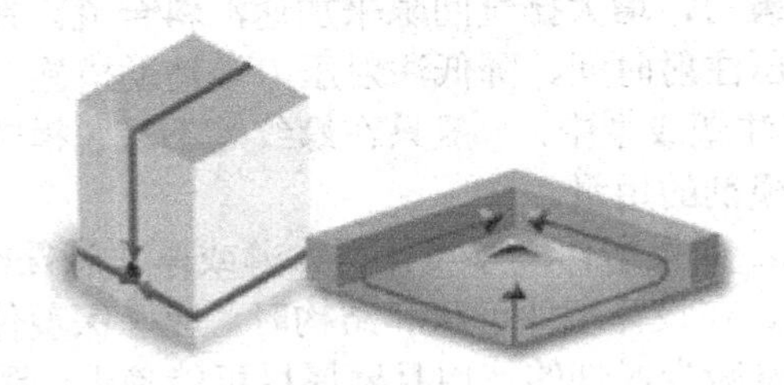

图4-13 气穴形成示意图

经验总结

气泡与真空泡（缩孔）不相同，它是指塑件内存在的细小气泡；而真空泡是排空了气体的空洞，是熔体冷却定型时，收缩不均而产生的空穴，穴内并没有气体存在。注塑成型过程中，如果材料未充分干燥、注射速度过快、熔体中夹有空气、模具排气不良、塑料的热稳定性差，塑件内部就可能出现细小的气泡（透明塑件可以看到，见图4-14）。塑件内部有细小气泡时，塑件表面往往会伴随有银纹（料花）现象，透明件的气泡会影响外观质量，同时也属塑件材质不良，会降低产品的强度。

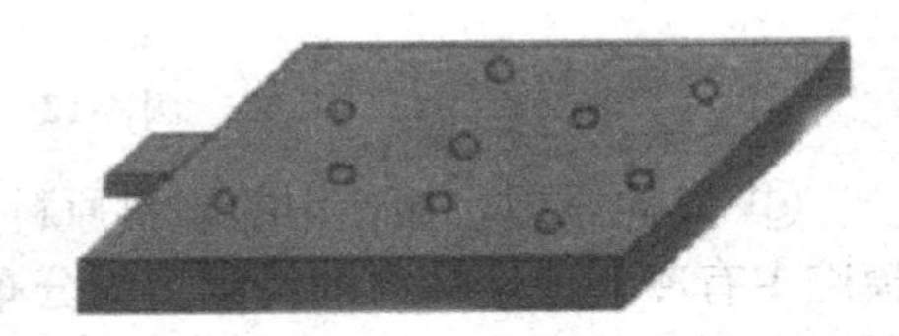

图4-14 透明塑件内出现的气泡

综上所述，塑件出现气泡的原因及改善方法如表4-19所示。

表4-19 产生气泡的原因及改善方法

原因分析	改善方法
背压偏低或熔料温度过高	提升背压或降低料温
原料未充分干燥	充分干燥原料
螺杆转速或注射速度过快	降低螺杆转速或注射速度
模具排气不良	增加或加大排气槽，改善排气效果
残量过多，熔料在料筒内停留时间过长	减少料筒内熔料残留量
浇口尺寸过大或形状不适	减小浇口尺寸或改变浇口形状，让气体滞留在流道内
塑料或色粉的热稳定性差	改用热稳定性较好的塑料或色粉
熔胶筒内的熔胶夹有空气	降低下料口段的温度，改善脱气

4.2.8 翘曲（变形）

翘曲指的是注塑件的形状与图纸的要求不一致，如图 4-15 所示，也称塑件变形。翘曲通常是因塑件的不平均收缩而引起的，但不包括脱模时造成的变形。常见的翘曲塑件是采用玻璃增强的塑料成型的大面积或细长的制品。

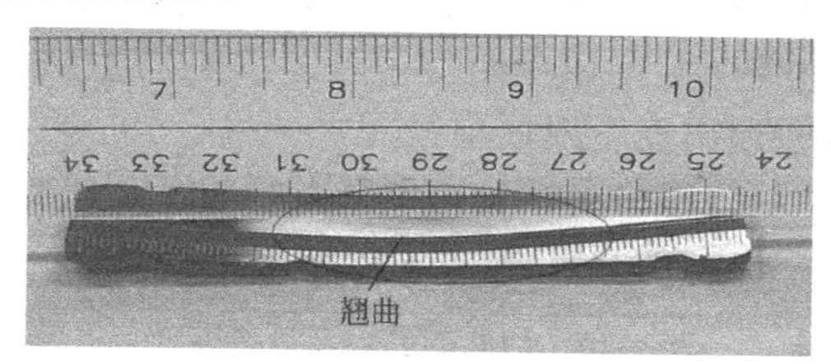

图 4-15　制品产生翘曲

经验总结

缺陷原因与解决方法如下。

① 分子取向不均衡，如图 4-16 所示。为了尽量减少由于分子取向差异产生的翘曲变形，应创造条件减少流动取向或减少取向应力，有效的方法是降低熔体温度和模具温度，在采用这一方法时，最好与塑件的热处理结合起来，否则，减小分子取向差异的效果往往是短暂的。热处理的方法是：塑件脱模后将其置于较高温度下保持一定时间再缓冷至室温，即可大幅度消除塑件内的取向应力。

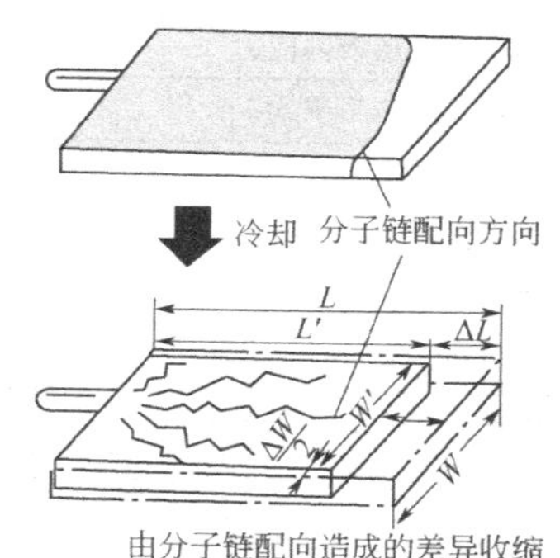

图 4-16　分子取向不均衡导致塑件翘曲

② 冷却不当。塑件在成型过程冷却不当极易产生变形现象，如图 4-17 所示。设计塑件结构时，各部位的断面厚度应尽量一致。塑件在模具内必须保持足够的冷却定型时间。对于模具冷却系统的设计，应注意将冷却管道设置在温度容易升高、热量比较集中的部位，对于那些比较冷却的部位，应尽量进行缓冷，以使塑件各部分的冷却均衡。

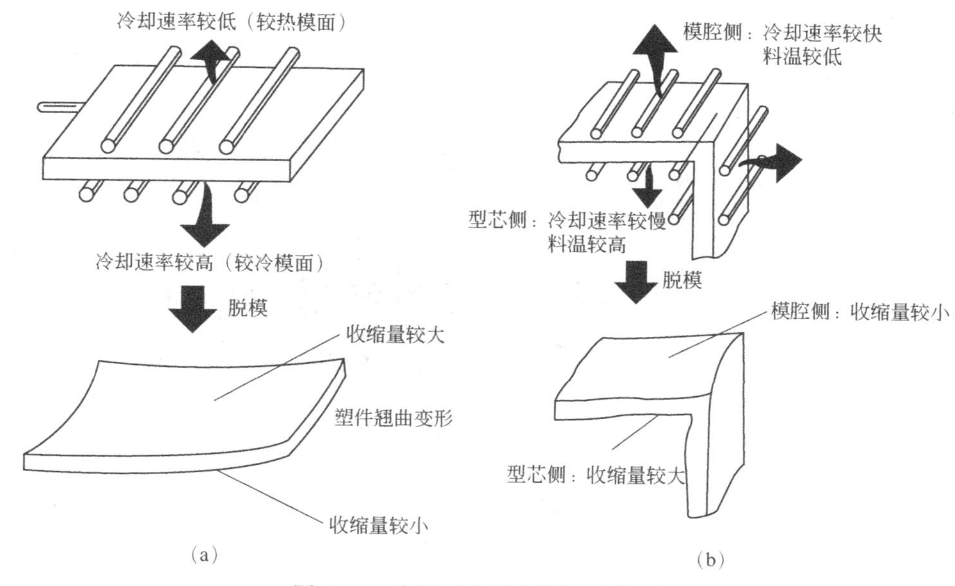

图 4-17　冷却不当导致塑件变形示例

③ 模具浇注系统设计不合理。在确定浇口位置时，不应使熔体直接冲击型芯，应使型芯两侧受力均匀；对于面积较大的矩形或扁平塑件，当采用分子取向及收缩大的塑料原料时，应采用薄膜式浇口或多点式浇口，尽量不要采用侧浇口；对于环形塑件，应采用盘形浇口或轮辐式浇口，尽量不要采用侧浇口或点浇口；对于壳形塑件，应采用直浇口，尽量不要采用侧浇口。

④ 模具脱模及排气系统设计不合理。在模具设计方面，应合理设计脱模斜度，顶杆位置和数量，提高模具的强度和定位精度；对于中小型模具，可根据翘曲规律来设计和制造反翘模具。在模具操作方面，应适当减慢顶出速度或顶出行程。

⑤ 工艺设置不当。应针对具体情况，分别调整对应的工艺参数。

综上所述，塑件翘曲的原因及改善方法如表 4-20 所示。

表 4-20 翘曲的原因及改善方法

原因分析	改善方法
成品顶出时尚未冷却定型	①降低模具温度 ②延长冷却时间 ③降低原料温度
成品形状及厚薄不对称	①脱模后用定型架（夹具）固定 ②变更成品设计
填料过饱形成内应力	减少保压压力、保压时间
多浇口进料不平均	更改进浇口（使其进料平衡）
顶出系统不平衡	改善顶出系统或改变顶出方式
模具温度不均匀	改善模温使各部分温度合适
胶件局部粘模	检修模具，改善粘模
注射压力或保压压力太高	减小注射压力或保压压力
注射量不足导致收缩变形	增加射胶量，提高背压
前后模温不合适（温差大或不合理）	调整前后模温差
塑料收缩率各向异性较大	改用收缩率各向异性小的塑料
取货方式或包装方式不当	改善包装方式，增强保护能力

4.2.9 收缩痕

在塑件壁厚差别较大分界位置，由于两处厚度收缩不均匀而产生的明显痕迹称为收缩痕，如图 4-18 所示。

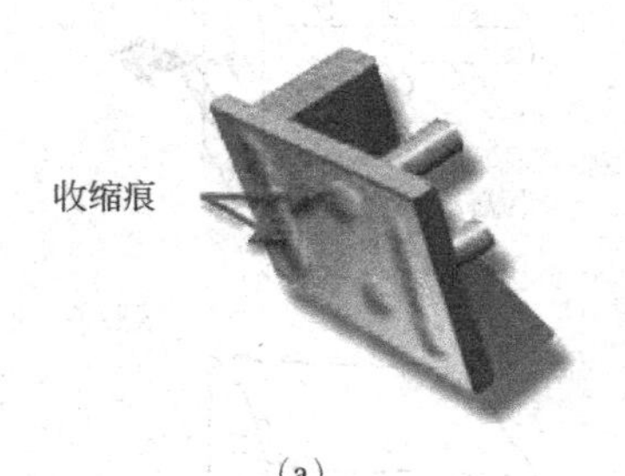

(a)

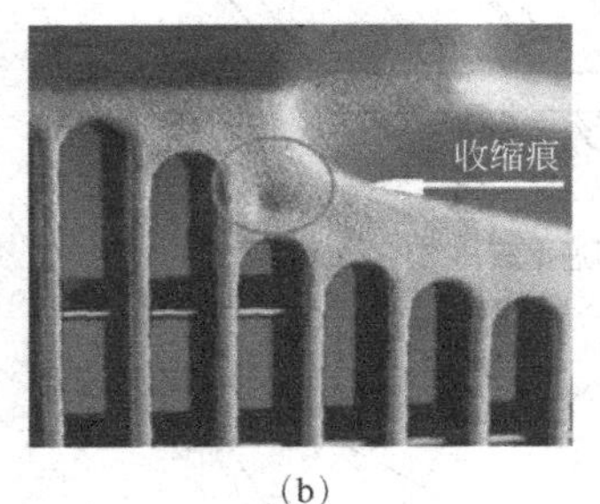

(b)

图 4-18 塑件上的收缩痕

经验总结

缺陷原因与解决方法如下。

① 成型工艺控制不当。对此，应适当提高注射压力及注射速度，增加熔料的压缩密度，延

长注射和保压时间，补偿熔体的收缩，增加注射缓冲量。但保压不能太高，否则会引起凸痕。如果凹陷和缩痕发生在浇口附近，可以通过延长保压时间来解决；当塑件在壁厚处产生凹陷时，应适当延长塑件在模内的冷却时间；如果嵌件周围由于熔体局部收缩引起凹陷及缩痕，这主要是由于嵌件的温度太低造成的，应设法提高嵌件的温度；如果由于供料不足引起塑件表面凹陷，应增加供料量。此外，塑件在模内的冷却必须充分。

② 模具缺陷。对此，应结合具体情况，适当扩大浇口及流道截面，浇口位置尽量设置在对称处，进料口应设置在塑件厚壁的部位。如果凹陷和缩痕发生在远离浇口处，一般是由于模具结构中某一部位熔体流动不畅，妨碍压力传递。对此，应适当扩大模具浇注系统的结构尺寸，最好让流道延伸到产生凹陷的部位。对于壁厚塑件，应优先采用翼式浇口。

③ 原料不符合成型要求。对于表面要求比较高的塑件，应尽量采用低收缩率的塑料，也可在原料中增加适量润滑剂。

④ 塑件形状结构设计不合理。设计塑件形状结构时，壁厚应尽量一致。如果塑件的壁厚差异较大，可通过调整浇注系统的结构参数或改变壁厚分布来解决，如图 4-19 所示。

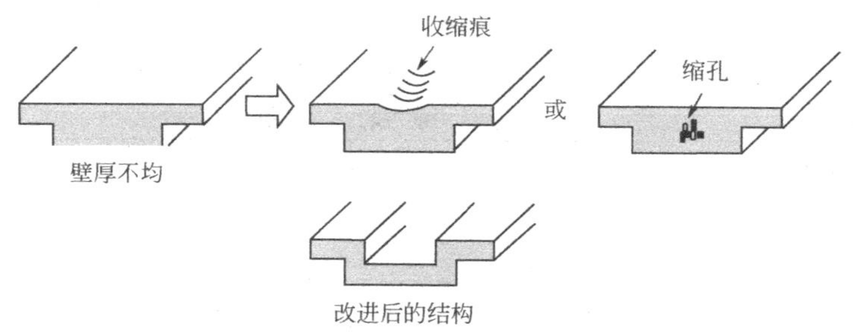

图 4-19　改变壁厚减小收缩痕示意图

4.2.10　银纹（料花）

如图 4-20 所示，在塑件表面沿着熔体流动方向形成的喷溅状线条被称为银纹，也叫银丝或料花。

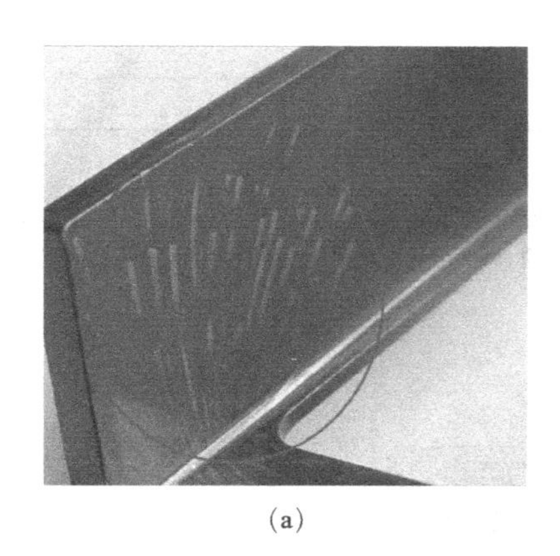

(a)

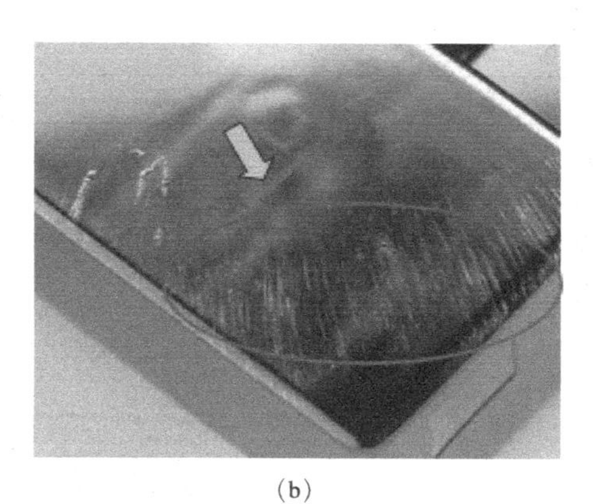

(b)

图 4-20　塑件上产生的银纹现象

经验总结

银纹的产生，一般是由于注射启动过快，使熔体及模腔中的空气无法排出，空气夹混在熔体内，致使塑件表面产生了银色丝状纹路。银纹不但影响塑件外观，而且使塑件的机械强度降低许多。银纹的形成主要是塑料熔体中含有气体，查找这些气体产生的根源即可找出解决缺陷的方法，相应的原因及方法主要有以下几点。

① 塑料本身含有水分或油剂。由于塑料在制造过程时暴露于空气中，吸入水气/油剂或者在混料时掺入了错误的比例成分，使这些挥发性物质在溶胶时，在高温作用下变成气体。

② 熔体受热分解。如果熔体筒温度、背压及熔体速度调得太高，或成型周期太长，则对热敏感的塑料（如 PVC、赛钢及 PC 等），容易因高温受热分解产生气体。

③ 空气。塑料颗粒与颗粒之间均含有空气，如果熔体筒在近料斗处的温度调得很高，使塑料粒的表面在未压缩前便熔化而粘在一起，则塑料粒之间的空气便不能完全排除出来（脱气不良）。

④ 熔体塑化不良。对此，适当提高料筒温度和延长成型周期，尽量采用内加热式注料口或加大冷料井及加长流道。

综上所述，塑件产生银纹的原因及改善方法如表 4-21 所示。

表 4-21 银纹产生的原因及解决方法

原因分析	改善方法
原料含有水分	原料彻底烘干（在允许含水率以内）
料温过高（熔料分解）	降低熔料温度
原料中含有其他添加物（如润滑剂）	减小其使用量或更换其他添加物
色粉分解（色粉耐温性较差）	选用耐温较高的色粉
注射速度过快（剪切分解或夹入空气）	降低注射速度
料筒内夹有空气	①减慢熔胶速度 ②提高背压
原料混杂或热稳定性不佳	更换原料或改用热稳定性好的塑料
熔料从薄壁流入厚壁时膨胀，挥发物汽化与模具表面接触激化成银丝	①改良模具结构设计（平滑过渡） ②调节射胶速度与位置互配关系
进浇口过大/过小或位置不当	改善进浇口大小或调整进浇口位置
模具排气不良或模温过低	改善模具排气或提高模温
熔料残量过多（熔料停留时间长）	减少熔料残量
下料口处温度过高	降低其温度，并检查下料口处冷却水
背压过低（脱气不良）	适当提高背压
抽胶位置（倒索量）过大	减少倒索量

4.2.11 水波纹

水波纹是熔体流动的痕迹在成型后无法去除而以浇口为中心呈现的水波状纹路，多见于光面模具注塑成型的塑件上，如图 4-21 所示。

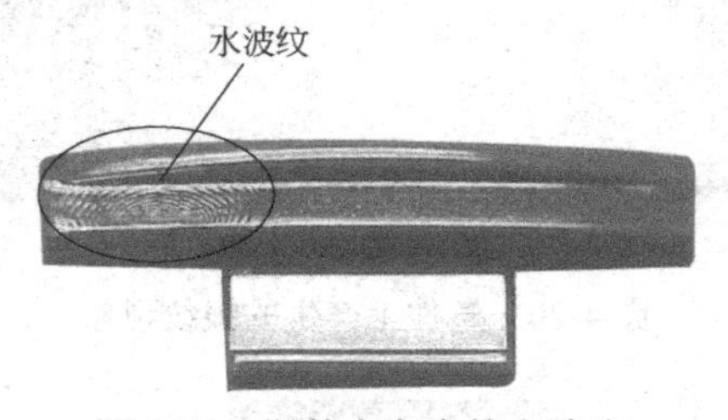

图 4-21 塑件上产生的水波纹

经验总结

缺陷原因与解决方法如下。

水波纹是最初流入型腔的熔体冷却过快，而其后射入的热熔体推动前面的熔体滑移而形成的水波状纹路。对此，可通过提高熔体温度和模具温度，加快注射速度，提高保压压力等途径来改善。残留于喷嘴前端的冷料，如果直接进入成型模腔内，也会造成水波纹，因此在主流道的末端应开设冷料井可有效防止水波纹发生。

综上所述，塑件产生水波纹的原因及改善方法如表 4-22 所示。

表 4-22　水波纹产生原因及改善方法

原因分析	改善方法
原料熔融塑化不良	① 提高料筒温度 ② 提高背压 ③ 提高螺杆转速
模温或料温太低	提高模温或料温
水波纹处注射速度太慢	适当提高水波纹处的注射速度
一段注射速度太慢（太细长的流道）	提高一段注射速度
进浇口过小或位置不当	加大进浇口或改变浇口位置
冷料穴过小或不足	增开或加大冷料穴
流道太长或太细（熔料易冷）	改短或加粗流道
熔料流动性差（FMI 低）	改用流动性好的塑料
保压压力过小或保压时间太短	增加保压压力及保压时间

4.2.12　喷射纹（蛇形纹）

注塑成型过程中，如果熔体在经过浇口处的注射速度过快，则塑件表面（侧浇口前方）会产生蛇形的喷射纹路，如图 4-22 所示。

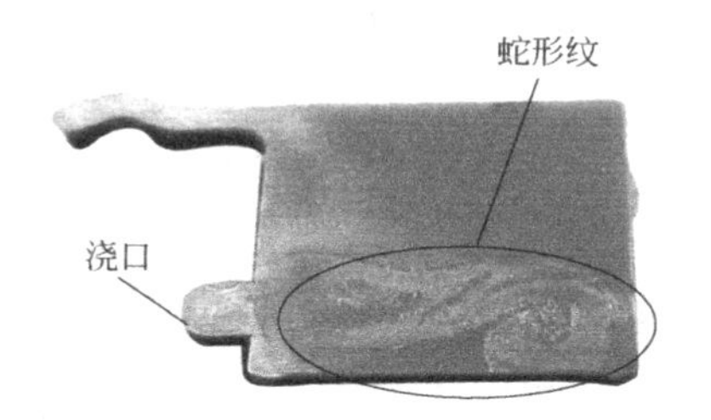

图 4-22　塑件上的蛇形纹现象

经验总结

喷射纹多在模具的浇口类型为侧浇口时出现。当塑料熔体高速流过喷嘴、流道和浇口等狭窄区域后，突然进入开放的、相对较宽的区域后，熔融物料会沿着流动方向如蛇一样弯曲前进，与模具表面接触后迅速冷却。由于这部分材料不能与后续进入型腔的树脂很好地融合，就在制品上造成了明显的喷射纹。在特定的条件下，熔体在开始阶段以一个相对较低的温度从喷嘴中射出，接触型腔表面之前，熔体的黏度变得非常大，因此产生了蛇形流动，而接下来随着温度较高的熔体不断地进入型腔，最初的熔体就被挤压到模具中较深的位置处，因此留下了上述的蛇形纹路。

综上所述，塑件产生喷射纹的原因及改善方法如表 4-23 所示。

表 4-23　喷射纹产生的原因及改善方法

原因分析	改善方法
浇口位置不当（直接对着空型腔注射）	改变浇口位置（移到角位）
料温或模温过高	适当降低料温和模温
注射速度过快（进浇口处）	降低（进浇口处）注射速度
浇口过小或形式不当（侧浇口）	改大浇口或做成护耳式浇口（亦可在浇口附近设阻碍柱）
塑料的流动性太好（FMI 高）	改用流动性较差的塑料

4.2.13 气纹（阴影）

注塑成型过程中，如果浇口太小而注射速度过快，熔体流动变化剧烈且熔体中夹有空气，则在塑件的浇口位置、转弯位置和台阶位置会出现气纹（阴影），如图 4-23 所示。ABS、PC、PPO 等塑料制品在浇口位易较容易出现气纹。

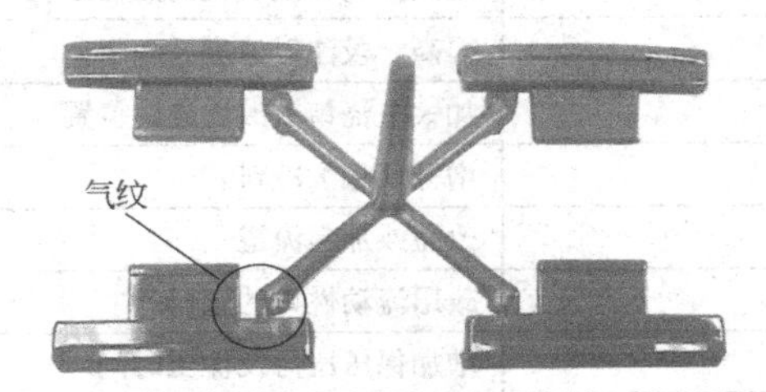

图 4-23　塑件上的气纹

经验总结

气纹产生的原因及改善方法如表 4-24 所示。

表 4-24　气纹产生原因及改善方法

原因分析	改善方法
熔料温度过高或模具温度过低	降低料温（以防分解）或提高模温
浇口过小或位置不当	加大浇口尺寸或改变浇口位置
产生气纹部位的注塑速度过快	多级射胶，减慢相应部位的注射速度
流道过长或过细（熔料易冷）	减短或加大流道尺寸
产品台阶/角位无圆弧过渡	产品台阶/角位加圆弧
模具排气不良（困气）	改善模具排气效果
流道冷料穴太小或不足	增开或加大冷料穴
原料干燥不充分或过热分解	充分干燥原料并防止熔料过热分解
塑料的黏度较大，流动性差	改用流动性较好的塑料

4.2.14 黑条（黑纹）

黑条是塑件表面出现的黑色条纹，也称黑纹，如图 4-24 所示。

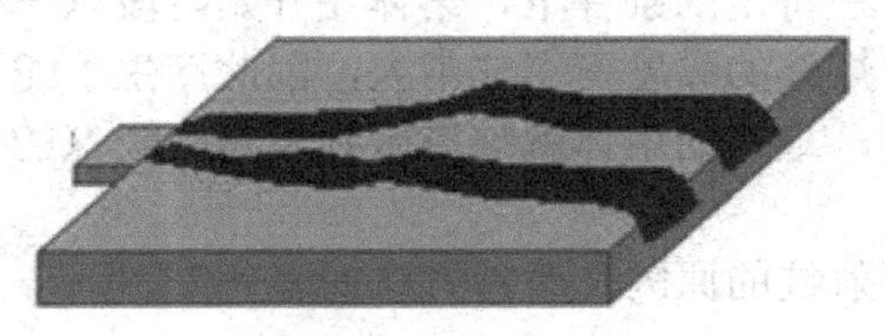

图 4-24　塑件上的黑条现象

经验总结

黑条发生的主要原因是成型材料的热分解所致，常见于热稳定性差的塑料（如 PVC 和 POM 等）。有效防止黑条发生的对策是防止料筒内的熔体温度过高，并减慢注射速度。料筒或螺杆如果有伤痕或缺口，则附着于此部分的材料会过热，引起热分解。此外，止逆环开裂亦会因熔体滞留而引起热分解，所以黏度高的塑料或容易分解的塑料要特别注意防止黑条的发生。

综上所述，黑条产生的原因及改善方法如表 4-25 所示

表 4-25　黑条产生的原因及改善方法

原因分析	改善方法
熔料温度过高	降低料筒/喷嘴温度
螺杆转速太快或背压过大	降低螺杆转速或背压
螺杆与炮筒偏心而产生摩擦热	检修机器或更换机台
射嘴孔过小或温度过高	适当改大射嘴孔径或降低其温度
色粉不稳定或扩散不良	更换色粉或添加扩散剂
射嘴头部黏滞有残留的熔料	清理射嘴头部余胶
止逆环/料管内有使原料过热的死角	检查螺杆、止逆环或料管有无磨损
回用水口料（浇注系统燃料）中有杂色料（被污染）	检查或更改水口料
进浇口太小或射嘴有金属堵塞	改大进浇口或清除射嘴内的异物
残量过多（熔料停留时间过长）	减少残量以缩短熔料停留时间

4.2.15　裂纹（龟裂）

注塑成型后，塑件表面开裂形成的若干条长度和大小不等的裂缝，如图 4-25 所示。

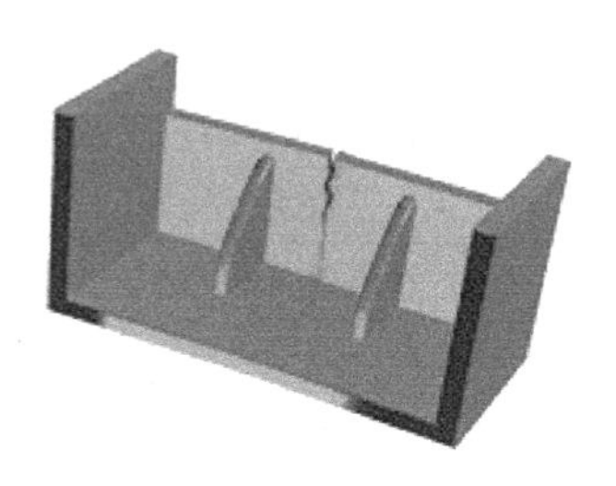

图 4-25　制品上产生裂纹

经验总结

如果浇口形状和位置设计不当、注射压力/保压压力过大及保压时间过长、产品脱模不顺（强行顶出）、成品内应力过大或分子取向应力过大等，均可能产生裂纹缺陷，具体分析如下。

① 残余应力太高。对此，在模具设计和制造方面，可以采用压力损失最小，而且可以承受较高注射压力的直接浇口，可将正向浇口改为多个针点状浇口或侧浇口，并减小浇口直径。设计侧浇口时，可采用成型后可将破裂部分除去的凸片式浇口。在工艺操作方面，通过降低注射压力来减少残余应力是一种最简便的方法，因为注射压力与残余应力呈正比例关系。应适当提高料筒及模具温度，减小熔体与模具的温度，控制模内型胚的冷却时间和速度，使取向分子链有较长的恢复时间。

② 外力导致残余应力集中。一般情况下，这类缺陷总是发生在顶杆的周围。出现这类缺陷后，应认真检查和校调顶出装置，顶杆应设置在脱模阻力最大部位，如凸台、加强筋等处。如果设置的顶杆数由于推顶面积受到条件限制不可能扩大时，可采用小面积多顶杆的方法。如果模具型腔脱模斜度不够，塑件表面也会出现擦伤形成褶皱花纹。

③ 成型原料与金属嵌件的热膨胀系数存在差异。对于金属嵌件应进行预热，特别是当塑件表面的裂纹发生在刚开机时，大部分是由于嵌件温度太低造成的。另外，在嵌件材质的选用方面，应尽量采用线胀系数接近塑料特性的材料。在选用成型原料时，也应尽可能采用高分子量的塑料，如果必须使用低分子量的成型原料时，嵌件周围的塑料厚度应设计得厚一些。

④ 原料选用不当或不纯净。实践表明，低黏度疏松型塑料不容易产生裂纹。因此，在生产过程中，应结合具体情况选择合适的成型原料。在操作过程中，要特别注意不要把聚乙烯和聚丙烯等塑料混在一起使用，这样很容易产生裂纹。在成型过程中，脱模剂对于熔体来说也是一种异物，如用量不当也会引起裂纹，应尽量减少其用量。

⑤ 塑件结构设计不良。塑件形状结构中的尖角及缺口处最容易产生应力集中，导致塑件表面产生裂纹及破裂。因此，塑件形状结构中的外角及内角都应尽可能采用最大半径做成圆弧。试验表明，最佳过渡圆弧为圆弧半径与转角处壁厚的比值为1:1.7。

⑥ 模具上的裂纹复映到塑件表面上。在注射成型过程中，由于模具受到注射压力反复作用，型腔中具有锐角的棱边部位会产生疲劳裂纹，尤其在冷却孔附近特别容易产生裂纹。当模具型腔表面上的裂纹复映到塑件表面上时，塑件表面上的裂纹总是以同一形状在同一部位连续出现。出现这种裂纹时，应立即检查裂纹对应的形腔表面有无相同的裂纹。如果是由于复映作用产生裂纹，应以机械加工的方法修复模具。

经验表明，PS、PC 料的制品较容易出现裂纹现象。而由于内应力过大所引起的裂纹可以通过“退火”处理的方法来消除内应力。

综上所述，塑件产生裂纹的原因及改善方法如表 4-26 所示。

表 4-26 裂纹产生的原因及改善方法

原因分析	改善方法
注射压力过大或末端注射速度过快	减小注射压力或末端注射速度
保压压力太大或保压时间过长	减小保压压力或缩短保压时间
熔料温度或模具温度过低/不均	提高熔料温度或模具温度（可用较小的注射压力成型），并使模温均匀
浇口太小，形状及位置不适	加大浇口、改变浇口形状和位置
脱模斜度不够，模具不光滑或有倒扣	增大脱模斜度、抛光模具、消除倒扣
顶针太小或数量不够	增大顶针或增加顶针数量
顶出速度过快	降低顶出速度
金属嵌件温度偏低	预热金属嵌件
水口料回用比例过大	减小添加水口料比例或不用回收料
内应力过大	控制或改善内应力，退火处理
模具排气不良（困气）	改善模具排气效果，减少烧焦

4.2.16 烧焦（碳化）

注塑过程中如果模具排气不良或注射太快，模具内的空气来不及排出，则空气会在瞬间高压下，急剧升温（极端情况下温度可高达 300℃）而将熔体的某些位置烧黄、烧焦，如图 4-26 所示。

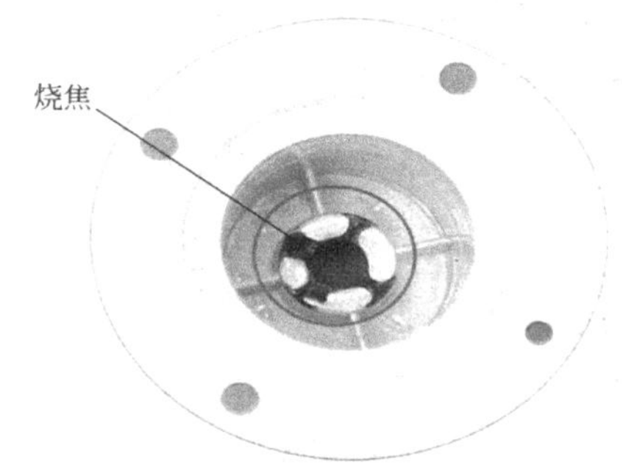

图 4-26 制品上产生的烧焦现象

经验总结

塑件烧焦的原因主要是熔体温度过高，具体原因及改善方法如表 4-27 所示。

表 4-27 烧焦原因分析与对策

原因分析	改善方法
末端注射速度过快	降低最后一级注射速度
模具排气不良	加大或增开排气槽（抽真空注塑）
注射压力过大	减小注射压力（可减轻压缩程度）
熔料温度过高（黏度降低）	降低熔料温度，降低其流动性
浇口过小或位置不当	改大浇口或改变其位置（改变排气）
塑胶材料的热稳定性差（易分解）	改用热稳定性更好的塑料
锁模力过大（排气缝变小）	降低锁模力或边锁模边射胶
排气槽或排气针阻塞	清理排气槽内的污渍或清洗顶针

4.2.17 黑点

透明塑件、白色塑件或浅色塑件，在注塑生产时常常会出现黑点现象，如图 4-27 所示。塑件表面出现的黑点会影响制品的外观质量，造成生产过程中废品率高、浪费大、成本高。

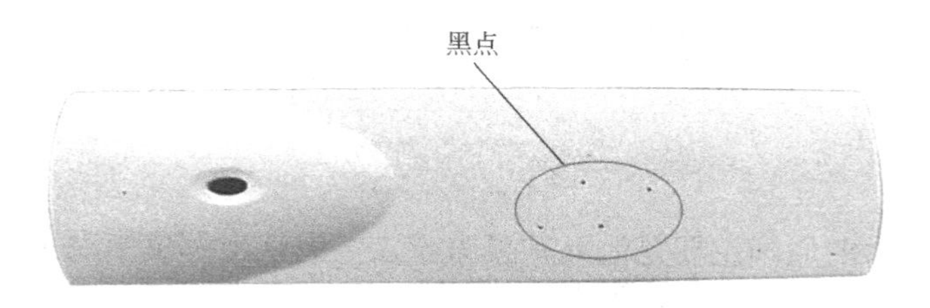

图 4-27 制品上产生的黑点

经验总结

黑点问题是注塑成型中的难题，需要从水口料、碎料、配料、加料、环境、停机及生产过程中各个环节加以控制，才能减少黑点。塑件出现黑点的主要原因是混有污料或塑料熔体在高温下降解，从而在制品表面产生黑点，具体原因及改善方法如表 4-28 所示。

表 4-28 黑点原因分析与改善方法

原因分析	改善方法
原料过热分解物附着在料筒内壁上	① 彻底射空余胶 ② 彻底清理料管 ③ 降低熔料温度 ④ 减少残料量
原料中混有异物（黑点）或烘料筒未清理干净	① 检查原料中是否有黑点 ② 需将烘料筒彻底清理干净
热敏性塑料浇口过小，注射速度过快	① 加大浇口尺寸 ② 降低注射速度
料筒内有引起原料过热分解的死角	检查喷嘴、止逆环与料管有无磨损/腐蚀现象或更换机台
开模时模具内落入空气中的灰尘	调整机位风扇的风力及风向（最好关掉风扇），用薄膜盖住注塑机
色粉扩散不良，造成凝结点	增加扩散剂或更换优质色粉
空气内的粉尘进入烘料筒内	烘料筒进气口加装防尘罩
喷嘴堵塞或射嘴孔太小	清除喷嘴孔内的不熔物或加大孔径
水口料不纯或污染	控制好水口料（最好在无尘车间进行操作）
碎料机/混料机未清理干净	彻底清理碎料机/混料机

4.2.18 顶白（顶爆）

塑件从模具上脱模时，如果采用顶杆顶出方式，顶杆往往会在塑件上留下或深或浅的痕迹，如果这些痕迹过大，即成为所谓的顶白现象，严重的会发生顶穿塑件的情况，称为顶爆，如图 4-28 所示。

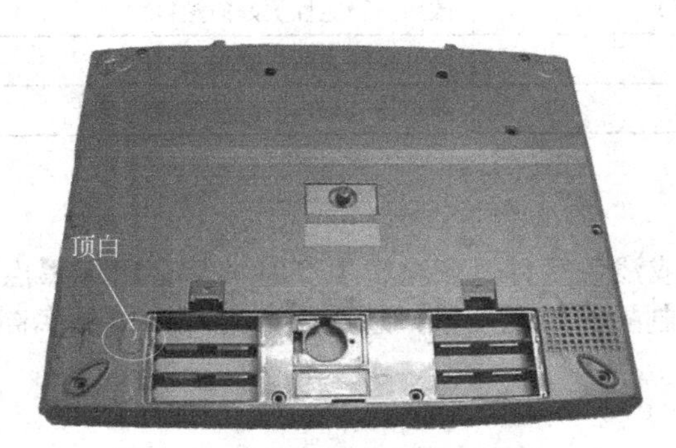

图 4-28 制品上产生的顶白现象

经验总结

塑件出现顶白现象的原因主要是制品粘模力较大，而顶出部位强度不够，导致顶杆顶出位置产生白痕。具体的原因及改善方法如表 4-29 所示。

表 4-29 顶白原因分析与对策

原因分析	改善方法
后模温度太低或太高	调整合适的模温
顶出速度过快	减慢顶出速度
有脱模倒角	检修模具（抛光）
成品顶出不平衡（断顶针板弹簧）	检修模具（使顶出平衡）

续表

原因分析	改善方法
顶针数量不够或位置不当	增加顶针数量或改变顶针位置
脱模时模具产生真空现象	清理顶针孔内污渍，改善进气效果
成品骨位、柱位粗糙（倒扣）	抛光各骨位及柱位
注射压力或保压压力过大	适当降低其压力
成品后模脱模斜度过小	增大后模脱模斜度
侧滑块动作时间或位置不当	检修模具（使抽芯动作正常）
顶针面积太小或顶出速度过快	增大顶针面积或减慢顶出速度
末段的注射速度过快（毛刺）	减慢最后一段注射速度

4.2.19 拉伤（拖花）

塑件脱模时，如果模腔侧面蚀纹太粗且脱模斜度不够，则塑件被脱离型芯后会出现蚀纹模糊的现象，此现象称为拉伤或拖花。

拉伤的原因主要是注射压力或保压压力过大，模腔内侧有倒扣（毛刺），具体的原因及改善方法如表4-30所示。

表4-30 拖花原因及改善方法

原因分析	改善方法
模腔内侧边有毛刺（倒扣）	抛光模腔内侧的毛刺（倒扣）
注射压力或保压压力过大	降低注射压力或保压压力
模腔脱模斜度不够	加大模腔的脱模斜度
模腔内侧面蚀纹过粗	将粗纹改为幼纹或改为光面台阶结构
锁模力过大（模腔变形）	酌减锁模力，防止模腔变形
前模温度过高或冷却时间不够	降低模腔温度或延长冷却时间
模具开启速度过快	减慢开模启动速度
锁模末端速度过快（模腔冲撞压塌）	减慢末端锁模速度，防止型腔撞塌

4.2.20 色差（光泽差别）

塑件成型后在同一表明出现颜色不一致或光泽相同的现象，被称为色差或光泽差别。

色差由于塑件着色及分布不均或者是着色剂的排列跟随熔体流动方向不同而引起热效应的破坏和注塑件的严重变形，例如，使用过大的脱模力，也可导致颜色不均匀而产生色差痕。

注塑过程中如果原料、色粉的变化，水口料回收量未控制，注塑工艺（料温、背压、残量、注射速度及螺杆转速等）变化，机台变更，混料时间不同，原料干燥时间过长，颜色需配套的产品分开做模（多套模具），样板变色及库存产品颜色不一样等都会导致出现色差现象。具体原因及改善方法如表4-31所示。

表4-31 色差的原因及改善方法

原因分析	改善方法
原料的牌号/批次不同	使用同一供应商/同一批次的原料生产同一订单的产品
色粉的质量不稳定（批次不同）	改用稳定性好的色粉或同一批色粉
熔料温度变化大（忽高或忽低）	合理设定熔料温度并稳定料温
水口料的回用次数/比例不一致	严格控制水口料的回用量及次数
料筒内残留料过多（过热分解）	减少残留量

续表

原因分析	改善方法
背压过大或螺杆转速过快	降低背压或螺杆转速
需颜色配套的产品不在同一套模内	模具设计时将有颜色配套的产品尽量放在一同套模具内注塑
注塑机大小不相同	尽量使用同一台或同型号的注塑机
配料时间及扩散剂用量不同（未控制）	控制配料工艺及时间（需相同）
产品库存时间过长	减少库存量，以库存产品为颜色板
烤料时间过长或不一致	控制烤料时间，不要变化或时间太长
颜色板污染变色	保管好颜色板（同胶袋密封好）
色粉量不稳定（底部多、顶部少）	使用色浆、色母粒或拉粒料

特别注意

塑件出现色差是注塑成型中经常发生的问题，也是最难控制的问题之一。解决色差现象是一项系统工程，需要从注塑生产过程中的各个工序（各环节）加以控制，才可能得到有效改善。

4.2.21 混色

塑件的表面或流动方向变化的部位会产生局部区域颜色偏差（混色）现象，如图4-29所示。

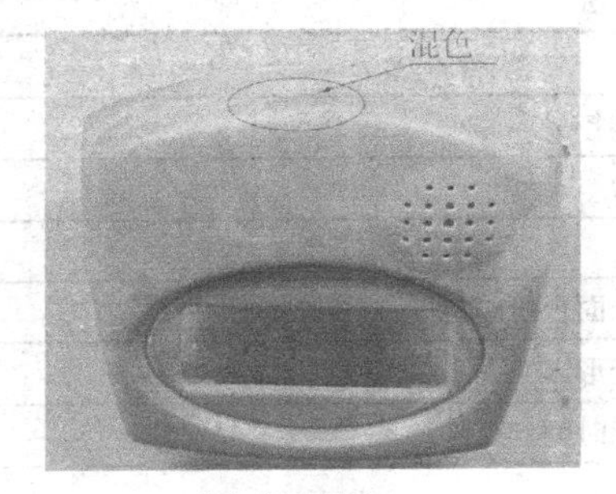

（a）混色现象一

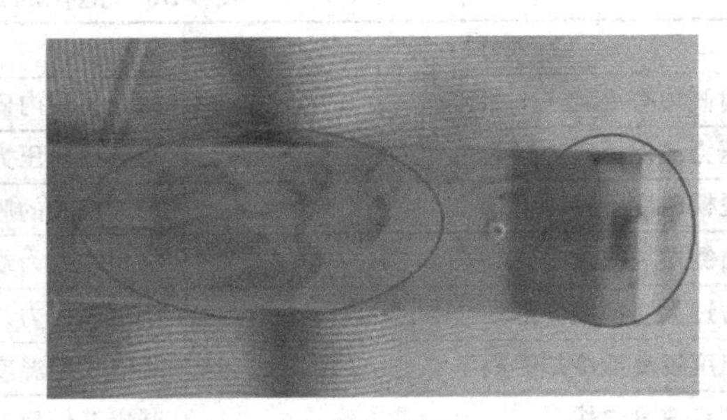

（b）混色现象二

图4-29 塑件上产生的混色现象

经验总结

混色的原因很多，如色粉扩散不均（相容性差）、料筒未清洗干净、原料中混有其他颜色的水口料、回料比例不稳定、熔体塑化不良等，其原因及改善方法如表4-32所示。

表4-32 混色原因及改善方法

原因分析	改善方法
熔料塑化不良	改善塑化状况，提高塑化质量
色粉结块或扩散不良	研磨色粉或更换色粉（混色头喷嘴）
料温偏低或背压太小	提高料温、背压及螺杆转速
料筒未清洗干净（含有其他残料）	彻底清洗熔胶筒（必要时使用螺杆清洗剂）
注射机螺杆、料筒内壁损伤	检修或更换损伤的螺杆/料筒或机台
扩散剂用量过少	适当增加扩散剂用量或更换扩散剂
塑料与色粉的相容性差	更换塑料或色粉（可适量添加水口料）
回用的水口料中有杂色料	检查/更换原料或水口料
喷嘴头部（外面）滞留有残余熔胶	清理喷嘴外面的余胶

4.2.22　表面无光泽或光泽不均匀

塑件成型后，其品表面失去材料本来的光泽，形成乳白色层膜，或为模糊状态（哑色）等均称为表面无光泽（或光泽不均匀），如图 4-30 所示。

图 4-30　塑件表面光泽不均匀现象

经验总结

塑件表面光泽不良，大都是由于模具表面状态不良所致。模具表面抛光不良或有模垢时，成型品表面则没有良好的光泽;使用过多的离型剂或油脂性离型剂亦是表面光泽不良的原因。材料吸湿或含有挥发物及异质物混入（污染），亦是造成制品表面光泽不良的原因之一。具体的分析及改善方法如表 4-33 所示。

表 4-33　制品表面无光泽的原因及改善方法

原因分析	改善方法
模具温度太低或料温太低	提高模具温度或料温（改善复制性）
熔料的密度不够或背压低	增加保压压力/时间或适当增加背压
模具内有过多脱模剂	控制脱模剂用量，并擦拭干净
模具表面渗有水或油	擦拭干净水或油并检查是否漏水及油
模内表面不光滑（胶渍或锈迹）	模具抛光或清除胶渍
原料干燥不充分（整体发哑）	充分干燥原料
模具型腔内有模垢/胶渍	清除模具型腔内的模垢/胶渍
熔料过热分解或在料筒内停留时间过长	降低熔料温度或减少残量
流道及进浇口过小（冷料）	加大流道及浇口尺寸
注射速度太慢或模温不均	提高注射速度或改善冷却系统
料筒未清洗干净	彻底清洗料筒

4.2.23　透明度不足

注塑成型透明塑件过程中，如果料温过低、原料未干燥好、熔体分解、模温不均或模具表面光洁度不好等，会出现透明度不足的现象，从而影响塑件的使用。其原因及改善方法如表 4-34 所示。

表 4-34　透明度不足的原因及改善方法

原因分析	改善方法
熔料塑化不良或料温过低	提升熔料温度，改善熔料塑化质量
熔料过热分解	适当降低熔料温度，防止熔料分解
原料干燥不充分	充分干燥原料

续表

原因分析	改善方法
模具温度过低或模温不均	提高模温或改善模具温度的均匀性
模具表面光洁度不够	抛光模具或采用表面电镀的模具，提高模具的光洁度
结晶型塑料的模温过高（充分结晶）	降低模温，加快冷却（控制结晶度）
使用了脱模剂或模具上有水及污渍	不用脱模剂或清理模具内的水及污渍

4.2.24 表面浮纤

注塑玻璃纤维增强塑料时，在塑件的表面出现纤维的现象，如图 4-31 所示。塑件表面浮纤严重影响制品的质量。

图 4-31 塑件上出现的表面浮纤现象

经验总结

塑件出现浮纤的原因主要有两个，一是射出的熔体在接触模壁时已冷却较多，玻璃纤维难以浸润于熔体中，从而形成纤痕；二是玻璃纤维与塑料收缩率不同，导致局部玻纤维凸出制品外。具体的分析及改善方法如表 4-35 所示。

表 4-35 塑件表面浮纤原因及改善方法

原因分析	改善方法
模具温度过低或料温偏低	提高模具温度或熔料温度
保压压力/注射压力偏小	提高保压压力及注射压力
玻璃纤维长度偏长	改用短玻纤增强塑料（注意强度变化）
注塑速度偏低	提高注塑速度
流口过小或流道过细/过长	加大浇口或流道尺寸，缩短流道长度
冷料穴不足或尺寸过小	加开冷料穴或加大冷料穴尺寸
背压过低	适当提高背压，增大熔料的密度
玻纤塑料的相容性差	在塑料中添加偶联剂

4.2.25 尺寸超差

注塑成型中，如果注塑工艺不稳定或模具变形等，塑件尺寸就会产生偏差，达不到所需尺寸的精度。产生该缺陷的原因及改善方法如表 4-36 所示。

表 4-36　塑件尺寸超差的原因及改善方法

原因分析	改善方法
注射压力及保压压力偏低（尺寸小）	增大注射压力或保压压力
模具温度不均匀	调整/改善模具冷却水流量
冷却时间不够（胶件变形——尺寸小）	延长冷却时间，防止胶件变形
模温过低塑料结晶不充分（尺寸大）	提高模具温度，使熔料充分结晶
塑件吸湿后尺寸变大	改用不易吸湿的塑料
塑料的收缩率过大（尺寸小）	改用收缩率较小的塑料
浇口尺寸过小或位置不当	增大浇口或改变浇口位置
模具变形（尺寸误差大）	模具加撑头，酌减锁模力，提高模具硬度
背压过低或熔胶量不稳定（尺寸小）	提升背压，增大熔料密度
塑件尺寸精度要求过高	根据国际尺寸公差标准确定其精度

4.2.26　起皮

注塑过程中，如果模具温度过低，熔体没有完全相容，熔体中混有杂质，料筒未清洗干净，制品表面就会产生剥离、分层（起皮）等现象，如图 4-32 所示。

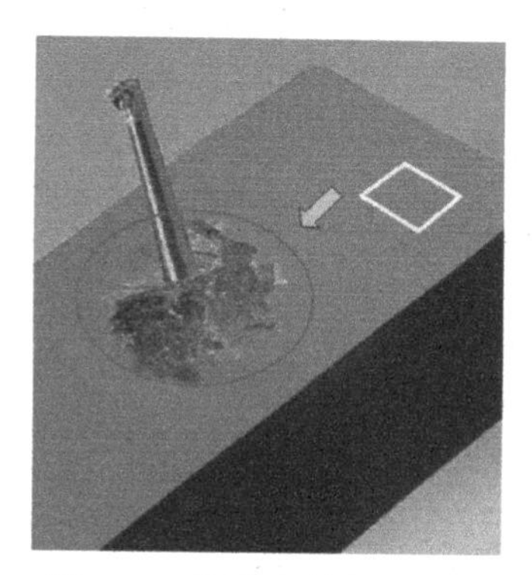

图 4-32　塑件上的起皮现象

经验总结

塑件产生起皮的原因及改善方法如表 4-37 所示。

表 4-37　起皮原因及改善方法

原因分析	改善方法
熔胶筒未清洗干净（熔料不相容）	彻底清洗熔胶筒
回用的水口料中混有杂料	检查或更换水口料
模具温度过低或熔料温度偏低	提高模温及熔料温度
背压太小，熔料塑化不良	增大背压，改善熔料塑化质量
模具内有油污/水渍	清理模具内的油污/水渍
脱模剂喷得过多	不喷脱模剂

4.2.27　冷料斑

注塑过程中，如果熔体塑化不彻底或模具流道中有流涎的冷料，则塑件内部或表面就会产生冷料斑。冷料斑产生原因及改善方法如表 4-38 所示。

表 4-38 冷料斑产生原因及改善方法

原因分析	改善方法
流道内有流涎的冷料	降低喷嘴温度，减少背压，适当抽胶改善流涎
熔料塑化不良（料温偏低，产生死胶）	提高料温，改善塑化质量
回用水口料中含有熔点高的杂料	检查/更换水口料
模具（顶针位、柱位、滑块）内留有残余的胶屑（胶粉）	检修模具并清理模内的胶屑/胶粉
模具内有倒扣（刮胶）	检修模具并抛光倒扣位

4.2.28 塑件强度不足（脆性大）

注塑生产中，如果熔体过热产生分解、熔体塑化彻底、水口料回用比例过大、水口料中混有杂料（塑胶被污染）、塑件太薄、内应力过大等，注塑件在一些关键部分会发生强度不足的现象。当塑件强度不足时，在受力或使用时会出现脆裂（断裂）问题，影响产品的功能、使用寿命及外观。

塑件产生强度不足的原因及改善方法如表 4-39 所示。

表 4-39 塑件强度不足的原因及改善方法

原因分析	改善方法
料温过高，熔料过热分解发脆	适当降低料温
熔料塑化不良（温度过低）	提高料温/背压，改善塑化质量
模温过低或塑料干燥不充分	提高模温或充分干燥塑料
残量过多，熔料在料筒内停留时间过长（过热分解）	减少残留量
脱模剂用量过多	控制脱模剂用量或不使用脱模剂
胶件局部太薄	增加薄壁位的厚度或增添加强筋
回用水口料过多或水口料混有杂料	减少回用水口料比例或更换水口料
料筒未清洗干净，熔料中有杂质	将料筒彻底清洗干净
喷嘴孔径或浇口尺寸过小	增大喷嘴孔径或加大浇口尺寸
PA（尼龙）料干燥过头	PA 胶件进行“调湿”处理
材料本身强度不足（FMI 大）	改用分子量大的塑料
夹水纹明显（熔合不良，强度降低）	提高模温，减轻或消除夹水纹
胶件残留应力过大（内应力开裂）	改善工艺及模具结构、控制内应力
制品锐角部位易应力集中造成开裂	锐角部位加 *R* 角（圆弧过渡）
玻纤增强塑料注塑时，浇口过小	加大浇口尺寸，防止玻纤因剪切变短

4.2.29 金属嵌件不良

注塑生产中，对于一些配合强度要求高的塑件，常在注塑件中放入金属嵌件（如螺钉、螺母、轴等），制成带有金属嵌件的塑件或配件。在注塑带有金属嵌件的塑件时，常出现金属嵌件的定位不准、金属嵌件周边塑料开裂、金属嵌件周边溢变及金属嵌件损伤等问题，如图 4-33 所示。

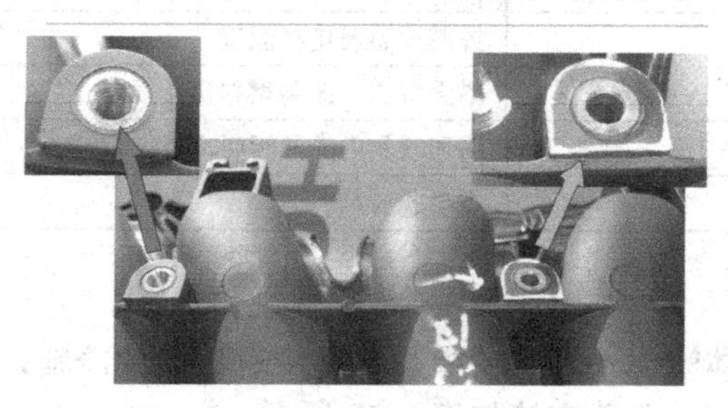

图 4-33 金属嵌件周边溢边现象

经验总结

出现金属嵌件不良的原因及改善方法如表 4-40 所示。

表 4-40　金属嵌件不良原因及改善方法

原因分析	改善方法
注射压力或保压压力过大	降低注射压力及保压压力
注射速度过快	减慢注射速度
熔料温度过高	降低熔料温度
嵌件定位不良（卧式注塑机）	检查定位结构尺寸或稳定嵌件尺寸
嵌件未摆放到位（易压伤）	改善金属嵌件的嵌入方法（放到位）
嵌件尺寸不良（过小或过大），放不进定位结构内或松动	改善嵌件的尺寸精度并更换嵌件
嵌件卡在定位结构内，脱模时拉伤	调整注塑工艺条件（降低注射压力、保压压力及注射速度）
嵌件注塑时受压变形	减小锁模力或检查嵌入方法
定位结构内有胶屑或异物（放不到位）	清理模具内的异物
金属嵌件温度过低（包胶不牢）	预热金属嵌件
金属嵌件与制品边缘的距离太小	加大金属嵌件周围的胶厚
嵌件周边包胶	减小嵌件间隙或调整注塑工艺条件
浇口位置不适（位于嵌件附近）	改变浇口位置，远离嵌件

4.2.30　通孔变盲孔

注塑过程中，可能出现塑件内本应通孔的位置却变成了盲孔，其原因及改善方法如表 4-41 所示。

表 4-41　制品产生盲孔的原因及改善方法

原因分析	改善方法
成型孔针断或掉落	检修模具并重新安装成型孔针
侧孔行位/滑块出现故障（不复位）	检修行位（滑块），重新做成型孔针
成型孔针材料刚性/强度不够	使用刚性/强度高的钢材做成型孔针
成型孔针太细或太长	改善成型孔针的设计（加粗/减短）
注射压力或保压压力过大（包得紧）	降低注射压力或保压压力
锁模力大，成型孔针受压过大（断）	减小锁模力，防止成型孔针压断
成型孔针脱模斜度不足或粗糙	加大成型孔针的脱模斜度或抛光
胶件压模，压断成型孔针	控制压模现象（加装锁模监控装置）

4.2.31　内应力过大

当塑料熔体进入快速冷却的模腔时，制品表面的降温速率远比内层快，表层迅速冷却而固化，由于凝固的塑料导热性差，制品内部凝固很缓慢，当浇口封闭时，不能对中心冷却收缩进行补料。内层会因收缩处于拉伸状态，而表层则处于相反状态的压应力，这种应力在开模后来不及消除而留在制品内，被称为残余应力过大。该缺陷产生的原因及改善方法如表 4-42 所示。

表 4-42　制品内应力过大的原因及改善方法

原因分析	改善方法
模具温度过低或过高（阻力小）	提高模具温度（或降低模温）
熔料温度偏低（流动性差，需要高压）	提高熔料温度，降低压力

续表

原因分析	改善方法
注射压力/保压压力过大	降低注射压力及保压压力
胶件结构存在锐角（尖角——应力集中）	在锐角（直角）部位加 R 圆角
顶出速度过快或顶出压力过大	降低顶出速度，减小顶出压力
顶针过细或顶针数量过少	加粗顶针或增加顶针数量
胶件脱模困难（粘模力大）	改善脱模斜度，减小粘模力
注射速度太慢（易分子取向）	提高注射速度，减小分子取向程度
胶件壁厚不均匀（变化大）	改良胶件结构，使其壁厚均匀
注射速度过快或保压位置切换过迟	降低注射速度或调整保压切换位置

 **特别注意**

在注塑件产生内应力后，可通过“退火”的方法减轻或消除，用四氯化碳熔液或冰醋酸溶液检测其是否有内应力。

4.2.32 白点

注塑 PS、PMMA、PC 等塑料时，由于注塑机螺杆压缩比较小、熔体塑化不彻底，原料中可能出现无法塑化的颗粒或粉末，这些颗粒或粉末在透明塑件中就会呈现出白点，影响产品的外观质量。其具体的原因及改善方法如表 4-43 所示。

表 4-43 制品出现白点的原因及改善方法

原因分析	改善方法
注塑机螺杆的压缩比不够（塑化不良）	更换压缩比较大的注塑机
背压偏低或螺杆转数太低	适当提高背压或螺杆转速
熔料温度偏低或嘴温较低	提高熔料温度或喷嘴温度
螺杆或料筒内壁损伤	检查螺杆或料筒内壁，必要时需更换
喷嘴与主浇口衬套配合不良	重新对嘴或清理射嘴头部余胶
原料中含有难熔物质（异物）	检查来料或更换原料（除粉末料斗）

4.3 制品缺陷的分析与处理

4.3.1 注塑成型的特点

注塑成型是一门知识面广、技术性和经验性强的行业，它涉及塑料性能、注塑模具结构、注塑机功能、注塑工艺调校、着色技术、水口料回收与利用、品质控制及生产管理等方面的知识。在注塑生产过程中，会经常出现一些现象（如喷嘴流延、漏胶、水口拉丝、粘模、塑化噪声、螺杆打滑、开模困难等）及产品质量缺陷（如缩水、缺料、溢边、夹水纹、水波纹、气纹、流纹、料花、开裂、粘模、顶白、拖花、漏胶、内应力、气泡、色差、盲孔、断柱、翘曲变形等)，如何快速有效地改善这些注塑不良现象，仅凭过去的经验是不够的，需要全面系统地掌握注塑专业技术知识和积累丰富的实践经验，学会科学分析问题和处理问题的方法与技巧。

注塑成型的制品大都是根据规格/标准和客户的要求来制造的，但在实际的注塑生产过程中，它的变化是相当广泛而复杂的。常见的现象是，注塑生产进行得很顺利时，突然产生缩水、变形、裂痕、流纹等不良缺陷。因此，在注塑生产过程中，需要从制品产生的缺陷来准确分析、判断导致缺陷的根本原因，从中再找出解决问题的方法，这是一种专业性的技术，并需要大量的经验积累。某些时候，只要调整注塑工艺条件和参数、对注塑机和模具进行微调，或者更换所使用的原料或色粉，很多问题就可以迎刃而解。

4.3.2 制品缺陷的调查与了解

在注塑成型过程中，当制品出现缺陷时，应重点掌握以下信息。

① 产生何种缺陷？它发生于何时（开始注塑时还是生产过程中）、何处？程度怎样？

② 缺陷发生的频率是多少（是每一次，还是偶然发生）？缺陷制品的数量有多少？

③ 模腔数是多少？注塑缺陷是否总是发生于相同的模腔（模穴）？

④ 该缺陷在成型时是否总是发生于相同的位置？

⑤ 该缺陷在模具设计/制造时是否已经被预估到会发生(一般会进行模流Moldflow分析)？

⑥ 该缺陷在浇口处是否已经明显发生？还是远离浇口部位？

⑦ 更换新的原料或色粉时，缺陷是否还会发生？

⑧ 换一台注塑机试试看，缺陷是否只在某一台注塑机发生，还是也发生于其他注塑机？

经验总结

在注塑成型过程中，当制品出现缺陷时，应按照以下流程进行调查与了解。

① 必须搞清楚问题的本质，如：

a．问题是什么？

b．什么时候发生的？

c．发生在哪一部位？哪一个型腔？

d．每模都发生还是偶尔有？

② 必须思考可能的原因有哪些。

③ 必须确认材料是否有问题，如：

a．材料干燥吗？

b．原材料质量好吗？

c．回料质量好吗（是否无长料杆，无其他杂料，无污物，无太多粉尘等）？

d．回料比添加合理吗，过程控制准确吗？

④ 必须确认模具是否有问题，如：

a．水路、气路连接正确吗？

b．型腔内部清洁吗？

c．模具型腔有损坏吗？

⑤必须确认注塑机器是否有问题，如：

a．机床止回阀坏了吗？

b．料筒磨损了吗？

c．注塑时实际压力能达到吗？

特别注意

值得注意的是，一般情况下，在注塑过程稳定生产24h以上没有任何问题出现的话，该生产工艺参数被认为是稳定并合理的。因此，在稳定生产过程中出现的问题不应是工艺参数问题，应主要查找其他方面。

4.3.3 处理制品缺陷的DAMIC流程

在处理注塑成型中出现缺陷时，可以采用图4-34所示的DAMIC流程进行处理。

图 4-34 DAMIC 流程图

① 定义：出现何种缺陷？它发生于什么时候？什么位置？频率如何？不良数/不良率是多少？

② 分析：产生该缺陷的相关因素有哪些？主要因素是什么？根本原因是什么？

③ 测量：MAS（measurement system analysis）分析，外观质量目测、内在质量短射分析，尺寸大小进行测量，颜色目视或采用色差仪。

④ 改善：制定改善注塑缺陷的有效方案/计划（该用什么方法），并组织实施与跟进。

⑤ 控制：巩固改善成果（记录完整的注塑工艺条件），对这一类结构所产生的该缺陷进行总结/规范，将此种改善方法应用到其他类似的产品上，做到举一反三，触类旁通。

4.3.4 系统性验证与分析方法

注塑成型过程中发现制品出现缺陷，可能的原因有多个，确定的方法一是凭经验，二是通过系统性验证的方法。

在开始验证前，必须先熟悉该此注塑成型的塑料物料、注塑机、注塑模具、注塑制品等详细的资料，并明确验证的目的。

① 注塑成型的时间窗口：注塑件的质量只在“一定”的参数设定范围内获得保证。而这“一定范围”常被称为注塑成型的时间窗口。只有在时间窗口中的参数设定才可生产废品率较低的注塑件。

② 按照以下的方法来设定注塑过程称为容许“误差”方法。假设在生产的过程中，注塑件的品质出现问题，首要做的是检查注塑机及模具的各部分，以确保加工温度、检查物料的焙干情况和比较各参数的设定值实际数据。

③ 转换参数的步骤：通过改变工艺参数的方法来查找问题原因的时候，每一次只可以改变一个参数并立刻记录下来。特别是当改变熔体温度和模壁温度时，如果要对注塑件做出评价，必须先确定在生产的过程中，温度已达要求的设定值。

4.3.5 影响制品质量的因素

注塑成型中影响注塑缺陷的因素应从以下四个方面来考虑：塑料原料、注塑机、注塑模具、成型条件。

上述四个因素对塑料制品质量的影响关系如图 4-35 所示。

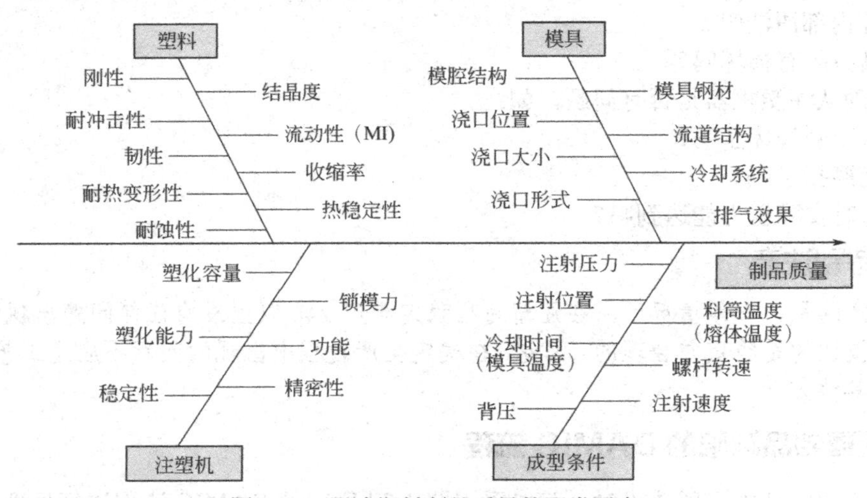

图 4-35 影响塑料制品质量的四类因素

第5章

注塑机的安装、维护与保养

5.1 注塑机的安装

5.1.1 新机器的安装

（1）机器的起吊

小机是整体式，不需要拆装，在起吊时，调模应调到最小模厚；大机拆装将由海天大机组人员完成。如果机器在厂房内再次移动且没有吊机时，需要在机器底部垫上滚木。

特别注意

由于机器较重，应由有起重经验的起重工来指挥，要注意下列各项：

① 使用足够强大的提升机和搬运机将机器提起（包括起重机、提升设备、吊钩、钢丝绳等）。

② 如果任何吊挂钢丝绳与机器接触，要在钢丝绳与机器之间放入布层或木块以避免损伤机器的零件，如注塑机的拉杆等。

③ 注意提升机器时的稳定性和水平状态。

④ 木块垫块或垫件在机器下卸和搬运全部完成后才能移掉。

（2）防锈处理

所有暴露在空气中的机械部分，如活塞柱、拉杆以及模板部分的加工表面，在出厂前都涂过防锈剂。轴承表面润滑油和干净液压油的混合油可以产生一层防锈薄膜。

在操作不与机器接触的部分，涂上防锈剂，为机器提供了抵抗腐蚀和恶劣环境的保护。除非确实需要，运行时再擦去防锈剂，但禁用溶剂擦去防锈剂。

特别注意

安装机器时，务必对各项环境条件确认，假若未能满足条件，可能会产生错误动作，损坏机器降低机器的使用寿命。

温度：0～40℃（运转时的周围环境温度）；湿度：75%以下（相对湿度），不得有结露；海拔：海拔1000m以下。

经验总结

当湿度太高时，会使绝缘状态不佳，零件提前老化，勿将机器安装在多湿的环境中。也不要安装在灰尘多的场所或有机性瓦斯、腐蚀性气体浓度高的场所，要远离会发生电气干扰或具有磁场的如焊接机等机械。

（3）地基检查

地面载重分析应由土木工程专家进行。如果机器安装在增强型混凝土地面上，安装前一般不需要对地基进行准备，如果机器是安装在普通的车间地面上，则必须准备相应的地基。注意大机安装必须按地基图打地基。

（4）模板间平行度的调整

通常，固定模板与移动模板基准面的平行度是达标的，但由于运输和安装不当，可能发生变化，安装后要复检。如果数值超过规定值。此部分主要针对海天大型机，模板拆开后重新安装，需重新校正模板平行度。

固定模板与移动模板安装面的平行度公差值要求，如表 5-1 所示。

表 5-1 平行度公差值 mm

拉杆有效间距	合模力为零时	合模力为最大时
≥200～250	0.20	0.10
>250～400	0.24	0.12
>400～630	0.32	0.16
>630～1000	0.40	0.20
>1000～1600	0.48	0.24
>1600～2500	0.64	0.32

（5）同轴度的调整

喷嘴与模具定位孔同轴度的调校和螺杆与料筒同轴度的调校非常重要，调整要求如表 5-2 所示。

表 5-2 喷嘴与模具定位孔同轴度要求 mm

模具定位孔直径	ϕ80～100	ϕ125～250	ϕ315 以上
喷嘴与模具定位孔的同轴度	≤0.25	≤0.30	≤0.40

调整方法如下：

① 本项应该在模板、机身的横向和纵向水平调整之后进行。

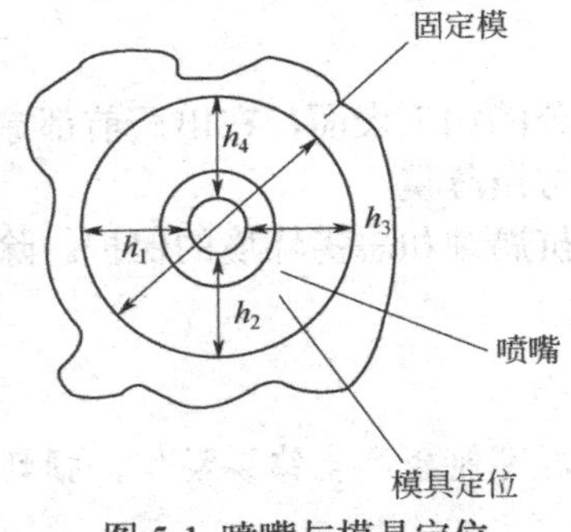

图 5-1 喷嘴与模具定位孔同轴度的调校

② 松开注射座导杆前、后支架与机身连接的紧固螺钉；松开导杆前支架两侧水平调整螺栓上的锁紧螺母。

③ 用 0.05mm 以上精度的游标卡尺，按周向测量 4 点，h_1、h_2、h_3 和 h_4，用水平调整螺栓，使 $h_1=h_3$；调整导杆支架的上下螺栓使 $h_2=h_4$；最后用水平仪检测射台导杆的水平度，保证其值不大于 0.05mm/m，如图 5-1 所示。

④ 调毕，分别拧紧前后导杆支架上的紧固螺钉和前支架两侧的锁紧螺母。

（6）机器水平度的调整

由于机器的移动模板本身较重，移动惯量较大，为保持机器移动时的平稳性，必须仔细调校机身道轨的水平度，如图 5-2 所示。

（7）料筒螺杆间隙的调整

料筒末端与螺杆间隙，一般用塞尺测量，测 4 个点。均分四点中最小间隙应≥0.02mm。

（8）冷却水的连接

冷却水系统水压一般为 0.2～0.6MPa，系统应有三条回路，分别是液压冷却回路、螺杆料筒冷却回路、模具冷却回路。

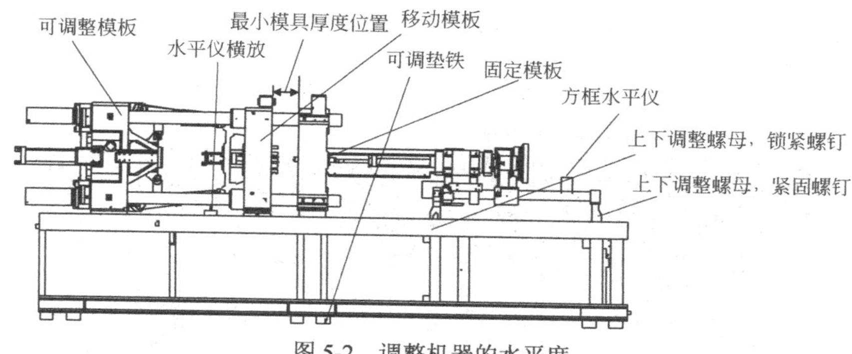

图 5-2 调整机器的水平度

特别注意

① 液压冷却水和模具冷却水的进水要分开（要有两路进水）；

② 要定时清洗冷却器。

（9）电源连接

连接电力电缆到电气箱中的电源进线，为三相五线，电压为380V，频率为50Hz。

电源接通后，油泵电机的运转方向必须检查，液压油必须完全注满。在开动油泵前，确保油箱中油已充满。具体操作步骤如下。

① 打开电源开关。

② 使用操作面板上的油泵电机开关，点动一下油泵电机，立即关闭。

③ 检查运转方向是否同电机外罩上箭头所指方向一致。

④ 供电功率应足够大于机器的总功率，并且配线足够粗。

如果方向不对，关闭机器及供电线路上的电源开关。将电源进线L1和L2互换。油泵电机的转向错误，将会损坏液压油泵。可通过操作面板上的油泵电机开关按钮来关闭油泵电机。

5.1.2 导向式拉索安装

安装导向式拉索机构时，应注意以下几点。

① 导向式拉索总成是整套提供，供货方已经按技术要求安装。操作人员不允许再对压紧螺母进行调节，以免损伤钢索。如图5-3所示。

图 5-3 避免损耗钢索

② 安装必须保证钢丝拉索与钢索支座垂直，钢丝拉索与导杆支座垂直，如图 5-4 所示。

图 5-4 拉索与导杆支座垂直

③ 弹簧安装必须保证开口朝外且开口不能过大，以防止弹簧从导向片中滑出，如图 5-5 图所示。

图 5-5 弹簧安装

④ 在调节过程中，必须控制保险挡块的行程。移动门关止时，保险挡块抬起不能太高（以超过机械保险杆外径 5mm 左右为合适），以确保弹簧形变小、螺纹杆与拉力头之间留有间隙，如图 5-6 所示。

⑤ 安装、调节结束后，必须操作机器检查。调模过程中一定要确保模座在任一位置下保险挡块能正常抬起、下落；钢索不会卡住、干涉、拉断，如图 5-7 所示。

⑥ 为避免干涉，拉索护套管应按图 5-8 所示走向。

图 5-6 钢索的调整

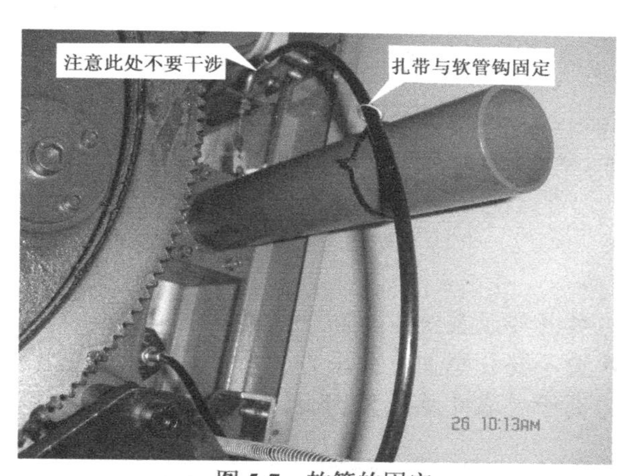

图 5-7 软管的固定

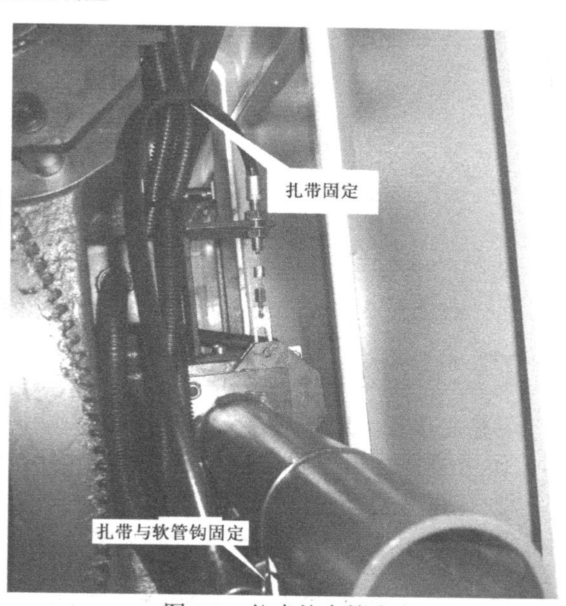

图 5-8 拉索护套管走向

5.1.3 二板滑脚（垫铁）支承机构的安装

海天注塑机的支承采用液压支承滑脚结构，如图 5-9 所示，该机构采用 2 组滑脚（4 个或以上柱塞油缸）同步支承，使二板对拉杆的弯矩减到最小限度，保证拉杆始终处于水平状态，提高合模部件工作性能。

支承压力的调整方法与步骤如下。

支承压力即调整压力继电器的压力，一般压力调整范围为 2～6MPa，具体根据模具重量在此范围内调整至拉杆水平为止。调整时顺时针转调整螺钉，压力升高，达到要求后放松调整螺钉，当压力过高时逆时针转调整螺钉，同时松开蓄能器的排油口，使压力降低至要求压力以下，再顺时针调整，使压力升高到要求压力，然后放松调整螺钉。

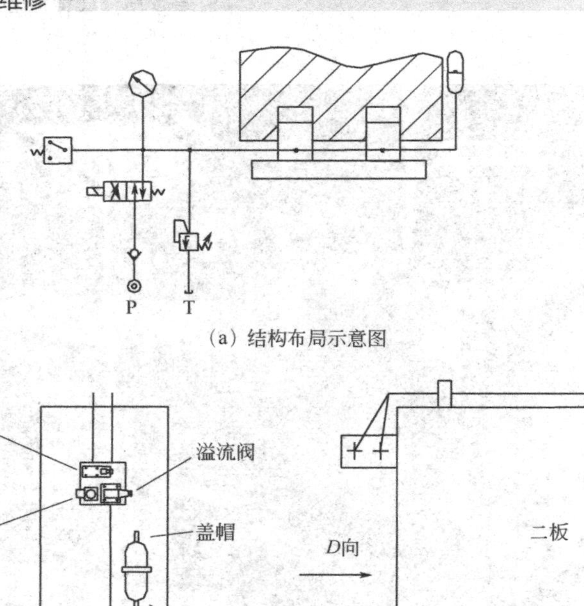

（a）结构布局示意图

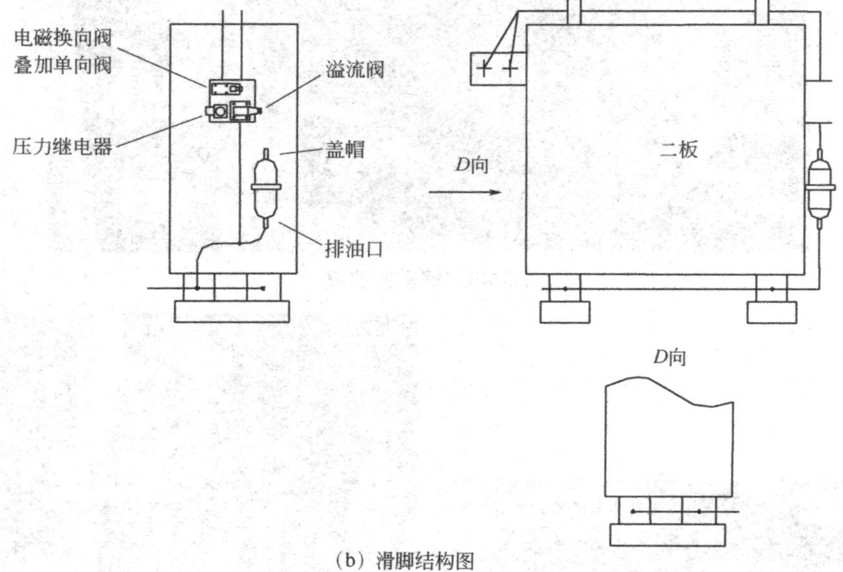

（b）滑脚结构图

图 5-9 二板滑脚（垫铁）原理

特别注意

调整支承压力时，应注意以下几点。

① 升高压力时，机器最好在手动工作状态，并且要求系统压力高于要求支承压力。

② 此压力出厂时已调整为最佳，无特殊情况请不要任意调整此压力。

③ 溢流阀这里为安全阀，一般要求此阀压力高于要求支承压力 5bar。

5.2 注塑机的维护与保养（以海天牌注塑机为例）

5.2.1 维护与保养计划

注塑机是注塑生产企业的重要设备，必须有一套较为完善的保养与维护制度，才能充分发挥其效能，延长其工作寿命。只有及时正确地保养与维护，才能将小问题及轻微故障及时化解，以免积重难返。保养与维护时，应制定相关的计划。

① 外观目测检查；

② 油位是否符合要求；

③ 冷却水是否符合要求；

④ 液压管路有无油液滴漏；

⑤ 安全门、射出防护罩部分是否有效；
⑥ 机器接地是否妥当；
⑦ 旁路滤油器压力检查；
⑧ 机身防护装置及围板。

注塑机的机械、电气、液压系统及其各类元器件必须进行定期检查与维护，保养维护计划时间范围及具体工作内容，如表 5-3 所示。

表 5-3 养维护计划表

时间范围	维护保养工作
当发现吸油过滤器阻塞时，在屏幕上出现出错信息："滤油网故障"	更换吸油滤油器
每 500 个机器运转小时	检查液压油油箱上的油标的油位
500 个工时后第一次更换旁路过滤器	第一次更换旁路过滤器
每 6 个月（水质较差时每个月）	检查，清洗油冷却器
第一次投入运行后 1000 机器运转小时	更换或清洗吸油滤油器 更换液压油
每 2000 个机器运转小时	更换油箱上通风过滤器的滤芯
在最大 2000 个工时后或当自带压力表显示最大值为 4.5bar 时	更换旁路过滤器
每 5000 个机器运行小时或至多一年	更换液压油
	更换或清洗吸油滤油器
	检查高压软管，如有必要进行更换
	检测维修电动机
每 20000 个机器运转小时或至多 5 年	更换液压油缸的密封圈和耐磨环
	更换高压软管
每 3 年	更换系统控制器电池
每 5 年	更换操作面板上的电池

特别注意

所有的高压软管必须每 5 年更换新的，以免由于老化原因引起故障。只有崭新的软管（替代品目录中的产品）才能使用。

5.2.2 日常检查

（1）机械部分的保养
① 机身水平状况检查，调模动作是否顺畅；
② 射嘴中心位检查；
③ 预塑座运转时温度及异声检查，必要时替换润滑脂；
④ 机筒螺杆尾端间隙匀称，运转无异响；
⑤ 注射检查止逆环封料，必要时拆查组件；
⑥ 二板滑脚压力及间隙调整；
⑦ 模板平行度检测；
⑧ 连杆机构检测：轴套间隙、定位销移位；
⑨ 模板螺孔及平面伤害检查，指导使用要求；

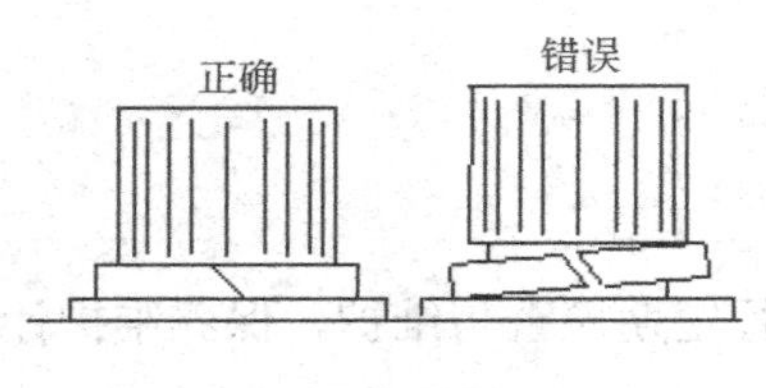

图 5-10 螺栓锁紧示意图

⑩ 机筒前体、喷嘴漏胶情况目测。

（2）螺栓锁紧

在模具和各个移动部件上的螺栓要锁紧，检查是否有松弛情况，螺栓应在正确锁紧状态，如图 5-10 所示。

（3）热电偶检查

热电偶系统随着机器的类型而有所不同，应检查安装使用情况是否正确，如图 5-11 所示。

（4）料筒温升时间设置

检查加热温升的时间是否过短或过长，检查加热器线路，检查是否会对加热圈、热电偶、接触器、保险丝以及配线等产生危险。

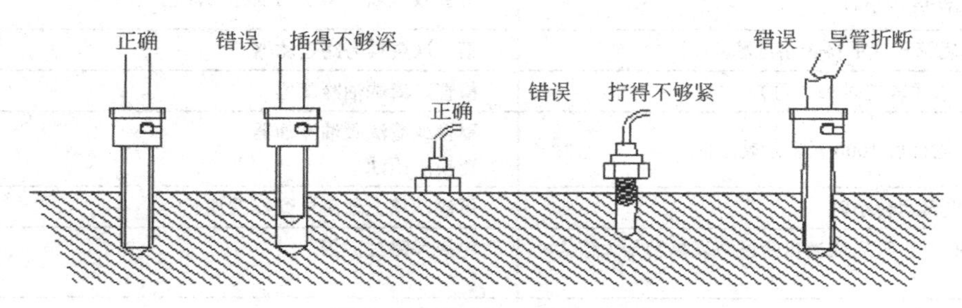

图 5-11 热电偶安装示意图

（5）安全门的检查

检查各种安全门与各种安全门行程开关、锁模安全装置、紧急制动按钮、液压安全阀等附加安全装置（安全盖、清除盖等）是否位置正确、灵活、可靠。

（6）冷却水的检查

在带有模具冷却水流量检测器的机器上，要检查冷却水进口和出口的位置、流量的调节，以及是否有泄漏现象。

（7）润滑油的检查

机器有各式的注油器、注油杯或集中润滑系统，要检查润滑油的油平面，如果低于要求，要重新注满。各相对滑动表面要施加少量润滑油。

（8）蓄能器充气检查

蓄能器要求充装氮气，严禁使用其他气体。氮气的充装用充气工具（随机附件）进行。充气时，松开溢流阀调节手柄，打开蓄能器上端的盖帽，装上充气工具并和高压氮气连接，缓慢打开充气工具的开关，达到规定气压 2～3MPa。当压力过高时，则拧开排气螺塞使气压降到规定值。充气工具上装有氮气压力表和排气螺塞，在使用过程中还要求定期检查蓄能器的气压，并使之保持在规定值。

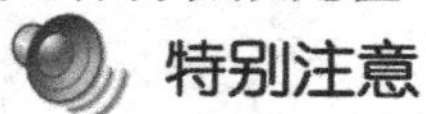

蓄能器严禁使用除氮气外的其他气体。未到达或超过规定气压，将使动模板液压支承滑脚系统失去作用，不利于开闭模动作。

（9）其他检查

检查各种管道、液压装置是否有泄漏；检查电动机、油泵、油马达、加热筒、运动机构工作时是否有异常噪声；检查加热圈的外部接线是否正确，有无损坏或松动现象。如图 5-12 所示。

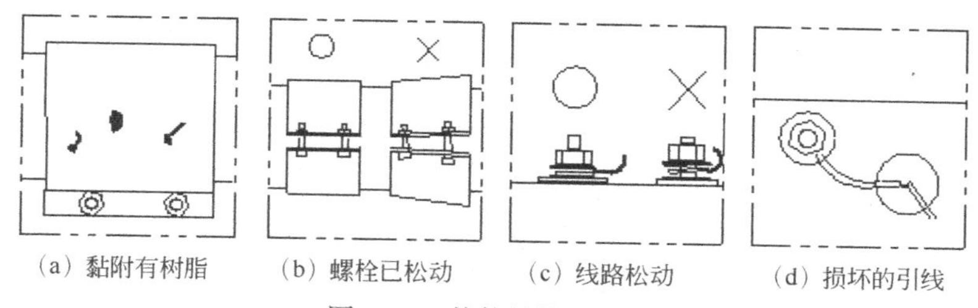

图 5-12 其他的检查内容

5.2.3 滑脚（减振垫铁）的调整

(1) 注塑机滑脚结构

注塑机的滑脚，即减振垫铁，其结构如图 5-13 所示。

(2) 小型机的滑脚调整

小型机的机械式移动模板滑脚的调整，如图 5-14 所示，即在移动模板的下部设置了斜铁式可调整滑脚。调整前首先将锁模部分道轨的水平度调校好，然后卸下模具，按合模动作键伸直连杆机构，松开滑脚上的两只内六角螺钉，对称调整每只滑脚上的内六角螺钉，使滑脚上一对下斜铁移动量相等。用内卡钳测量操作面的 h_1、h_2 和 h_3 及相对应的非操作方的 h_4、h_5 和 h_6，每测一点都与外径千分尺（0.02 级游标卡尺）校对出实际值，使各点的值相等。然后按调模键，观察模厚调节时的系统压力的大小和移动模板是否平稳，调整合适后装上模具再试，直至达到满意的效果，然后锁紧内六角螺钉。

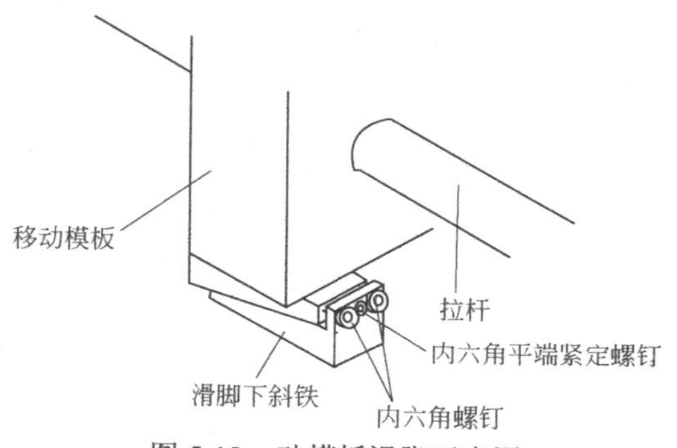

图 5-13 动模板滑脚示意图

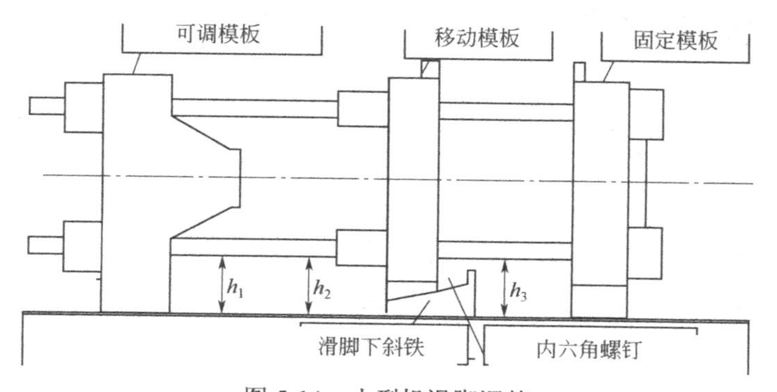

图 5-14 小型机滑脚调整

特别注意

在滑脚下斜铁底面配置了铜垫片，经过三年左右时间，铜片会磨损，应及时更换。

(3) 大中型机的滑脚调整

大中型机移动模板液压支承滑脚系统如图 5-15 所示。大中型机移动模板采用液压支承滑脚系统，采用 2 组滑脚（中型机器 4 个柱塞油缸、大型机器 6 个柱塞油缸）同压支承，使移动模板对拉杆的弯矩减到最小限度，保证拉杆始终处于水平状态，调整最佳的支承压力和保持一定的充气压力有利于提高合模部件工作性能。

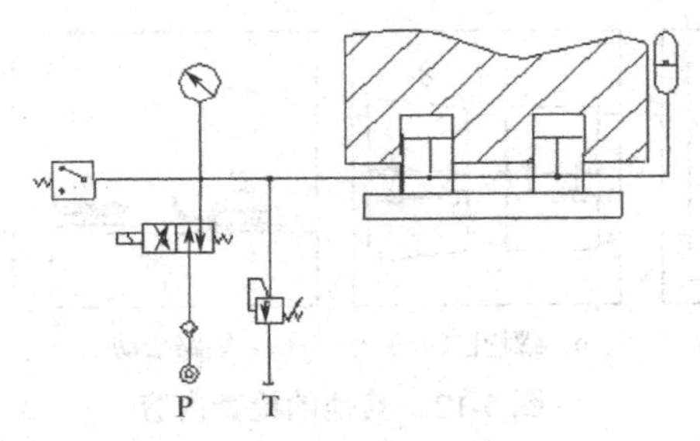

(a) 移动模板滑脚原理图

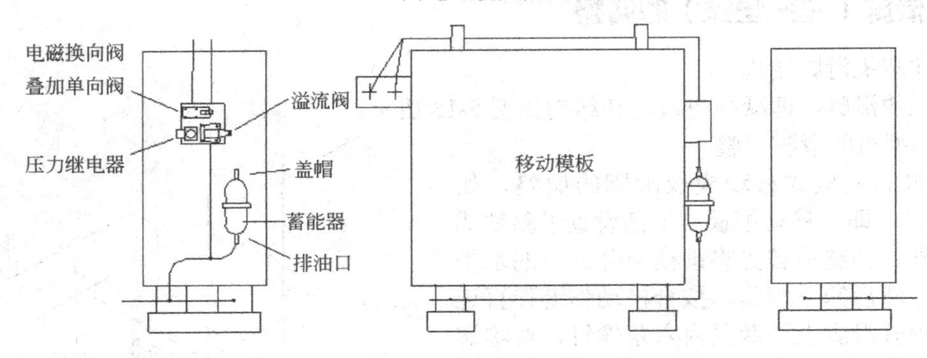

(b) 结构布局示意图

图 5-15　大中型机滑脚结构

特别注意

要升高支承压力时，机器应在手动工作状态，要求系统压力高于要求压力。此压力出厂时已调整为最佳，无特殊情况请不要任意调整。

5.2.4　螺杆和料筒的保养

（1）保养要点

螺杆和料筒是注塑机的关键部件，也是比较容易出故障的因素，日常工作中，应注意检查以下几点：

① 定期检查预塑离合器油压马达的运行情况。

② 检查料筒入料口的冷却效果。

③ 检查料筒各段温度是否正常，隔热罩安装是否适当。

④ 射台移动的导轨应定期打上润滑油并保持清洁，禁止放置包括工具、零件在内的异物，以免损伤平台。

⑤ 对空射出的废料、塑料颗粒、粉尘等应随时清理、打扫。

（2）拆卸螺杆和料筒所需工具

检查过程中若发现螺杆和料筒出现异常，应拆下螺杆进行清洗并对其进行检测。拆卸时，应准备的工具如下：

① 4 根或 5 根木棒（直径<螺杆直径）×（长度<注塑行程）；

② 4 个或 5 个木块（正方形，100mm×100mm×300mm）；

③ 1 把钳子；

④ 废棉布；

⑤ 1 根长木棒或竹棍（直径<螺杆直径）×（长度>加热筒长度）；

⑥ 不可燃溶剂，如三氯乙烯；
⑦ 黄铜棒和黄铜刷子。
被拆除的螺杆，应放置在木块上，以防损坏螺杆。
（3）拆卸前的准备工作
拆前首先应将注射座调整至斜后，便于操作，如图 5-16 所示。

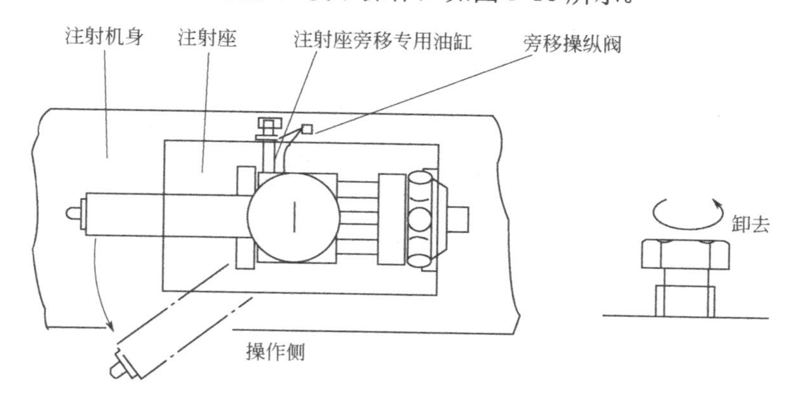

图 5-16 注射座调整位置示意图

对聚碳酸酯（PC）和硬聚氯乙烯（PVC）等树脂，在冷却时会粘在螺杆和加热料筒上。特别是聚碳酸酯，如果剥离时不小心，就会损坏金属表面。如果用的是这些树脂，应该先用聚苯乙烯（PS）、聚乙烯（PE）等清洗材料清洗，易于螺杆的清洁和拆卸工作（指用聚苯乙烯等对空注射几次）。

除了工具以外，还应准备如下材料：
① 4 根或 5 根木杆或钢杆（直径<螺杆的直径）×（长度<注塑程）；
② 4 段或 5 段方木材（100mm×300mm）；
③ 夹具；
④ 废棉絮或破布。
（4）注射装置移位
① 用注塑装置的选择开关将注塑装置全程后退，直至不能动为止。
② 卸下导杆支座紧固螺栓。
③ 卸下连接整移油缸与射台前板的圆柱销，使二者分离。
④ 用安装在非操作者一侧，注射机身台面上的专用油缸，推动注射座向操作者方转动，能满足螺杆、料筒顺利退出即可，注意不要使电线和软管绷得过紧。操作过程如下：
a. 通过操作面板选择 50%系统压力，选择 30%系统流量；
b. 卸掉安装在专用油缸旁边的操纵阀的防护罩壳；
c. 用手向前推动操纵柄，油缸即缓慢推动注射座，朝操作方转动，直至合适位置，然后将操纵柄回到中位；
d. 注射座需回位时将操纵柄后拉即可实现。
（5）拆卸附件
① 将加热料筒的温度加热至接近树脂的熔融温度然后断开加热器的电源。
② 调低注射速度和注射压力，将具有多级注塑功能的注塑速度和压力调低接近零。
③ 使螺杆（注射活塞）满行程返回停在原位置。
④ 依次卸除料筒头和喷嘴，如图 5-17 所示。
⑤ 如图 5-18 所示，依次卸去与螺杆相连的其他零件，将螺杆固定环螺栓和其他螺栓区别

放置，避免混淆。

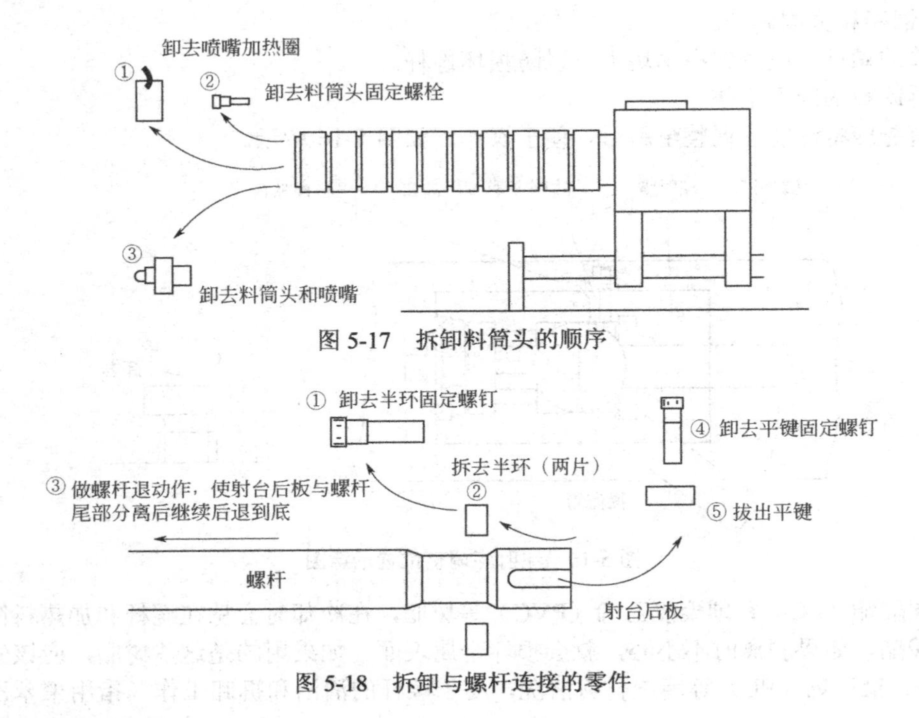

图 5-17　拆卸料筒头的顺序

图 5-18　拆卸与螺杆连接的零件

（6）拆卸螺杆

① 取一段外径略小于螺杆直径长度适当的木棒，放置在螺杆尾端面与射台后板之间，用夹具（不要用手）托住木头，如图 5-19 所示。

② 点动注射动作键向前推动螺杆，同时除去夹具。

③ 注射动作前移全程后，点动射退动作，使射台后板退回全程。

④ 垫上第二块木棒，如图 5-20 所示，重复进行步骤①～③。

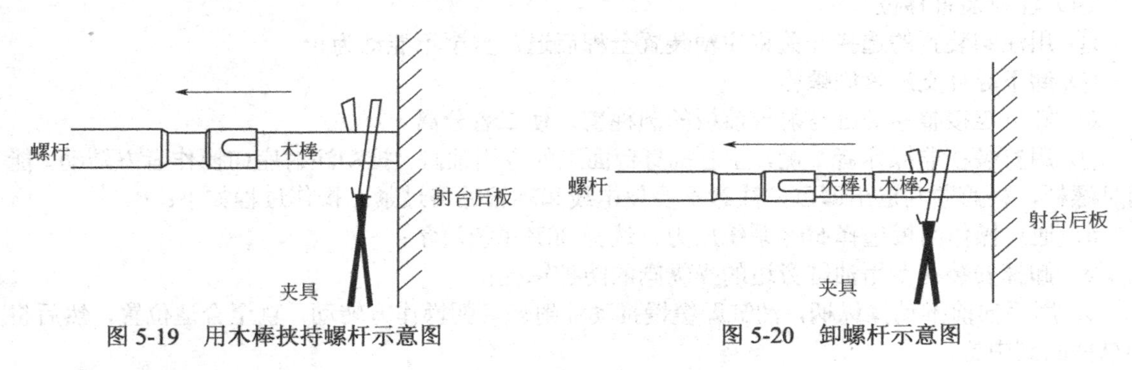

图 5-19　用木棒挟持螺杆示意图　　　　图 5-20　卸螺杆示意图

特别注意

此时螺杆过热，切勿赤手触摸；大螺杆约顶出 1/2 长度后，用吊绳套牢，吊好，使螺杆安全离筒。

⑤ 螺杆应放在木块或木架上防止损伤。较长时间放置时，应垂直吊挂，防止弯曲变形。

（7）拆卸料筒

① 拆除加热料筒全部电热圈，如有必要卸下热电线支架。

② 拧下将料筒与射台前板固定的大螺母。

③ 将料筒吊住，如图5-21所示。

④ 点动螺杆退动作键，使射台后板全程退回。

⑤ 如图2-11所示，在射台后板与料筒后端之间插入木杆，用夹钳夹住木棒，不要用手以防发生危险。

⑥ 用低注射速度和压力，产生注射动作，向前推压料筒。

⑦ 在料筒全程前移之后，点动射退动作，再次使射台后板全程退回。

⑧ 重复进行步骤⑤～⑦。

⑨ 在料筒配合长度近一半被推出射台前板之后，起吊高度应稍做调整。

⑩ 重复进行步骤⑤～⑦，使加热料筒全部分离注射座，此时，要特别注意加料筒应未冷。

⑪ 加热料筒拆下来之后，应把它放在进行下步工作不受干扰的地方。

（8）安装注意事项

① 给螺栓的螺纹和螺杆头螺纹表面均匀涂上耐热润滑脂，以防高温锈死。

② 螺杆型号确认。

③ 安装止逆环时注意方向，有双倒角（大倒角）的方向应向螺杆方向，以便储料时进料。

④ 注意止逆环和料筒的配合间隙应将止逆环磨配到比料筒小0.08～0.10mm间隙。

⑤ 注意螺杆头拧紧方向是逆时针（反螺纹）。

⑥ 前机筒螺丝拧紧一定要对称均匀。

⑦ 料筒冷却系统要清理干净，保证通畅。注意正确使用生料带缠在工艺螺塞上。

⑧ 安装进出水接头并通水试压，0.8MPa压力不漏水。

⑨ 加热圈安装注意事项：线芯不裸露，塑皮不压紧，瓷接头螺纹不高于平面、电热圈安装方向一般约为向下45℃，注意加热圈排布且不要与防护罩干涉，拧紧螺钉。

（9）螺杆的清洗

将螺杆头拆开，如图5-22所示。

① 用废棉布擦拭螺杆主体，可除去大部分树脂状沉淀物。

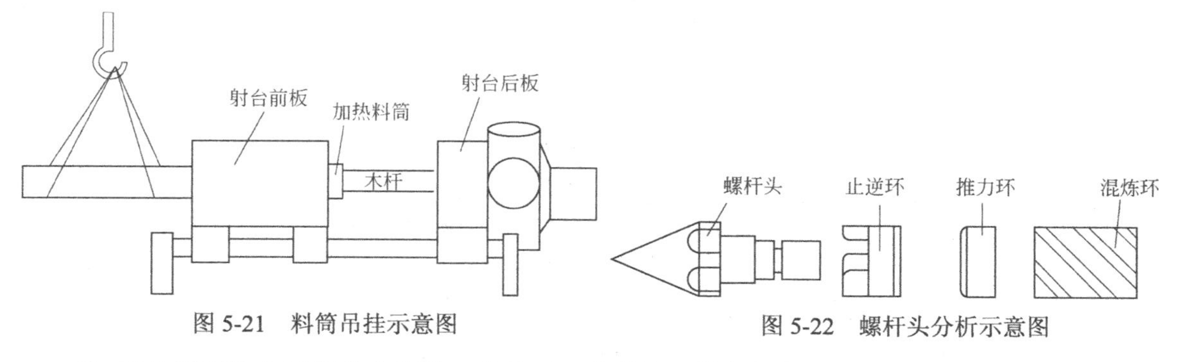

图5-21　料筒吊挂示意图

图5-22　螺杆头分析示意图

② 用黄铜刷除去树脂的残留物，或者用一个燃烧器等加热螺杆，再用废棉布或黄铜刷清除其上的沉淀物。

③ 用同样方法清洗螺杆头，止逆环、推力环和混炼环用黄铜刷清刷。

④ 螺杆冷却后，用不易燃溶液擦去所有的油迹。

特别注意

清洗时，不要磨伤零件的表面；在安装螺杆头前，先在螺纹处均匀地涂上一层二硫化钼润滑脂或硅油，以防止螺纹咬死；清洗的顺序和要点如图5-23所示。

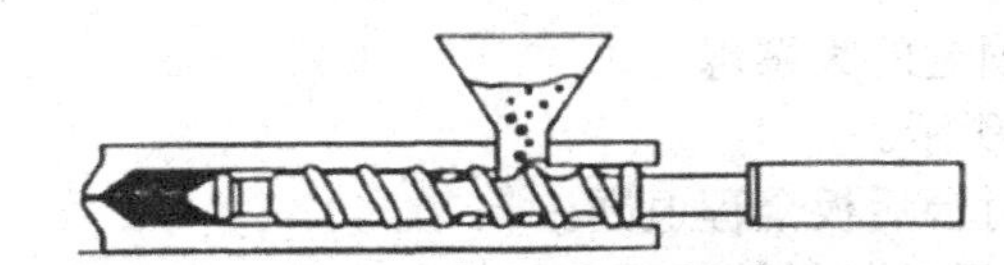

使用螺杆清洗剂时，先清空料筒，把炮筒螺杆之残留塑胶料全部射出

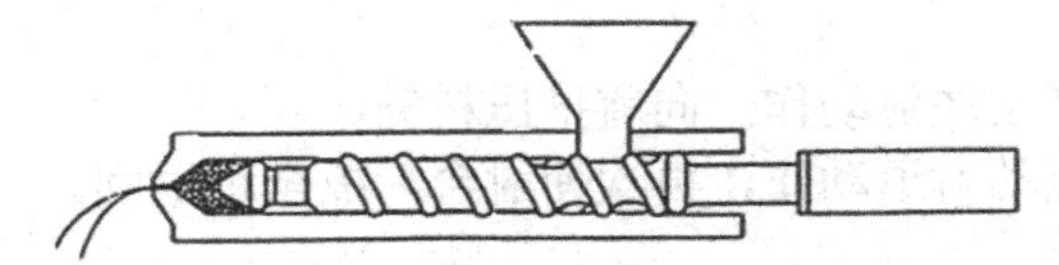

投入螺杆清洗剂，开动螺杆，把清洗剂连同料筒内之残余塑料射出若干次，直到射出物为纯白色胶条即可

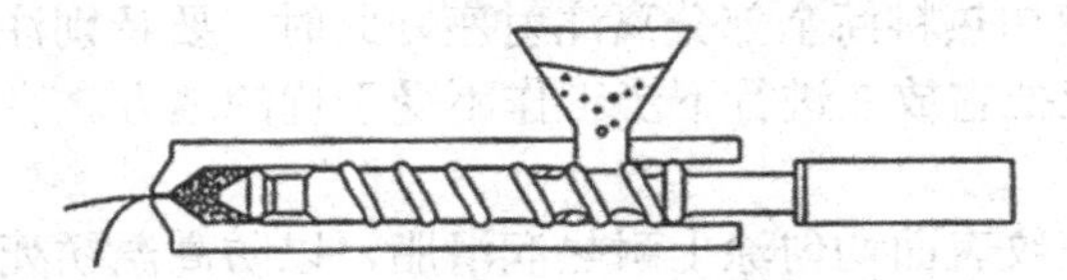

加入新塑料，射出若干次，认为满意后即可进行注塑

图 5-23　螺杆的清洗

（10）料筒的清洗

料筒清洗，先拆下喷嘴、料筒头，如图 5-24 所示。之后按以下步骤进行清洗。

① 用黄铜刷清除黏附在料筒内表面的残留物。

② 用废棉布包在木棒或长竹子的端面，清洗筒体的内表面，在清洗过程中，应若干次更换清洗的废棉布。

③ 还要清洗料筒和喷嘴，特别是与它们相配合的接触表面，小心将其擦伤导致树脂泄漏。

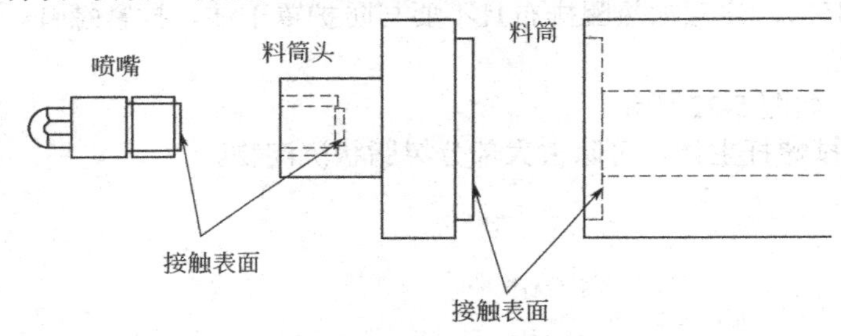

图 5-24　料筒分拆示意图

④ 使料筒的温度下降到 30～50℃以后，用溶剂润湿废棉布按上述方式清洗筒体内表面。

⑤ 检测筒体的内表面，并应确保其干净，检查方法如图 5-25 所示。

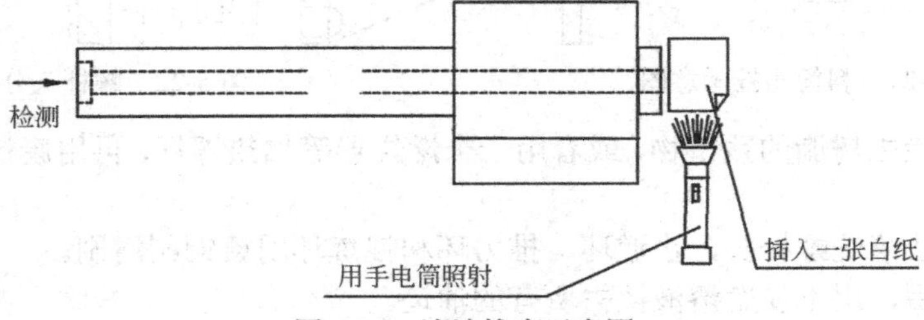

图 5-25　清洁检查示意图

（11）螺杆和料筒的安装

重新装配时，按拆卸的反向步骤进行并依次地安装各部件。拧紧料筒头螺栓时应注意：

① 必须是强度级别 12.9 级的优质螺栓，给螺栓的螺纹表面均匀涂上耐热润滑脂（如 MoS_2 等）；

② 均匀地拧紧对角螺栓，拧紧顺序如图5-26所示，每只拧数次；

③ 使用适合的转矩，最好使用力矩扳手；

④ 最后拧紧所有螺栓，如果加热料筒头的螺栓拧得太紧，可能导致螺纹损坏，但如太松，又可能漏料。

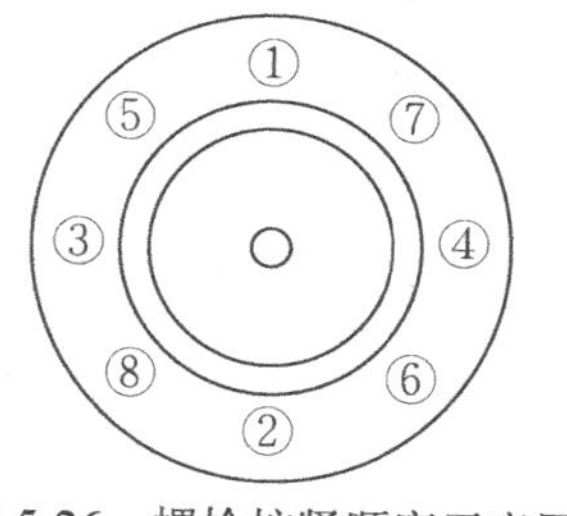

图5-26　螺栓拧紧顺序示意图

（12）螺杆头的安装

① 将螺杆平放在等高的两块木块上，在键槽部套上操作手柄。

② 在螺杆头的螺纹处均匀地涂上一层二硫化钼润滑脂或硅油。

③ 将擦干净的止逆环、推力环、混炼环（有的机器没有），依次套入螺杆头。

④ 用螺杆头专用板手套住螺杆头，反方向旋紧，完成塑化组件装配。

（13）料筒头和喷嘴的安装

① 用吊车吊平塑化组件，将其仔细擦干净。

② 将塑化组件缓慢地推入料筒中，螺杆头朝外。

③ 将料筒头上穿螺钉的光孔与料筒上的螺孔对齐，止口对正，用铜棒轻敲，使配合平面贴紧。

④ 拧紧料筒头螺栓，装好料筒头螺栓。

⑤ 在喷嘴螺纹处均匀地涂上一层二硫化钼润滑脂或硅油。

⑥ 将喷嘴均匀地拧入料筒头的螺孔中，使接触表面贴紧。

经验总结

将料筒头螺栓拧紧到合适的力矩值，如表5-4所示，要等料筒、料筒头及其螺栓达到温度补偿的相同值。

表5-4　螺栓拧紧力矩推荐值

强度级别12.9螺栓的公称直径/mm	拧紧力矩/N·m
10	80
12	150
14	240
16	370
18	530
20	720
22	910
24	1100
27	1580
30	2140
36	3740

5.2.5　合模装置的保养

合模装置保养的内容和要点如下：

① 检查模板的平行度，模板不平行会引起运行振动、模具开合困难、零件磨损，过分不平行将会损坏模具。

② 定期检测调整模板开合全线行程，即最大模厚至最小模厚的行程来回调动几次，观察是否运动顺畅。

③ 检查活动部件的运动情况。可能由于运动速度调节不当，或由于速度改变时的位置与时间配合不当，或由于机械、油压转换不自然，都会引起锁模机构出现振动。这类振动会令机械

部分加速磨损，紧固螺纹变松，噪声变大。所有活动部件均应有足够润滑，如果发现移动模板的滑脚磨损严重，应停机修复。

④ 检查高压锁模油缸行程保护装置、限位开关及油压安全开关、安全门行程开关的绝对可靠性。

⑤ 禁止在锁模机构内放置任何无关的物品、产品、工具、废品、油枪、棉纱等。

5.2.6 液压系统的保养

（1）液压系统的日常保养要点

① 系统压力检查及油泵运转工况检查；

② 多泵系统各泵压力检查；

③ 速度控制检查，必要时调整；

④ 各油缸漏油及内泄情况检查；

⑤ 各油马达运转有无异常噪声，空负载转速比较；

⑥ 液压油颜色质地检查，滤网检查，油箱清洗，滤芯更换；

⑦ 油温检查：冷却器性能、冷却水配管。

特别注意

液压装置由精密的液压元件所组成，当经过一段时间运转后，液压油难免受污染，并且造成密封件高压软管等的破损脱落以及一些液压元件的磨损，导致油中可能含有金属粉、油封碎片、淤垢等污染物和固形物质，从而导致各种液压故障并造成液压元件的损坏。据实验与研究结果证明，液压设备的故障80%以上都是污染液压油所引起的，所以定期对液压油以及液压装置进行保养和检查非常重要。

（2）液压油的选择

液压介质工作质性能质量对注塑机工作性能影响很大，推荐的液压油和润滑油如表5-5所示。

表5-5 优先使用的液压油和润滑油

名称	规格	备注
液压油	液压油的黏度：68cSt/40℃ 美孚Mobil DTE26、壳牌Shell Tellus Oil 68、上海海牌68号抗磨液压油	用于整机液压系统
润滑油	68号抗磨液压油	用于大型机的动模板滑脚和射台座板的润滑
特殊润滑脂	极压锂基脂LIFP00 1号锂基润滑脂 3号锂基润滑脂	用于注射部分和锁模部分相关点的润滑

注：$1cSt=10^{-6}m^2/s$。

（3）液压油的检查

① 液压油在使用六个月内，应从油箱里抽取100mL的液压油送往化验室检验。如发现压力油已经劣化，应立即更换。

② 新机器运行3个月内，应将液压油过滤一次，如有条件应更换液压油。之后一年一次更换液压油。

③ 每次换油时，应先清洗滤油器和油箱。

④ 如液压油无故减少，应先查明原因，再做补充。

⑤ 补充的液压油必须与系统内的液压油完全相同。不同的液压油混合后，会产生化学反应，影响液压油的品质。

⑥ 海天机推荐使用液压油黏度为：68cSt/40℃，并且严格符合质量标准 NAS 1638 的 7～9 级（美国国家标准）。

⑦ 使用过的液压油均含有潜在伤害人体的成分，应避免与皮肤长时间或重复接触。

（4）吸油过滤器的检查

注塑机滤油器一般有两种：吸油过滤器和旁路滤油器，两者均是液压油的重要保护装置，应定期检查和保养。

吸油过滤器安装在油箱侧面泵进口处，如图 5-27 所示，用来过滤、清洁液压油。

① 吸油过滤器拆卸：先拆去机身侧面的封板，拧松过滤器中间的内六角螺钉，使滤油器与油箱中的油隔开，然后拧下端盖的内六角螺钉，拿出过滤器，最后再拆开，使滤芯和中间磁棒分离。

② 吸油过滤器清洗如图 5-28 所示，用轻油、汽油或洗涤油等彻底除去滤芯阻塞绕丝上的所有脏物，以及中间磁棒上的所有金属物；将压缩空气从内部插入，并将脏物吹离绕丝。

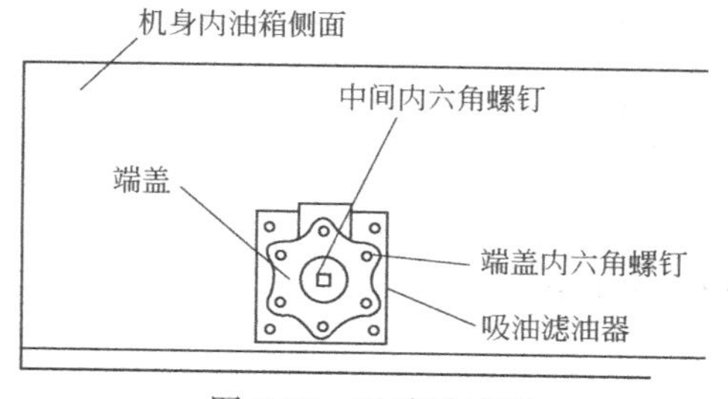

图 5-27 吸油过滤器

图 5-28 吸油过滤器滤芯

③ 吸油过滤器安装：把滤芯放入过滤器内，先拧紧端盖内六角螺钉，再拧紧中间内六角螺钉。

（5）旁路滤油器的保养和检查

① 旁路滤油器一般安装在机器注射台部位的机身上，滤油器下端设有压力表，如图 5-29 所示。

② 在机器运行中，当压力表的指针小于 0.5MPa 时，表示过滤情况正常。

③ 当压力表的指针大于 0.5MPa 时，表示滤芯堵塞，此时应更换滤芯，以免影响滤油器的正常工作。

④ 当更换滤芯时，机器应停止工作，将滤油器顶盖上的手柄拧掉后上提，然后拔出滤芯，换上新的滤芯，按原样安装拧紧后，即可开机工作，如图 5-30 所示。

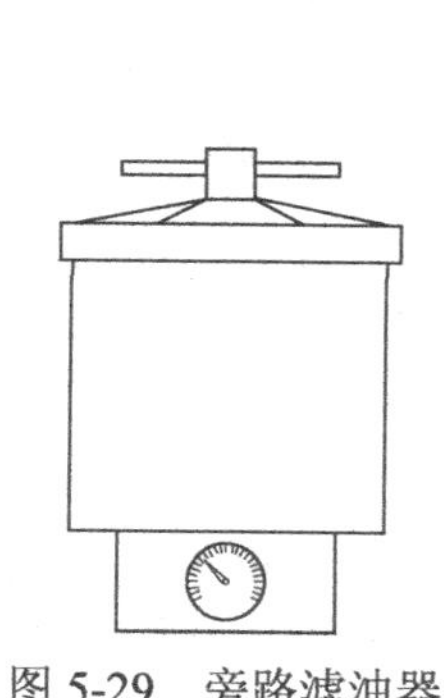

图 5-29 旁路滤油器

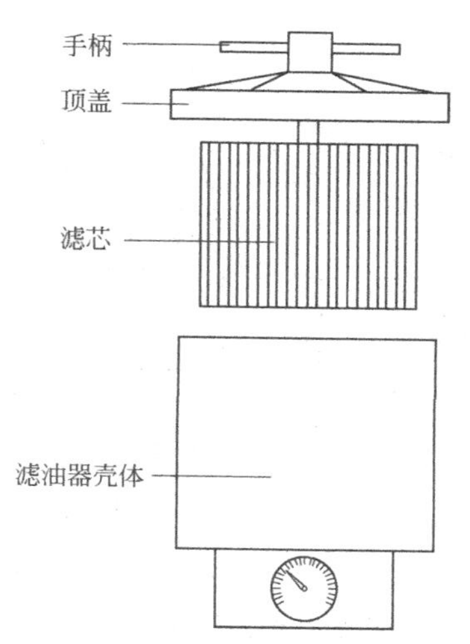

图 5-30 旁路滤油器更换滤芯

（6）油冷却器的保养和检查

如果冷却效果下降，管道内部可能有脏物，应拆下两端的管帽，检查是否有腐蚀和杂质，如图 5-31 所示。

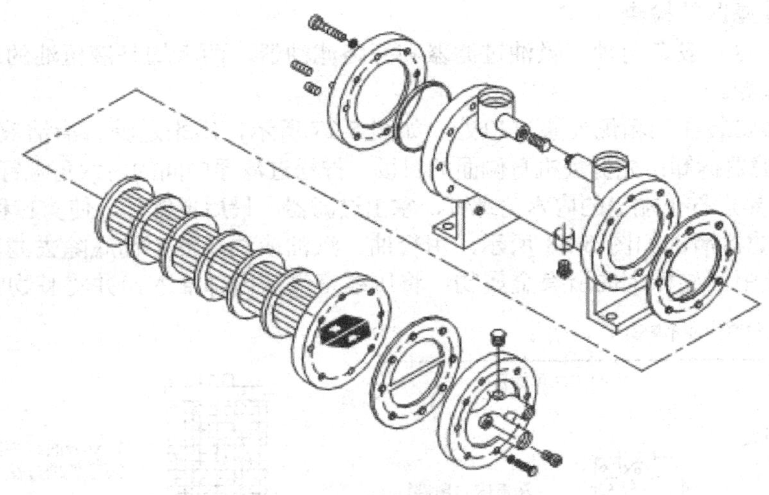

图 5-31　油冷却器分解图

特别注意

至少每半年对冷却器实施一次清洗。清洗时应采用碱性清洗液，清洗主体的内部和加热传导管的外部。对于难处理的夹层，可采用弱盐酸溶液清洗主体与传导管，直至冲洗非常干净。传热管内侧的水垢较多时，应选用溶解水垢的清洗剂浸泡，然后用清水和软毛刷将其冲洗干净。

（7）叶片泵的拆洗注意事项

叶片泵是注塑机上液压部分的核心部件，如出现问题将影响整机的生产。而引起叶片泵故障（磨损）的主要原因是液压油脏或液压油里有杂质。故一旦出现油泵声音重（有明显的噪声），或压力上不去的问题，应及时清洗过滤网和叶片泵。

叶片泵拆装步骤及注意事项如下。

① 将叶片泵上进出油口的高压软管拆除，注意法兰上的密封圈，如图 5-32 所示。

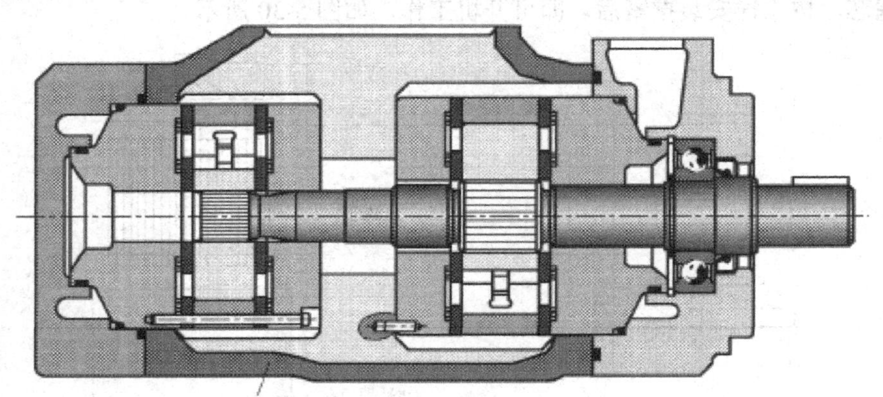

图 5-32　叶片泵的结构

② 将前端盖上的四个外六角螺钉拆掉，此时泵轴通过销子与连轴节连接，连轴节与电机连接，泵芯通过花键与泵轴连接，四个外六角螺钉拆掉后，可将油泵从泵芯上抽出。注意泵轴转动方向与电机方向一致。

③ 将泵芯可从泵壳中取出，将两一字螺钉拆除，可将两配油盘、转子、定子分离，并进行清洗。

特别注意

① 转子与泵轴通过花键相连，方向一致，按运转方向，转子上的两进油孔及开油槽应在叶片后面。

② 叶片在转子内，在运转方向上，叶片的刀口向前。

③ 定子方向应配合进出油口判断（定子是椭圆形）；装上定子后，在出油口，按运转方向，定子面积越来越小；在进油口，按运转方向，定子面积越来越大。

④ 如果是双联泵应注意大小泵的方向。

5.2.7 电控系统的维护

注塑机的电气控制系统（简称电控系统）是注塑机的大脑和神经系统，目前，已经逐步由继电器控制、PLC 控制发展为计算机控制，如图 5-33 所示，因此，机器的抗干扰能力更强，可靠性更高，维护更为简单。

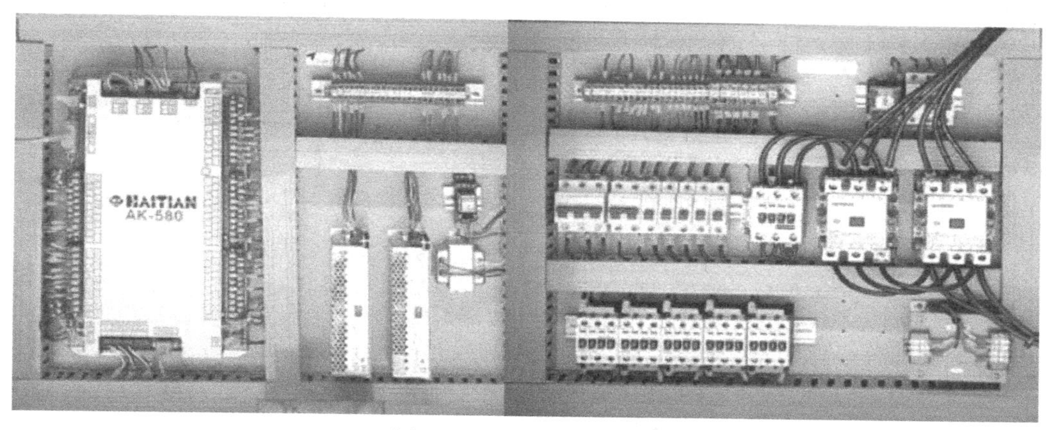

图 5-33 注塑机的电控箱

（1）电控部分的日常保养要点

① 操作面板按键检查，安全门是否撞击，必要时调整；

② 机身内各行程开关、位置尺固定是否松动，电线是否破损，安全门行程开关检查，各个接线盒检查；

③ 配电柜：灰尘清扫，各电器接端（接触器、接线端子、电脑控制器）螺钉紧固情况，清理杂乱电线；

④ 加热部分检查：加热圈紧固，接线端紧固，加热接线盒检查，裸露电线清理；

⑤ 机筒温度校对是否正常，检查热电偶；

⑥ 功能检查：压力流量电流检查，输入输出信号检查，位置显示检查；

⑦ 用户环境检查：电压是否正常，有无尘土影响电控部分，指导客户改进；

⑧ 电机检查：外部清洁，内部轴承润滑加注每年一次。

（2）注塑机电控系统的维护主要内容

① 检查配电柜及控制电柜内所有元器件、开关、接线柱工作是否正常，是否处于安全运行状态，接线的可靠程度、清洁、干爽以及环境温度等。

② 检查所有线路继电器（尤其是驱动电机和电加热圈的继电器）的触点工作情况，若有火

花、过热或响声有异，应及早更换。

③ 检查所有导线的塑料外层是否损伤、硬化和开裂。

5.3 注塑机的润滑（以海天牌注塑机为例）

5.3.1 注塑机的润滑系统

为了避免注塑机运动部件的磨损，注塑机设置了众多的润滑装置和润滑点，如图 5-34 所示，注塑机合模装置的滑动副和曲轴转动副采用了自动集中控制、配以定量加压式分配器（小机器采用定阻式）和压力检测报警，以保证每一运动部位的充分润滑。

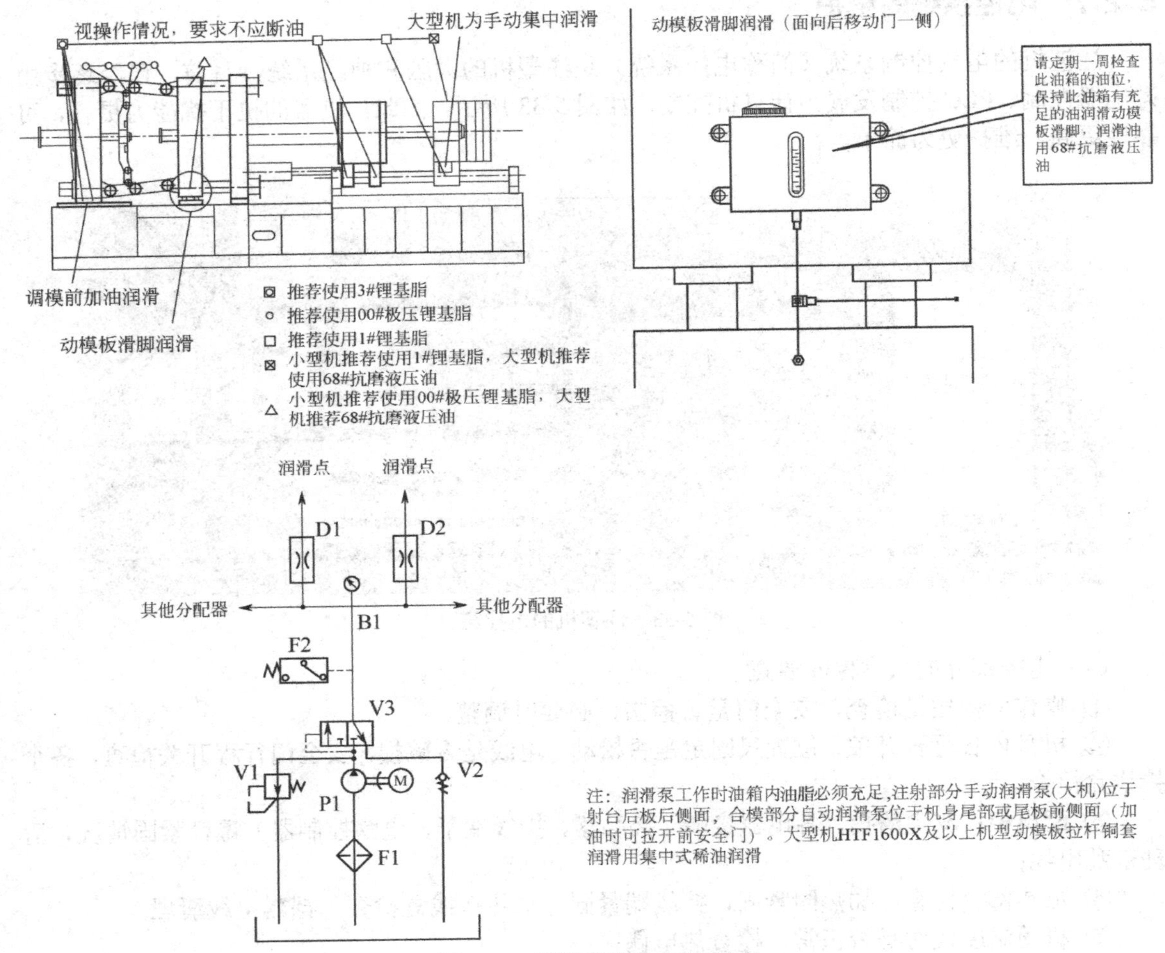

图 5-34 润滑系统分布示意图

及时、足够的润滑是保证注塑机正常工作的前提条件。特别对合模装置而言，由于合模装置长时间受到不断往复摩擦的动作，如果缺少润滑，零件会很快磨损，直接影响机械零件的性能和寿命。

海天系列注塑机主要采用油脂润滑，部分机型和大机模板、推力座采用稀油润滑。此外，注射部分及调模等速度低或不常运动部分的运动副采用手动定期润滑保养。注塑机润滑系统的工作顺序，如图 5-35 所示。

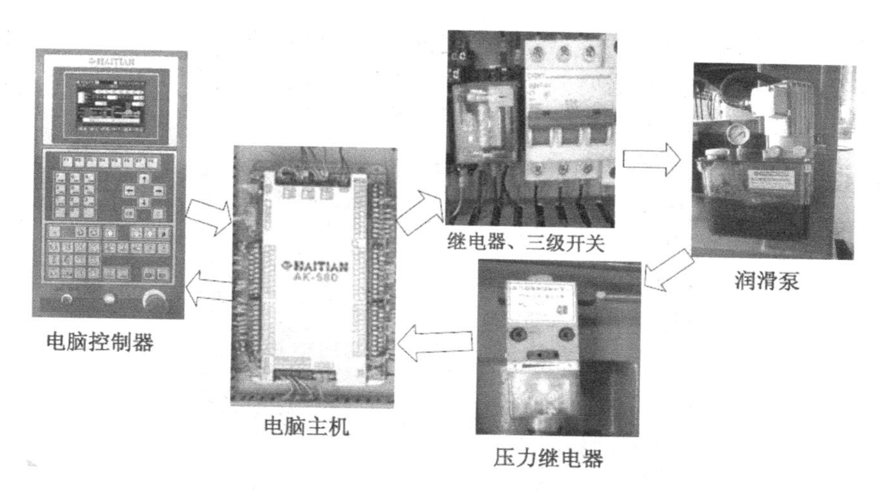

图 5-35　注塑机润滑系统的工作顺序

5.3.2　润滑油的选择

海天注塑机润滑油的选择一般遵循以下方法。

① 68 号抗磨液压油：用于大型机（海天 700T 以上含 700T 机型）拉杆、动模板滑脚和大型机（海天 2400TB 以上含 2400TB 机型）储料液压马达座内润滑。

② 极压锂基脂 LIFP00：用于锁模关节部分和小型机拉杆、动模板滑脚的润滑。

③ 1 号锂基润滑脂：用于注射导轨部分和小型机储料液压马达座内的润滑。

④ 3 号锂基润滑脂：用于调模部分的润滑。

5.3.3　定阻式润滑

定阻式润滑系统（海天系列锁模力小余 300t 的机型）的润滑原理，如图 5-36 所示。

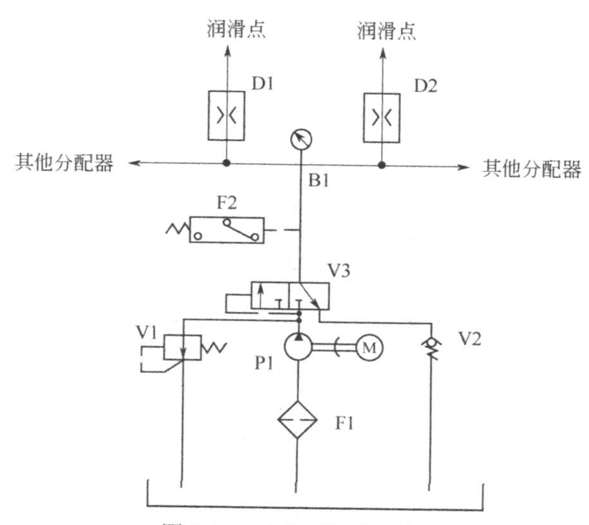

图 5-36　定阻式润滑系统

F1—吸油过滤器；P1—润滑泵；V1—系统溢流阀；V2—回油背压阀；V3—二位三通换向阀；
F2—压力继电器；B1—系统压力表；D1，D2—定阻式分配器；M—电动机

定阻式润滑系统配置有阻尼式分配器，如图 5-37 所示。当润滑油泵工作时，由于阻尼器的作用，从油泵出口到各分配器的油路中产生压力，当高于阻尼压差时，润滑油会克服阻尼不断

地流向各润滑点，直到润滑时间结束。因分配器的阻尼孔大小不同，因此阻尼式分配器保证了润滑系统到达各润滑点的油量按需要分配。当润滑油路的压力在润滑时间内达不到压力继电器设定压力值时，机器会报警，润滑系统有问题需要检查维修。

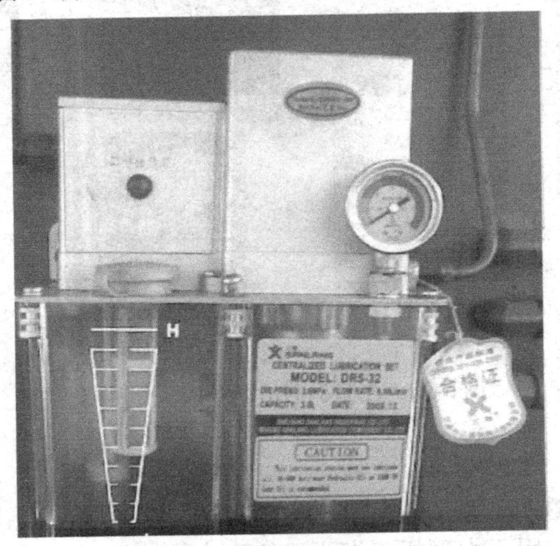

图 5-37　阻尼式分配器

5.3.4　定量加压式润滑

定量加压式润滑系统（海天锁模力大于等于 300t 机型）的润滑原理，如图 5-38 所示。

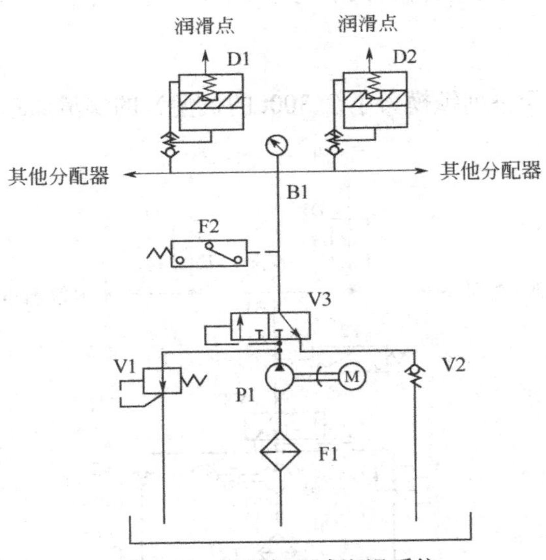

图 5-38　定量加压式润滑系统

F1—吸油过滤器；P1—润滑泵；V1—系统溢流阀；V2—回油背压阀；V3—二位三通换向阀；
F2—压力继电器；B1—系统压力表；D1，D2—定量加压式分配器；M—电动机

定量加压式润滑配置定量加压式分配器。当油泵工作时，油泵向各分配器加压，将定量分配器上腔的润滑油压向各润滑点，均匀地润滑各点。当润滑油路的压力达到压力继电器压力设定值时，油泵停止工作，开始润滑延时计时，各分配器卸压并自动从油路中补充润滑油到上腔，当润滑延时计时结束后，油泵再次启动，周而复始，直到润滑总时间结束。因分配器的排油量

不同，因此保证各润滑点的油量按需要分配。当润滑油路的压力在润滑时间内达不到压力继电器压力设定值时，机器会报警，润滑系统出现问题需要维修。

5.3.5　合模装置的润滑

海天牌注塑机合模装置的润滑方法和步骤如图 5-39 所示。

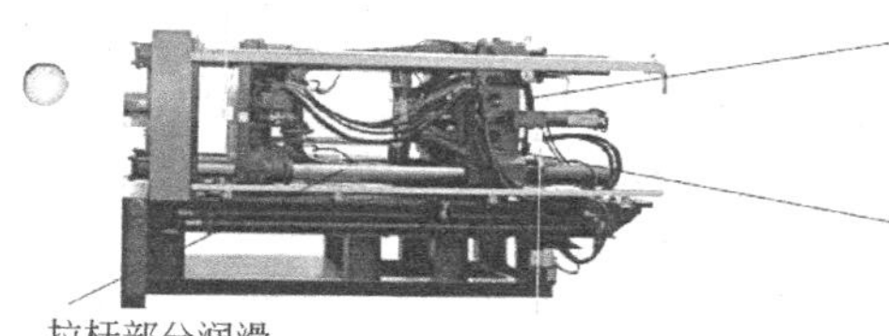

图 5-39　合模装置的润滑

5.3.6　注射装置的润滑

海天牌注塑机注射装置的润滑方法和步骤如图 5-40 所示。

图 5-40　注射装置的润滑

5.3.7　润滑系统的保养

润滑系统的保养要点如下：

① 润滑泵工作状况、出油压力检查；

② 润滑压力继电器工作是否有效；

③ 润滑管路有无破损、折断；

④ 各润滑点有无润滑油渗出；

⑤ 手动加注润滑（预塑座、调模机构、01 部分滑动部分、机身、调模活动部位）。

特别注意

注塑机的润滑系统需要进行及时、合理的保养，要点如下。

① 严禁水、蒸汽、尘埃及阳光污染润滑油。使用过程中，需要定期检查各润滑点是否正常工作；每次润滑时间必须足够长，保证各润滑点的润滑；机器的润滑模数（间隔时间）及每次润滑的时间通过合理设定来实现，建议不要轻易更改电脑中相关参数的设置，机器出厂前已合理设置，但润滑模数用户可根据实际情况做一定的改动，一般新机器六个月内润滑模数设定少一点，六个月以后可根据实际情况设定多一点。大型机设定少一点，小型机设定多一点。定量加压式润滑的时间实际是润滑报警时间，建议机器的每次润滑时间可以适当设定长一些，有足够时间来保证压力继电器起压，从而避免因润滑报警时间过短而产生的误报警。

② 定期观察润滑系统的工作状况，保持油箱中的润滑油在一个合理的油位上。平时如发现润滑不良，应及时润滑，并检查各润滑点的工作情况，以保证机器润滑良好。

③ 不得使用液压油作为润滑油，因两者的黏度不同。

④ 调模螺母、储料电机的传动轴、注射台前后导轨及铜套、电机轴承均应采用润滑脂油嘴（黄油嘴）进行润滑，建议每月一次加注润滑油脂（黄油）。

第6章

注塑机的维修

6.1 机械装置的维修

6.1.1 注塑机性能检测

（1）石英高温压力传感器

如图 6-1 所示，石英高温压力传感器安装在喷嘴（射嘴）处，可测量高达 200MPa 的压力，能耐 400℃熔体高温，但其只能测量注射压力，不能测量温度。

（2）熔体压力传感器

熔体压力传感器安装在射嘴处，如图 6-2 所示，可以同时测量注射压力（300MPa）和射嘴温度（350℃）。

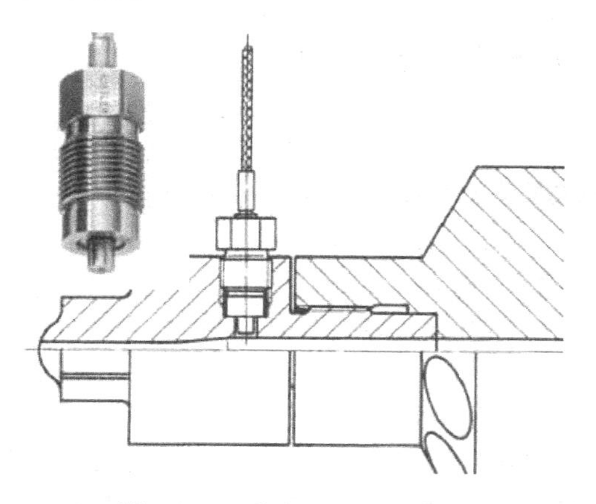

图 6-1　石英高温压力传感器

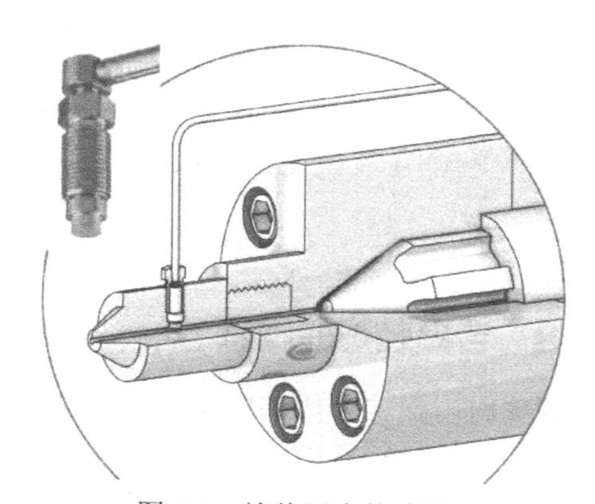

图 6-2　熔体压力传感器

（3）模腔压力传感器

如图 6-3 所示，模腔压力传感器属于高精度石英传感器，可直接安装在模腔里面，可测量高达 200MPa 的模腔压力。

（4）模腔压力与温度传感器

如图 6-4 所示，模腔压力与温度传感器直接安装在模腔里面，可以同时测量模腔压力和模腔温度。

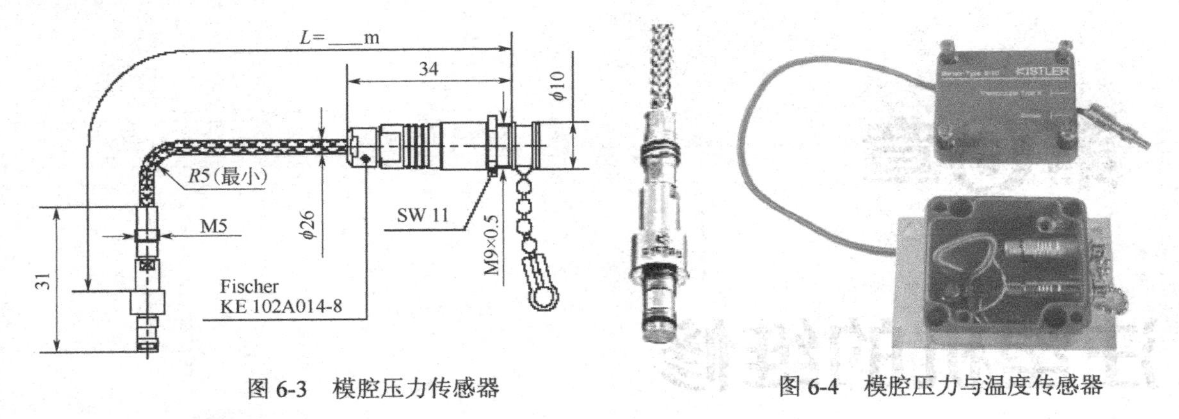

图 6-3 模腔压力传感器

图 6-4 模腔压力与温度传感器

6.1.2 注射装置的维修

注塑机注射装置为注塑中最容易出现故障的机械装置之一，其拆卸和维修的顺序如图 6-5 所示。

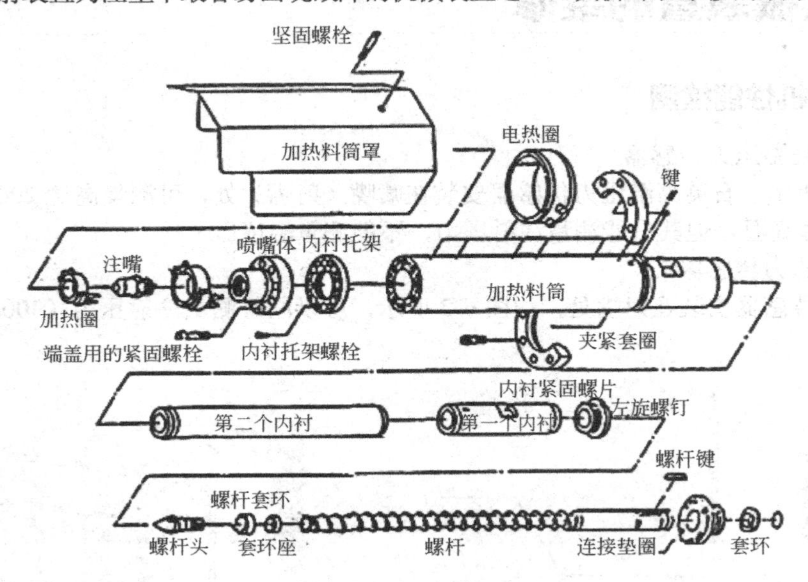

图 6-5 注射装置的拆卸

6.1.3 合模装置的维修

双曲肘内翻式合模装置零件及拆解如图 6-6 所示。该装置中，后连杆 1、2 通过大销轴 9 及其钢套 8 与尾板的支座铰链、前连杆 3、二板的铰链支座相连；小连杆 5 的一端通过小销轴 15 及其小钢套 14 与后连杆 1 相连，另一端与推力座 17 的铰链支座相连。固定在尾板上合模油缸的活塞杆，由锁紧螺母 13 调整并与推力座固紧。在推力座水平锁孔上装有导向套 6，在活塞杆作用下以夹板拉杆 7 为导向在其上滑动。推力座通过小连杆 5 带动后连杆 2 及前连杆 3 驱动动模板实现启闭模的往复运动。因此，各曲肘、连杆、销轴及其钢套和推力座的材料、结构、尺寸、各销轴及其孔的几何尺寸的制造精度、装配精度，孔间同心度、平行度等对曲肘连杆机构运行的平稳性，可靠性和锁模状态下的系统刚性及强度都有重要影响。

注塑机常用的调模装置如图 6-7 所示，其中调模大齿圈 6 是外齿圈，通过四个滚珠轴承 4 以其内圈进行定位，并固紧在尾板上。带有外齿的调模螺母 17 与拉杆上的尾螺纹相配合，轴向由调模螺母压盖 19 和调模螺母垫 16 来限位，并与大齿圈相啮合。液压马达座 15 由圆锥销在尾板上定位并用螺钉 12、21 固紧。液压马达 7 通过调模齿轮 8 驱动大齿圈及其相啮合的调模螺母

17旋转，通过调模螺母压盖19和调模螺母垫16，推动尾板沿拉杆尾螺纹移动，带动整个连杆及二板沿拉杆前后移动，根据充模厚度及工艺所要求的锁模力实现调模功能。

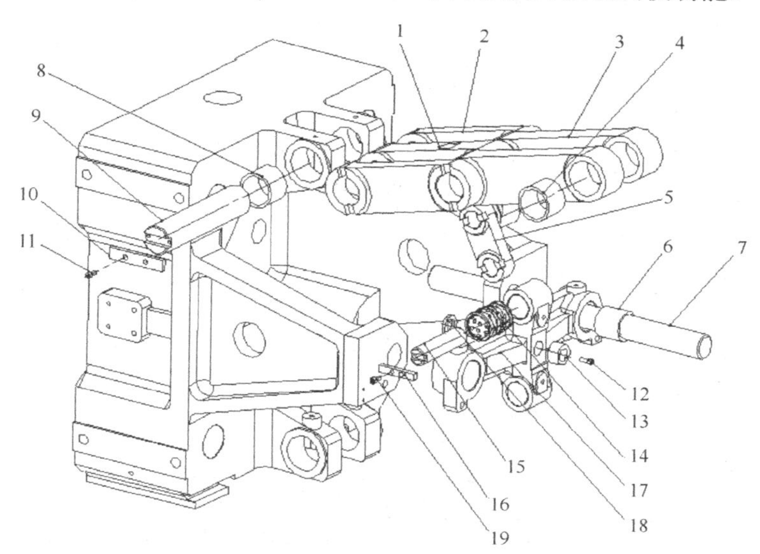

图6-6 双曲肘内翻式合模装置的拆卸

1，2—后连杆；3—前连杆；4，8—大销轴钢套；5—小连杆；6—导向套；7—夹板拉杆；9—大销轴；10—定位键；11，12，19—螺钉；13—锁紧螺母；14—小钢套；15，16—小销轴及其定位键；17，18—推力座及其垫片

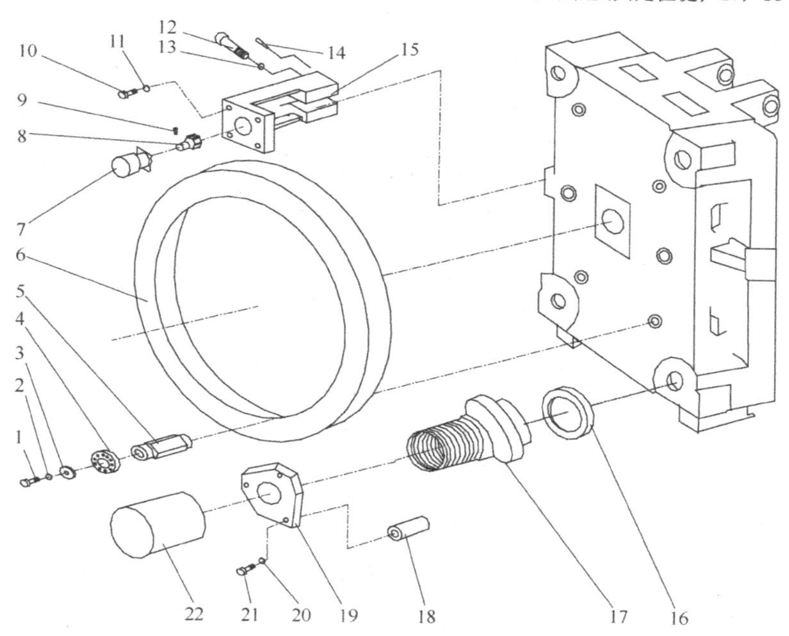

图6-7 调模装置的拆卸

1，9，10，12，21—螺钉；2，3，11，13，20—垫圈；4—轴承；5—定位销；6—调模大齿圈；7—液压马达；8—调模马达齿轮；14—圆锥销；15—液压马达座；16—调模螺母垫；17—调模螺母；18—调模压盖支杆；19—调模螺母压盖；22—拉杆护罩

6.1.4 海天牌注塑机常见机械故障及解决方法

海天牌注塑机常见机械故障及解决方法见表6-1。

表 6-1 海天牌注塑机常见机械故障及解决方法

故障现象	故障原因	检查方法	解决方法
开模、锁模机铰响	润滑油量小	检查电脑润滑加油时间	加大润滑油量供油时间或重新接线
	平行度超差	用百分表检查头二板平行度是否大于验收标准	调整平行度
	锁模力大	检查客户设置的锁模力是否过大	按客户产品需要调低锁模力
	电流调乱	检查电流参数是否符合验收标准	重新调整电流到验收标准值
开锁模爬行	二板导轨及哥林柱磨损大	二板导轨及哥林柱有无磨	更换锁模板、哥林柱或加注润滑油
	开锁模速度压力调整不当	设定慢速开模时锁模板不应爬行	调整流量比例阀 Y 孔或先导阀 A-B 孔的排气孔的开口大小
开锁模行程开关故障	T24 调整不良	检查 T24 时间是否适合	调整 T24 时间长些
	开锁模速度、压力过小	检查开锁模速度、压力是否合适	加大开锁模某一速度、压力
	锁模原点发生变化	检查锁模伸直机铰后是否终止到 0 位	重新调整原点位置
调模计数器故障	接近开关损坏	检查接近开关与齿轮的距离≤1mm	更换开关，调整位置
	调整位移时间短	按“取消+5”进行时间制检查，确认调模时间过小或根本没有设置调模时间	调整位移时间
	调模螺母卡住	检查调模螺母是否卡住	调整调模螺母各间隙或更换现有零件
手动有开模终止，半自动无开模终止	开模阀泄漏	手动打射台后，观察锁模二板向后退得快	更换开模阀
	放大板斜升降幅调整不当	检查放大板 VCA070CD 斜率时间太长	重新调整放大板 VCA070CD 斜波时间
	顶针速度快	顶针速度快时，由于阀泄漏模板向后走，行程开关压块压不上	加长行程压块，更换开模阀或调慢顶针速度
无顶针动作	顶针限位开关坏	用万能表 DC 24V 检查 12 号线	更换顶针限位开关
	卡阀	用六角扳手调整顶针阀芯，检查阀芯是否可以移动	清洗压力阀
	顶针限位杆断	停机后用手拿限位杆	更换限位杆
	顶针开关短路	用万能表检查顶针开关，11 号 12 号线对地零电压，正常时 0V	更换顶针开关
不能调模	机械方面是平行度超差	用平行表检查其平行度	调整平行度
	压板与调模螺母间隙不合	用厚薄规测量	调整压板与螺母间隙（间隙≤0.05mm）
	螺母滑丝	检查螺母能否转动	更换螺母
	上下支板调整不当	拆开支板锁紧螺母检查	调整上下支板
	电气部分		
	调模的位移开关烧毁	在电脑上检查 IN20 灯是否有闪动	更换位移开关
	烧毁调模电机	用万能表检查调模电机接线端是否有 380V 输入，检查调模电机保险丝是否亮灯，如亮灯证明三相不平行	更换电机或修理
	烧毁交流接触器	用万能表检查输入三相电压是否为 380V，有无缺相、欠压	更换交流接触器
	烧毁热继电器	同上	更换热继电器
	线路中断，接触不良	检查控制线路及各接点	重新接线

续表

故障现象	故障原因	检查方法	解决方法
开模时响声大	差动开模时间的位置调节不良	检查放大板斜升斜降	数控机调整放大板斜升斜降；电脑机 T37 时间适量调整
	锁模机构润滑不良	检查导杆导柱滑脚机铰润滑情况	加大润滑
	模具锁模力过大	检查模具受力时锁模力情况	视用户产品情况减少锁模力
	头二板平行度偏差大	检查头板二板平行度	调整二板、头板平行误差
	慢速转快速开模位置过小，速度过快	检查慢速开模转快速开模位置是否适当，慢速开模速度是否过快	加长慢速开模位置，降低慢速开模的速度
不能射胶	射嘴堵塞	用万能表检测	清理或更换射嘴
	过胶头断	熔胶延时时间制通电时，检查延时闭合点是否闭合	更换过胶头
	射胶方向阀不灵活，无动作	检查射胶方向阀量是否有 24V 电压，检查线圈电阻值应有 15～20Ω，通电则应阀芯有动作	清洗阀或更换方向阀
	射胶活塞杆断	松开射胶活塞杆锁紧螺母，检查活杆是否断	更换活塞杆
	料筒温度过低	检查实际温度是否达到该料所需温度	重新设料筒温度
	射胶活塞油封损坏	检查活塞油封是否已损坏	更换油封
射台不能移动	活塞杆断	拆开活塞杆检查活塞是否已断	更换活塞杆
	射台方向阀不灵活，无动作	射移阀有电到时，用内六角扳手按阀芯是否可移动	清洗阀
	断线	检查电磁阀线圈线是否断	接线
射胶终止转换速度过快	射胶时动作转换速度过快	检查背压是否过低	加大背压，增加射胶级数
		检查射胶有否加大保压	电脑机加大保压，调整射胶级数，加熔胶延时
		数控机是否有二级射胶	使用二级射胶，降低二级射胶压力
不能熔胶	机械方面		
	烧轴承	分离螺杆熔胶耳听有响声	更换轴承
	螺杆有铁屑	分离螺杆熔胶时无声内六角扳手拆机筒检查螺杆是否有铁	拆螺杆清干净胶料
	熔胶阀堵塞	用内六角扳手压阀芯不能移动	清洗电磁阀
	熔胶电机损坏	分离熔胶电机，熔胶不转	更换或修理熔胶电机
	电器方面		
	烧毁发热圈	用万用表检查是否正常	更换发热圈
	插头松	检查熔胶阀插头是否接触不良	上紧插头
	流量压力阀断线	当没有电流时，检查熔胶阀门处的流量和压力，检查到程序控制板的电线是否断裂	重新接线
	烧 I/O 板，程序板	用万能表检查 I/O 板程序板 105 或 202、206 输出	更换或维修
	熔胶终止行程不复位	用万能表检查 201 线是否短路或开关 S9 未复位	更换或修理

续表

故障现象	故障原因	检查方法	解决方法
产品有墨点	螺杆有积炭	检查螺杆	抛光螺杆
	机筒有积炭及辅机不干净	检查上料料斗是否灰尘大	抛光机筒及清理辅件
	过胶头组件腐蚀	检查塑料是否腐蚀性强（如眼镜架料）	更换过胶头组件
	法兰、射嘴有积炭	同上	更换射嘴法兰
	原材料不纯	检查原材料是否有杂质	更换原材料
	温度过高，熔胶背压过大	检查熔胶筒各段温度预设温度和实际温度是否相符，设定温度与注塑材料是否相符，是否过高	降温、减少背压
	装错件（如螺杆、过胶头组件、法兰等）	检查过胶头组件、螺杆、法兰装该机是否相符	检查重新装上
整机无动作	放大板无输出	用万能表测试放大板输出电压	更换或修理放大板
	烧保险丝（电源板保险丝）	检查整流板保险丝	更换保险丝
	油泵电机反转	面对电机风扇逆时针方向	将三相电源其中一相互换
	油泵与电机联轴器损坏	关机后用手摸油泵联轴器是否可以转动	更换联轴器
	压力阀堵塞，无压力	检查溢流阀、压力比例阀是否有堵塞	清洗压力阀
	24V 电源线 201#、202#线断	用万能表检查 DC 24V 是否正常	接驳线路
	数控格线断、放大板无输入控制电压	用万能表检查 401～406 到数控格有无断线	重新焊接
	油泵电机烧坏，不能启动	用万能表电阻挡检查电机线圈是否短路或开路	更换电机
	油泵损坏，不能起压，不吸油	拆开油泵检查配油盘及转子端面是否已花	更换油泵
	三相电源缺相	检查 380V 输入电压是否正常	检查电源
整机无力	总溢流阀塞住	电器正常时，检查溢流阀是否堵塞	清洗阀
	油封磨损	检查各油缸活塞油封是否磨损	更换油封
	油泵磨损	拆油泵检查配油盘，转子端面是否磨损	更换油泵或修理
	比例油制阀磨损	用新油制阀更换	更换油制阀
	油制板内裂	做完上述四项工作仍未解决就只有油制板有问题	更换油制板

6.2 液压系统的维修

6.2.1 注塑机液压系统维修要点

如图 6-8 所示，注塑机的液压系统由液压泵、液压执行元件（液压缸、液压马达）、液压控制调节元件和液压辅助元件等组成，液压系统的故障排除最终都要归结到这些元件的故障排除。

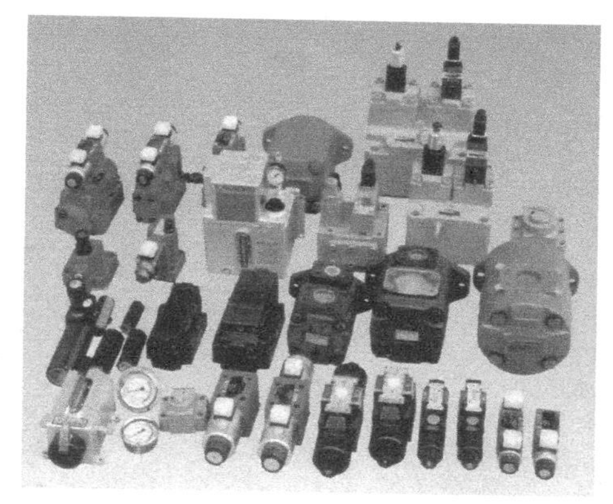

图 6-8　注塑机的液压系统及其元件

经验总结

液压系统故障绝大多数是因为液压油引起的。液压元件中，油泵对液压油的性能最为敏感，因泵内零件的运动速度最高，工作压力也最高，且承压时间长，温升高。

液压油的最佳工作油温应在 45℃左右，最高不能超过 55℃。油温太高，液压油黏度降低且易氧化变色产生油泥。

液压元件都是依靠间隙密封，所以油质必须干净;液压油油量要充足，不足易吸进气泡，产生汽蚀。

特别注意

除非被迫不得已，否则不应拆解液压元件；在不明用途、原理不清的情况下更不应拆解液压元件。

6.2.2　液压系统的三个基本功能要求

（1）压力控制功能（见图 6-9）

（2）流量控制功能（见图 6-10）

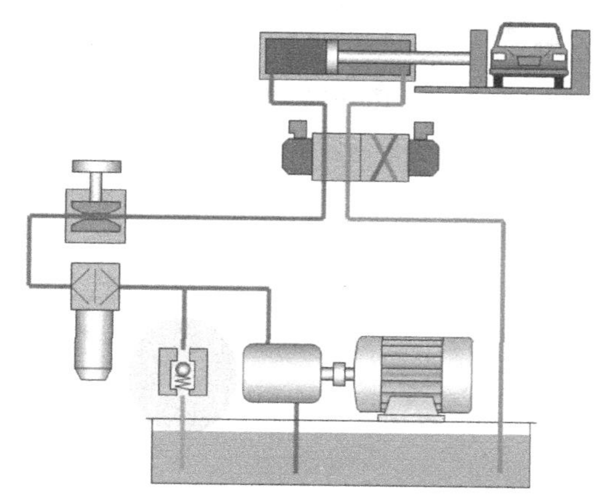

图 6-9　压力控制功能示例

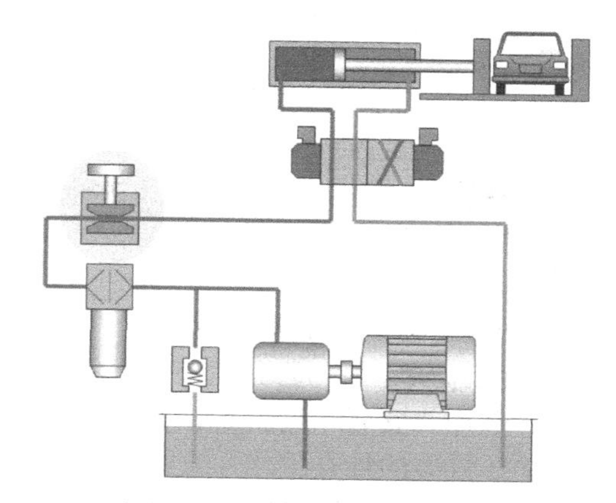

图 6-10　流量控制功能示例

（3）方向控制功能（见图 6-11）

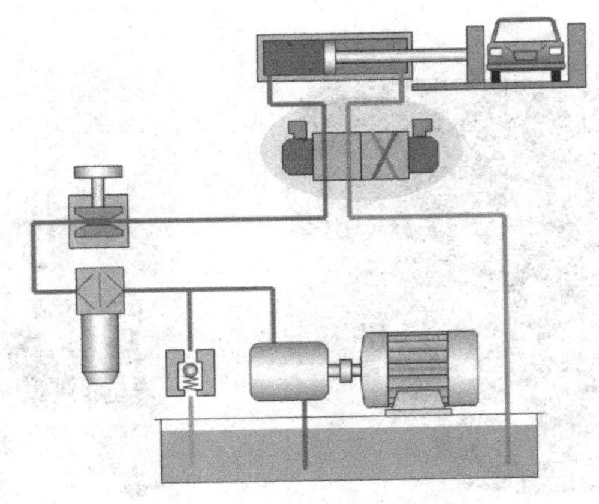

图 6-11 方向控制功能示例

6.2.3 液压元件的安装

（1）管路连接安装（见图 6-12）

管路连接安装的特点：

① 系统组合简单；

② 易于故障查找；

③ 较大安装空间要求；

④ 泄漏点较多。

（2）板式安装（见图 6-13）

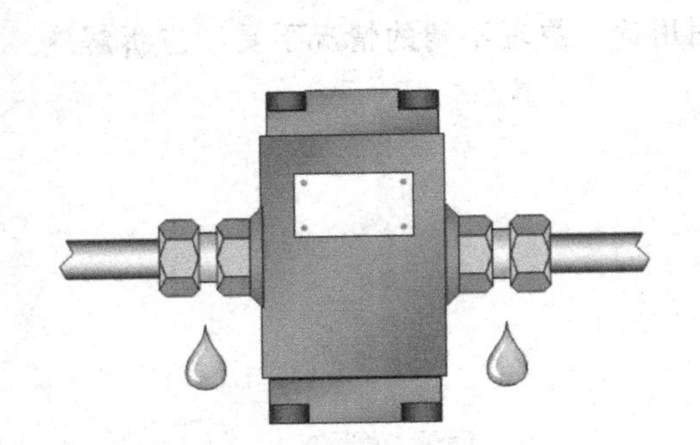

图 6-12 管路连接安装

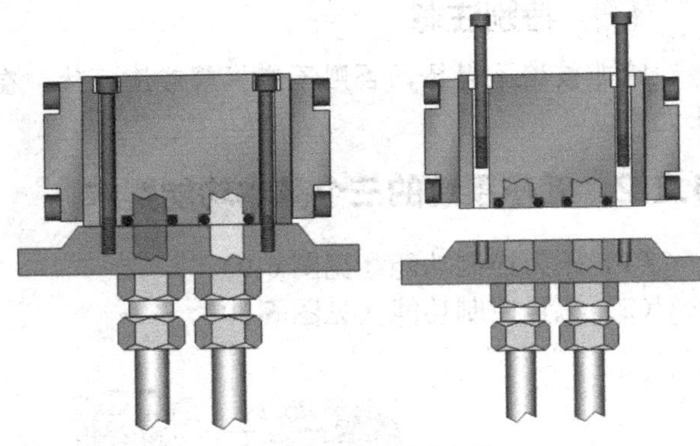

图 6-13 板式安装

板式安装特点：

① 系统组合简单；

② 易于故障查找；

③ 泄漏点较少；

④ 较大安装空间要求；

⑤ 更换简单。

（3）叠加式安装（见图 6-14）

叠加式安装的特点：

① 系统安装灵活性较小；

② 更适用于小通径阀；

③ 减少了空间要求；

④ 安装成本较低。

（4）法兰安装（见图 6-15）

法兰安装的特点：

① 只能提供基本的泵控制阀 （溢流、卸荷功能）；

② 减少了对空间的要求。

（5）块式安装（见图 6-16）

块式安装的特点：

① 块式设计增加了成本；

② 故障查找困难；

③ 紧凑的安装形式；

④ 最小化的潜在泄漏危险。

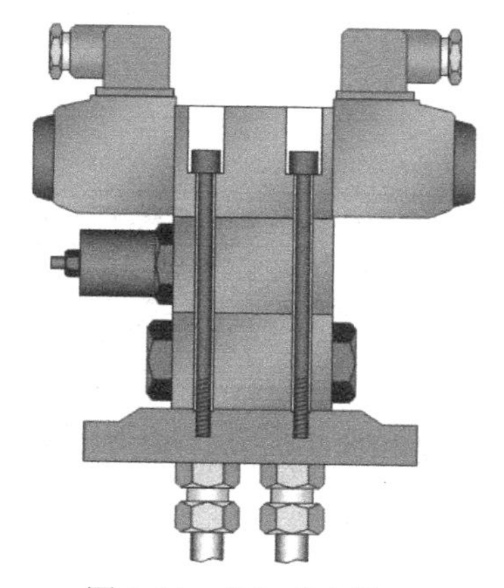

图 6-14 叠加式安装

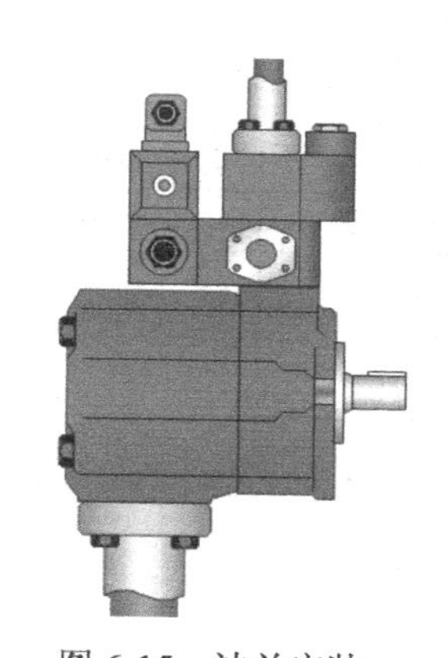

图 6-15 法兰安装

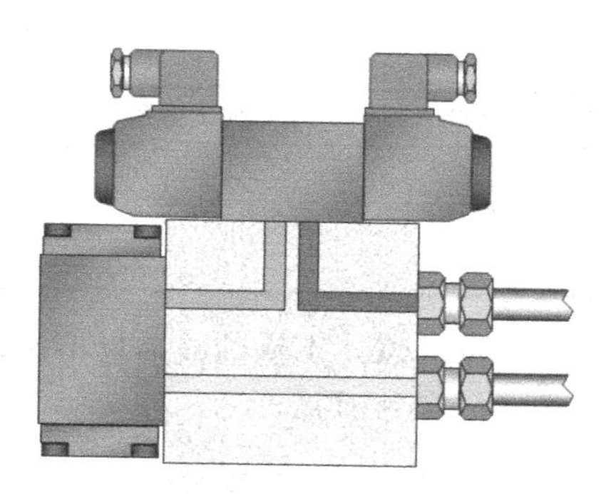

图 6-16 块式安装

6.2.4 液压元件的拆解

液压拆解时的注意事项如下。

① 拆解检修的工作场所一定要保持清洁，最好在净化车间内进行。

② 在检修时，要完全卸除液压系统内的液体压力，同时还要考虑好如何处理液压系统的油液问题，在特殊情况下，可将液压系统内的油液排除干净。

③ 拆解时要用适当的工具，以免将如内六角孔和尖角弄破损或将螺钉拧断等。

④ 拆解时，各液压元件和其零部件应妥善保存和放置，不要丢失，建议记录拆卸顺序并画草图。

⑤ 液压元件中精度高的加工表面较多，在拆解和装配时，要防止工具或其他东西将加工表面碰伤。要特别注意工作环境的布置和准备工作。

⑥ 在拆卸油管时要注意以下事项：

a. 事先应将油管的连接部位周围清洗干净。

b. 拆解后，在油管的开口部位用干净的塑料制品或石蜡纸将油管包扎好。

c. 勿用棉纱或抹布等堵塞住油管，并注意避免杂质混入。

d. 在拆解比较复杂的管路时，应在每根油管的连接处扎上白铁皮片或塑料片并写上编号，以免装配时将油管装错。

⑦ 在更换橡胶密封件时，不要用锐利的工具，不要碰伤工作表面。在安装或检修时，应将与密封件相接触部件的尖角修钝，以免使密封圈被尖角或毛刺划伤。

⑧ 拆解后再装配时，各零部件必须清洗干净。

⑨ 在装配前，O 形密封圈或其他密封件应浸放在油液中，以待使用，在装配时或装配好以后，密封圈不应有扭曲现象，而且要保证滑动过程中的润滑性能。

⑩ 在安装液压元件或管接头时，拧紧力要适当。尤其要防止液压元件壳体变形、滑阀阀芯卡阻以及接合部位漏油等现象。

⑪ 液压执行元件（如液压缸等）可动部件有可能因自重下降，应当用支撑架将可动部件牢牢支撑住。

6.2.5 液压泵的类型

液压泵为系统提供具有一定压力的油液，将机械能转变为液压能，其图形符号如表 6-2 所示。

① 基本构成　定子、转子、挤子，密闭腔，配油机构。

② 类型

a. 按挤子不同，可分为齿轮泵、叶片泵、柱塞泵。

b. 按排量是否可以改变，可分为定量泵、变量泵。

表 6-2　液压泵的图形符号

类型	单向定量泵	双向定量泵	单向变量泵	双向变量泵	双联液压泵
图形符号					

常见故障：不输油或油量不足，压力不能升高或压力不足，流量和压力失常，噪声过大，异常发热和外泄漏。

6.2.6 齿轮泵的维修

齿轮泵是以啮合原理工作的壳体承压型液压泵，它是液压技术中结构最简单、价格最低、产量及用量最大的一种液压泵。

齿轮泵的类型：外啮合齿轮泵、内啮合齿轮泵，其中外啮合泵应用最为普遍，且这种齿轮泵中大多采用一对参数相同的齿轮，如图 6-17 所示。

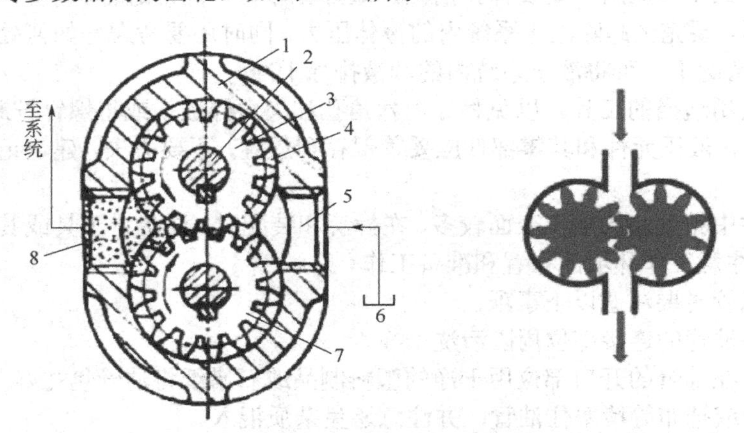

图 6-17　外啮合齿轮泵原理图

1—壳体；2—传动轴；3—主动齿轮；4—密封工作腔；5—吸油腔；6—油箱；7—从动齿轮；8—压油腔

外啮合齿轮泵常见故障及排除方法见表 6-3。

表6-3 外啮合齿轮泵常见故障及排除方法

故障现象		排除方法
(1)	齿轮泵吸不上油或无压力	① 原动机与泵的旋转方向不一致→纠正原动机旋转方向 ② 泵传动键脱落→重新安装传动键 ③ 进出油口接反→按说明书纠正接法 ④ 油箱液位过低，吸入管口露出液面→补充油液至最低液位线以上 ⑤ 转速太低吸力不足→提高转速达到泵的最低转速以上 ⑥ 油液黏度过高或过低→选用推荐黏度的工作油液 ⑦ 吸入管道或过滤装置堵塞造成吸油不畅→清洗管道或过滤装置，除去堵塞物；更换或过滤油箱内油液 ⑧ 吸入口过滤器过滤精度过高造成吸油不畅→按产品样本及说明书正确选用过滤器 ⑨ 吸入管道漏气→检查管道各连接处，并予以密封、坚固
(2)	齿轮泵流量不足、达不到额定值	① 转速过低，未达到额定转速→按产品样本或说明书指定额定转速选用原动机转速 ② 系统中有泄漏→检查系统，修补泄漏点 ③ 由于泵长时间工作、振动使泵盖连接螺钉松动→适当拧紧螺钉 ④ 吸入空气→检查管道各连接处，并予以密封、坚固 ⑤ 吸油不充分→检查管道各连接处，并予以密封、坚固；若入口过滤器堵塞或通流量过小，清洗过滤器或选用通流量为泵流量2倍以上的过滤器；若吸入管道堵塞或通径小→清洗管道，选用不小于泵入口通径的吸入管；介质黏度不当则应选用推荐黏度的工作介质
(3)	齿轮泵压力升不上去	① 泵吸不上油或流量不足→按（1）解决 ② 液压系统中的溢流阀设定压力太低或出现故障→重新设定溢流阀压力或修复溢流阀 ③ 系统有泄漏→按（2）（流量不足，达不到额定值）解决 ④ 由于泵长时间工作、振动使泵盖连接螺钉松动→按（2）解决 ⑤ 吸入管道漏气→按（2）解决 ⑥ 吸油不充分→按（2）解决
(4)	齿轮泵振动噪声大	① 泵与原动机同轴度差→调整同轴度 ② 齿轮精度低→更换或修研齿轮 ③ 轴封损坏→更换 ④ 吸油管路或过滤器堵塞→疏通、清洗 ⑤ 油中有空气→排空气体

6.2.7 叶片泵的维修

叶片泵是一种以叶片为挤压零件、壳体承受压力的液压泵，其构造复杂程度和制造成本都介于齿轮泵和柱塞泵之间。其类型有单作用（变量）叶片泵和双作用（定量）叶片泵，如图6-18和图6-19所示。

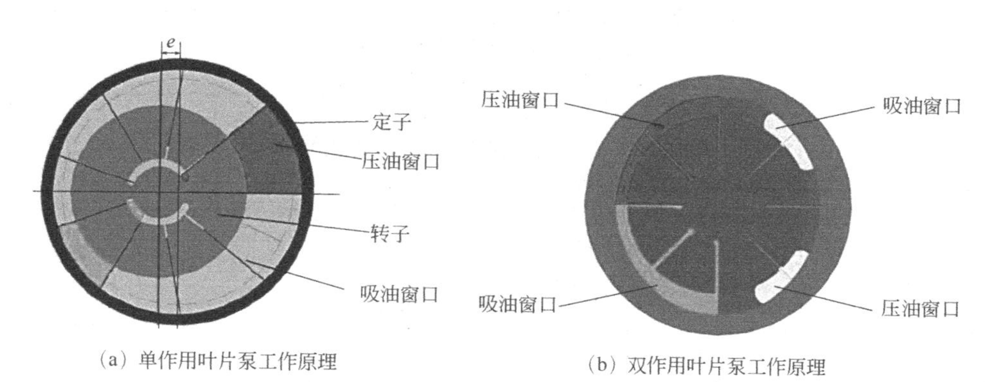

(a) 单作用叶片泵工作原理　(b) 双作用叶片泵工作原理

图6-18 叶片泵的工作原理

图 6-19 叶片泵的结构与实物

1—壳体；2—衬圈；3—定子；4—泵轴；5—转子；6—流量调节螺钉；7—控制活塞；8—滚针轴承；9—滑块；10—限压弹簧；11—压力调节螺钉

叶片泵常见故障及排除方法见表 6-4。

表 6-4 叶片泵常见故障及排除方法

故障现象	排除方法
叶片泵不输油或无压力	① 原动机与油泵旋向不一致或传动键漏装→纠正转向或重装传动键 ② 进出油口接反→按说明书选用正确接法 ③ 泵转速过低→提高转速达到泵最低转速以上 ④ 油黏度过大，使叶片运动不灵活→选用推荐黏度的工作油 ⑤ 油箱内油位过低，吸入管口露出液面→补充油液至最低油标线以上 ⑥ 油温过低使油液黏度过大→加热至合适黏度后使用 ⑦ 吸入管道或过滤装置堵塞造成吸油不畅→拆洗、修磨泵内脏件，仔细重装，并更换油液 ⑧ 吸入口过滤器过滤精度过高造成吸油不畅→清洗管道或过滤装置，除去堵塞物，更换或过滤油箱内油液 ⑨ 小排量泵吸力不足→向泵内注满油 ⑩ 吸入管道密封不良漏气→检查管道质量和各连接处密封情况，更换管道或改善密封 ⑪ 系统油液过滤精度低导致叶片在槽内卡阻→按产品说明书正确选用过滤器
叶片泵流量不足	① 转速未达到额定转速→按说明书指定额定转速选用电机转速 ② 系统中有泄漏→检查系统，修补泄漏点 ③ 由于油泵长时间工作、振动使泵盖螺钉松动→适当拧紧螺钉 ④ 吸入管道漏气→检查各连接处，并予以密封、紧固 ⑤ 吸油不充分 a. 油箱内油面过低→补充油液至最低油标线以上 b. 入口过滤器堵塞或通流量过小→清洗过滤器或选用通过流量为泵流量 2 倍以上的过滤器 c. 吸入管道堵塞或通径小→清洗管道，选用不小于油泵入口通径的吸入管 d. 油黏度过高或过低→选用推荐黏度工作油 ⑥ 变量泵流量调节不当→重新调节至所需流量
叶片泵压力上不去	① 泵不上油或流量不足→同前述排除方法 ② 溢流阀调整压力太低或出现故障→重新调试溢流阀压力或修复溢流阀 ③ 系统中有泄漏→检查系统、修补泄漏点 ④ 由于泵长时间工作振动，使泵盖螺钉松动→适当拧紧螺钉 ⑤ 吸入管道漏气→检查各连接处，并予以密封、紧固 ⑥ 吸油不充分→同前述排除方法 ⑦ 变量泵压力调节不当→重新调节至所需压力
叶片泵外泄漏	① 密封件老化→更换密封 ② 进出油口连接部位松动→紧固管接头或法兰螺钉 ③ 密封面磕碰或泵的壳体存在砂眼→修磨密封面或更换壳体

续表

故障现象	排除方法
叶片泵振动噪声过大	① 吸油不畅或液面过低→清洗过滤器或向油箱补油 ② 有空气侵入→检查吸油管、注意油箱中液位 ③ 油液黏度过高→适当降低油液黏度 ④ 转速过高→降低转速 ⑤ 泵传动轴与原动机轴不同轴度过大→调整同轴度至规定值 ⑥ 配油盘端面与内孔不垂直或叶片垂直度太差→修磨配油盘端面或提高叶片垂直度
叶片泵异常发热	① 油温过高→改善油箱散热条件或使用冷却器 ② 油黏度太大→选用合适液压油 ③ 工作压力过高→降低工作压力 ④ 回油口误接接到泵入口→回油口接至油箱液面以下

6.2.8 柱塞泵的维修

柱塞泵的结构较为复杂，其挤压零件是柱塞，并依靠柱塞在专门的缸体中往复运动吸或压排出液体，壳体只起包容、连接和支承各工作部件的作用，是一种壳体非承压型液压元件。

柱塞泵类型有轴向柱塞泵[直轴式（斜盘式）和斜轴式]、径向柱塞泵，其中直轴式（斜盘式）轴向柱塞泵应用最为普遍，如图6-20和图6-21所示。

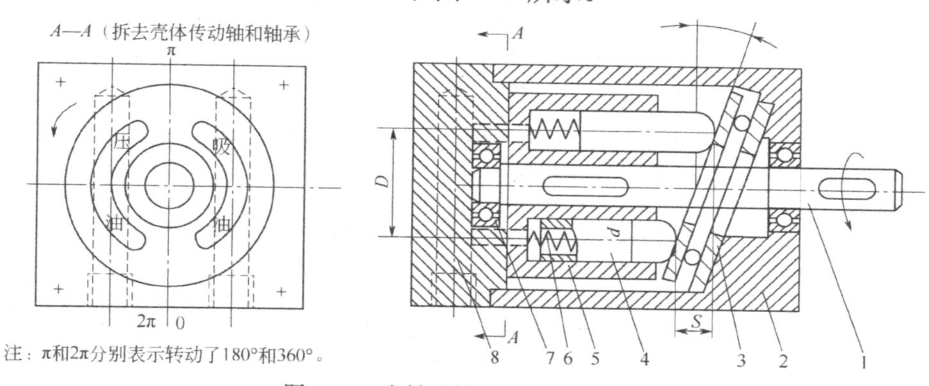

图6-20　直轴式轴向柱塞泵的结构

1—传动轴；2—壳体；3—斜盘；4—柱塞；5—缸体；6—弹簧；7—轴承；8—配流盘

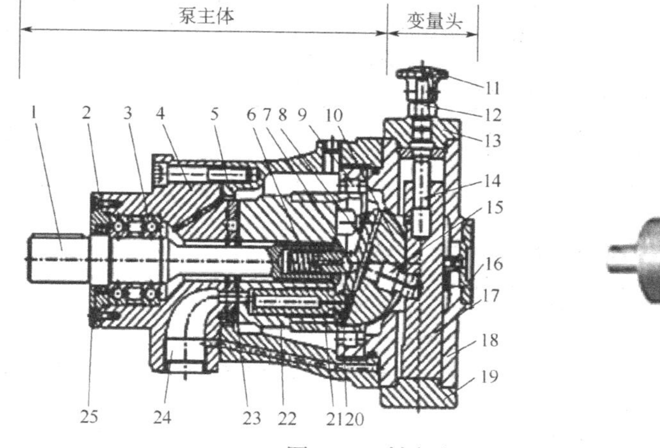

图6-21　斜盘式手动变量轴向柱塞泵

1—传动轴；2—法兰盘；3—滚珠轴承；4—泵体；5—壳体；6—中心弹簧；7—球铰；8—回程盘；9—滚柱轴承；10—斜盘；11—调节手轮；12—锁紧螺母；13—上法兰；14—调节螺杆；15—销轴；16—刻度盘；17—变量活塞；18—变量壳体；19—下法兰；20—滑履；21—柱塞；22—缸体；23—配流盘；24—压油口；25—骨架油封

轴向柱塞泵常见故障及排除方法见表6-5。

表6-5 轴向柱塞泵常见故障及排除方法

故障现象	排除方法
柱塞泵建立不起压力或流量不足	① 电机转向接反或电磁换向阀安装错误→调换或改正 ② 泄油管泄油过多→拧开泄油管目测判断，泄油如呈喷射状，则说明效率降低 ③ 油液中进水或混有杂质→油液中进水呈乳白色，劣质油呈酱色或黑色柏油状，换油 ④ 进油口上安装滤网或滤网堵塞→选用目数较粗大的滤网或干脆拆除 ⑤ 进油管道上漏气或有裂纹→涂黄油检查，发现声音减小，说明管道漏气，更换密封件或管道 ⑥ 油箱内油液不足→按油箱要求加足 ⑦ 管道、阀门或管接头通径尺寸不当→按说明书要求测量后改进 ⑧ 进油管过长、弯头过多→进油管长度应小于2.5m，弯头不超过2个 ⑨ 泵与原动机同轴度超差→停车后用手旋联轴器应手感轻松且有轴向间隙，否则应调整同轴度，消除干涉 ⑩ 溢流阀设定压力不当或阀及执行元件内泄漏过大→调紧溢流阀或换阀试验，油缸内泄漏过大，则活塞杆呈爬行现象 ⑪ 泵已磨损→修理 ⑫ 电磁换向阀不换向→调换 ⑬ 油液黏度太大或油温太低→更换较低黏度的油液或将油箱加热 ⑭ 电器部分有故障→由相关人员处理 ⑮ 缸体铜层脱落或有大小轴承损坏，或有柱塞滑靴烧损现象→检查并更换 ⑯ 配流盘与泵体之间有脏物，或配流盘定位销未装好，使配流盘和缸体贴合不好→拆解泵并清洗运动副零件，重新装配 ⑰ 变量机构偏角太小，使流量太小、溢流阀建立不起压力或未调整好→加大变量机构的偏角以增大流量，检查溢流阀阻尼孔是否堵塞、先导阀是否密封，重新调整好溢流阀 ⑱ 系统中其他元件的漏损太大→检查更换有关元件 ⑲ 压力补偿变量泵达不到液压系统所要求的压力： a. 变量机构未调整到所要求的功率特性→重新调整泵的变量特性 b. 当温度升高时达不到所要求的压力→降低系统温度或更换由于温度升高而引起漏损过大的元件
柱塞泵外泄漏	① 密封圈老化→拆检密封部位，详细检查O形圈和骨架油封损坏部分及配合部位的划伤、磕碰、毛刺等，并修磨干净，更换新密封圈 ② 轴端骨架油封处渗漏： a. 骨架油封磨损→更换骨架油封 b. 传动轴磨损→轻微磨损可用金相砂纸、油石修正，严重偏磨应返回制造厂更换 c. 泵的内渗增加或泄油口被堵，低压腔油压超过0.05MPa，骨架油封损坏→清洗泄油口，检修两对运动副，更换骨架油封，在装配时应用专用工具，唇边应向压力油侧，以保证密封 d. 外接泄油管径过细或管道过长→更换合适的泄油管道
柱塞泵振动噪声过大	① 泵内未注油液或未注满→重新注油 ② 泵一直在低压下运行→上高压5～10min排空气 ③ 油的黏度过大，油温低于所允许的工作温度范围→更换适合于工作温度的油液或启动前低速暖机运行 ④ 油液中进水或混有杂质（劣质油呈黑色）→换油 ⑤ 吸油通道阻力过大，过滤网部分堵塞，管道过长弯头太多→减少吸油通道阻力 ⑥ 吸油管道漏气→用黄油涂于接头上检查并排除漏气 ⑦ 液压系统漏气（回油管没有插入液面以下）→把所有的回油管均插入油面以下200mm ⑧ 泵与原动机同轴度差，或轴头干涉及联轴器松动产生振动→重新调整同轴度ϕ0.05mm；停车后手旋联轴器应手感轻松 ⑨ 油箱中油液不足或泄油管没有插到液面以下→增加油箱中的油液使液面在规定范围内，将泄油管插到液面以下 ⑩ 未按“推荐管道、阀门或管接头通径尺寸”配管→改正 ⑪ 油箱中通气孔或滤气器堵塞→清洗油箱上的通气孔滤气器 ⑫ 系统管路振动→设置管夹，减振

续表

故障现象	排除方法
柱塞泵振动噪声过大	**特别注意** 若正常使用过程中泵的噪声突然增大，则必须停机！其原因大多数是柱塞和滑靴滚压包球铰接松动，或泵内部零件损坏→请制造厂检修，或由有经验的工人技术员拆解检修
柱塞泵异常发热	① 油液黏度不当→更换油液 ② 油箱容量过小→加大油箱面积，或增设冷却装置 ③ 泵或液压系统漏损过大→检修有关元件 ④ 油箱油温不高，但泵发热： a．泵长期在零偏角或低压下运转，使泵漏损过小→液压系统阀门的回油管上分流一根支管通入泵下部的放油口内，使泵体产生循环冷却 b．漏损过大使泵发热→检修泵 c．装配不良，间隙选配不当→按装配工艺进行装配，测量间隙重新配研，达到规定合理间隙 ⑤ 油液黏度不当→更换油液 ⑥ 油箱容量过小→加大油箱面积，或增设冷却装置 ⑦ 泵或液压系统漏损过大→检修有关元件 ⑧ 油箱油温不高，但泵发热： a．泵长期在零偏角或低压下运转，使泵漏损过小→液压系统阀门的回油管上分流一根支管通入泵下部的放油口内，使泵体产生循环冷却 b．漏损过大使泵发热→检修泵 c．装配不良，间隙选配不当→按装配工艺进行装配，测量间隙重新配研，达到规定合理间隙
柱塞泵回油管回油过多	配油盘和缸体、变量头和滑靴两对运动副磨损→更换这两对运动副

6.2.9　液压马达的维修

液压马达为执行元件，将液压能（输入压力和流量）转变为连续回转机械能（输出转速和转矩）。

液压马达的基本构成（与泵类似）有定子、转子、挤子，密闭腔、配油机构，其实物如图 6-22 所示，图形符号如表 6-6 所示。

图 6-22　液压马达

表 6-6　液压马达的图形符号

类型	单向定量马达	双向定量马达	单向变量马达	双向变量马达	摆动马达
图形符号					

液压马达常见故障及排除方法见表 6-7。

① 转速过低和转矩小；

② 转速过高；

③ 内泄漏大；

④ 外泄漏大；

⑤ 噪声大。

表 6-7 液压马达常见故障及排除方法

故障现象	排除方法
液压马达转速过低和转矩小	主要原因为液压泵供油量不足 ① 原动机转速不够→找出原因，进行调整 ② 吸油过滤器滤网堵塞→清洗或更换滤芯 ③ 油箱中油量不足或吸油管径过小造成吸油困难→加足油量、适当加大管径，使吸油通畅 ④ 密封不严，有泄漏，空气侵入内部→拧紧有关接头，防止泄漏或空气侵入 ⑤ 油的黏度过大→选择黏度小的油液 ⑥ 液压泵轴向及径向间隙过大，内泄增大→适当修复液压泵 ⑦ 变量机构失灵→检修或更换
液压马达易损坏	配油盘的支承弹簧疲劳，失去作用→检查和更换支承弹簧
液压马达转速过高（供油量过大所致）	① 液压泵原动机转速过高→更换或调整 ② 变量泵流量设定值过大→重新调整 ③ 流量阀通流面积过大→重新调整 ④ 超越负载作用→平衡或布置其他约束
液压马达内泄漏量过大	① 配油盘磨损严重→检查配油盘接触面并修复 ② 轴向间隙过大→检查并将轴向间隙调至规定范围 ③ 配油盘与缸体端面磨损，轴向间隙过大→修磨缸体及配油盘端面 ④ 弹簧疲劳→更换弹簧 ⑤ 柱塞与缸体磨损严重→研磨缸体孔、重配柱塞
液压马达外泄漏量大	① 轴端密封损坏，磨损→更换密封圈并查明磨损原因 ② 盖板处的密封圈损坏→更换密封圈 ③ 结合面有污物或螺栓未拧紧→检查、清除并拧紧螺栓 ④ 管接头密封不严→拧紧管接头
液压马达噪声大	① 密封不严，有空气侵入内部→检查有关部位的密封，紧固各连接处 ② 液压油被污染，有气泡混入→更换清洁的液压油 ③ 油温过高或过低→检查温控组件工作状况 ④ 联轴器不同心→校正同心 ⑤ 液压油黏度过大→更换黏度较小的油液 ⑥ 液压马达的径向尺寸严重磨损→修磨缸孔，重配柱塞 ⑦ 叶片已磨损→尽可能修复或更换 ⑧ 叶片与定子接触不良，有冲撞现象→修整 ⑨ 定子磨损→进行修复或更换，如因弹簧过硬造成磨损加剧，则应更换刚度较小的弹簧

6.2.10 液压缸的维修

液压缸俗称油缸，是液压系统应用广泛的执行元件。其作用是将液压介质的压力能转换为往复直线运动机械能，并依靠压力油液驱动与其外伸杆相连的工作机构（装置）运动而做功。

液压缸的种类繁多，按结构特点分为活塞式、柱塞式和组合式三类；而按作用方式又可分为单作用式和双作用式。图形符号如表 6-8 所示，工作原理与结构分别如图 6-23～图 6-25 所示。

表 6-8 常用液压缸图形符号

类型	活塞式液压缸		柱塞式液压缸	组合式液压缸	
	双杆活塞缸	单杆活塞杆		增压缸	双作用伸缩缸
图形符号	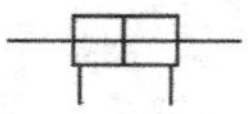	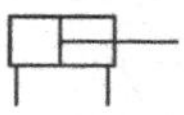	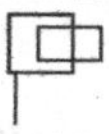	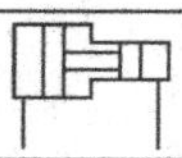	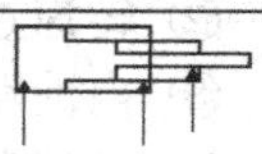

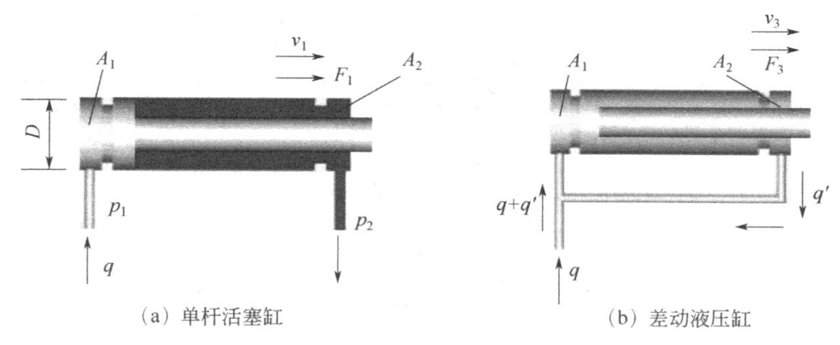

（a）单杆活塞缸　（b）差动液压缸

图 6-23　液压缸原理图

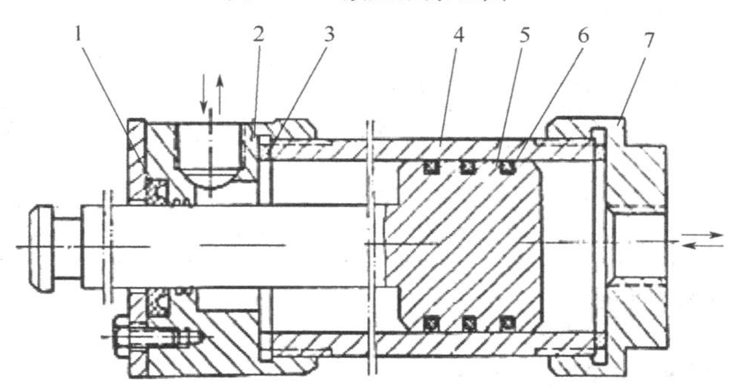

图 6-24　单杆液压缸的结构

1—Y形密封圈；2，7—缸盖；3—铜垫；4—缸筒；5—活塞（杆）；6—O形密封圈；

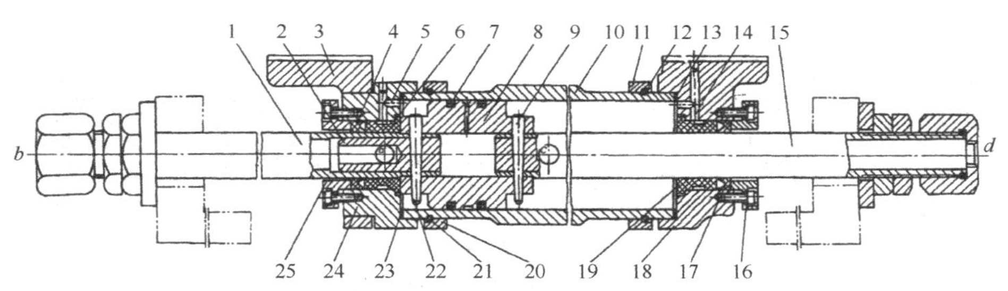

图 6-25　双杆液压缸的结构

1—活塞杆；2—堵头；3—托架；4，7—密封圈；5—排气孔；6，19—导向套；
8—活塞；9，22—锥销；10—缸筒；11，20—压板；12，21—钢丝环；
13，23—纸垫；14—排气孔；15—活塞杆；16，25—压盖；17—密封圈；18，24—缸盖；

液压缸常见故障及排除方法见表 6-9。

表 6-9　液压缸常见故障及排除方法

故障现象	排除方法
液压缸移动速度下降	① 液压泵、溢流阀等元件有故障，系统未供油或量少→检修泵、阀等元件 ② 缸筒与活塞配合间隙太大、活塞上的密封件磨坏；缸体内孔圆柱度超差、活塞左右两腔互通→提高液压缸的制造和装配精度；保证密封件的质量和工作性能 ③ 油温过高，黏度太低→检查发热温升原因，选用合适的液压油黏度 ④ 流量控制元件选择不当，压力控制元件调压过低→合理选择和调节流量和压力控制元件
液压缸输出力不足	① 液压缸内泄漏严重（如密封件磨损、老化、损坏或唇口装反）→更换或重装密封件 ② 系统调定压力过低→重新调整系统压力 ③ 活塞移动时阻力太大，如缸体与活塞、活塞杆与导向套等配合间隙过小，液压缸制造、装配等精度不高→提高液压缸的制造和装配精度 ④ 脏物等进入滑动部位→过滤或更换油液

续表

故障现象	排除方法
液压缸工作机构爬行故障	① 液压缸内有空气或油液中有气泡，如从泵、缸等负压上吸入外界空气→拧紧管接头，减少进入系统的空气 ② 液压缸无排气装置→设置排气装置并在工作之前先将缸内空气排除；缸至换向阀间的管道容积要小，以免该管道存气排不尽 ③ 缸体内孔圆柱度超差、活塞杆局部或全长弯曲、导轨精度差、楔铁等调得过紧或弯曲→提高缸和系统的制造安装精度 ④ 导轨润滑润滑不良，出现干摩擦→在润滑油中加添加剂
液压缸的缓冲装置故障，(即终点速度过慢或出现撞击噪声)	① 固定式节流缓冲装置配合间隙过小或过大→更换不合格零件 ② 可调式节流缓冲装置调节不当，节流过度或处于全开状态→调节缓冲装置中的节流元件至合适位置并紧固 ③ 缓冲装置制造和装配不良，如镶在缸盖上的缓冲环脱落，单向阀装反或阀座密封不严→提高缓冲装置制造和装配精度
液压缸外泄漏大	① 密封件质量差，活塞杆明显拉伤→密封件质量要好，保管使用合理，密封件磨损严重时要及时更换 ② 液压缸制造和装配质量差，密封件磨损严重→提高活塞杆和沟槽尺寸的制造精度 ③ 油温过高或油的黏度过低→油液黏度要合适，检查温升原因并排除

6.2.11 普通单向阀的维修

单向阀有普通单向阀和液控单向阀两类。

普通单向阀只允许液流沿管道一个方向通过，反向流动则被截止，如图6-26所示。

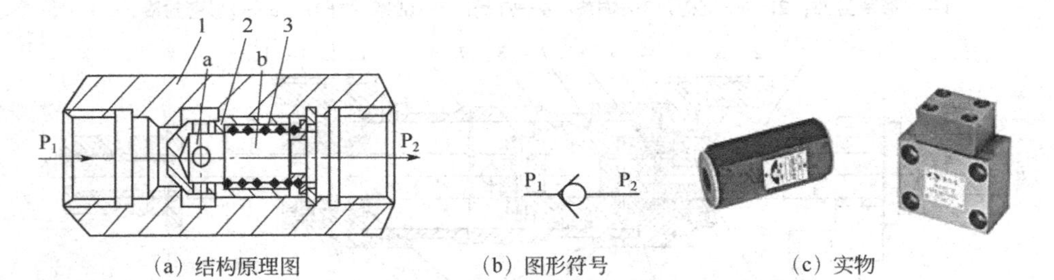

(a) 结构原理图　(b) 图形符号　(c) 实物

图6-26　普通单向阀的工作原理及图形符号

1—阀体；2—阀芯；3—弹簧

普通单向阀常见故障及排除方法见表6-10。

表6-10　普通单向阀常见故障及排除方法

故障现象	排除方法
普通单向阀反向截止时，阀芯不能将液流严格封闭而产生泄漏	① 阀芯与阀座接触不紧密→重新研配阀芯与阀座 ② 阀体孔与阀芯的不同轴度过大→检修或更换 ③ 阀座压入阀体孔有歪斜→拆下阀座重新压装 ④ 油液污染严重→过滤或换油
普通单向阀启闭不灵活，阀芯卡阻	① 阀体孔与阀芯的加工精度低，二者的配合间隙不当→修整 ② 弹簧断裂或过分弯曲→更换弹簧 ③ 油液污染严重→过滤或换油
普通单向阀外泄漏	① 管式阀螺纹连接处螺纹配合不良或接头未拧紧→拧紧螺纹接头并在螺纹间缠绕聚四氟乙烯密封胶带 ② 板式阀安装面密封圈漏装→补装密封圈 ③ 阀体有气孔砂眼→焊补或更换阀体

6.2.12 液控单向阀的维修

液控单向阀除了能实现普通单向阀的功能外，还可按需要由外部油压控制，实现反向接通功能，如图6-27、图6-28所示。

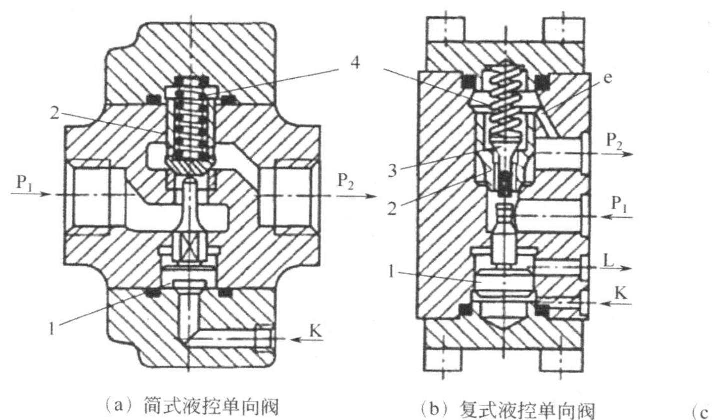

（a）简式液控单向阀　（b）复式液控单向阀　（c）图形符号

图6-27 液控单向阀的结构及图形符号

1—控制活塞；2—主阀芯；3—卸载阀芯；4—弹簧

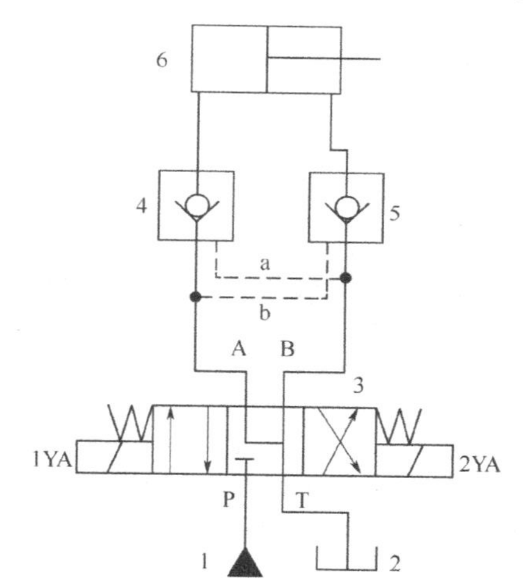

图6-28 液控单向阀应用——液压缸锁紧回路

1—油源；2—油箱；3—三位四通电磁换向阀；4，5—液控单向阀；6—液压缸

液控单向阀常见故障及排除方法见表6-11。

表6-11 液控单向阀常见故障及排除方法

故障现象	排除方法
液控单向阀反向截止时，阀芯不能将液流严格封闭而产生泄漏	与普通单向阀故障原因相同→与普通单向阀故障处理方法相同
复式液控单向阀不能反向卸载	阀芯孔与控制活塞孔的同轴度误差大、控制活塞端部弯曲，导致控制活塞顶杆顶不到卸载阀芯，使卸载阀芯不能开启→修整或更换
液控单向阀关闭时不能回复到初始封油位置	与普通单向阀故障原因相同→与普通单向阀故障处理方法相同
液控单向阀噪声大	① 与其他阀共振→更换弹簧 ② 选用错误→重新选择
液控单向阀外泄漏	同普通单向阀故障原因→同普通单向阀故障处理方法

6.2.13 换向阀的维修

换向阀的主要功能是通过改变阀芯在阀体内的相对工作位置而相对运动，实现使阀体上的油口连通或断开，从而改变液流的方向，控制液压执行元件的启动、停止或换向。

换向阀类型主要有滑阀式、转阀式和球阀式三大类，应用最为广泛的是滑阀式换向阀，根据具体的结构和功能，有可细分为三位四通手动换向阀、二位二通机动换向阀等6类。

（1）三位四通手动换向阀（见图6-29）

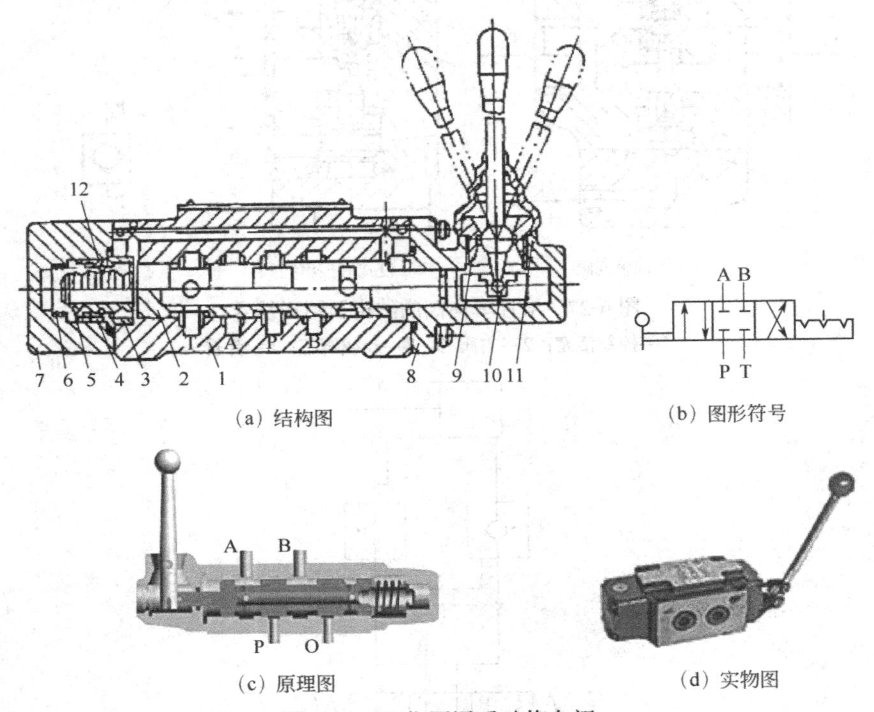

图6-29 三位四通手动换向阀

1—阀体；2—阀芯；3—球座；4—护球圈；5—定位套；6—弹簧；7—后盖；8—前盖；9—螺套；10—手柄；11—防尘套；12—钢球

（2）二位二通机动换向阀（见图6-30～图6-32）

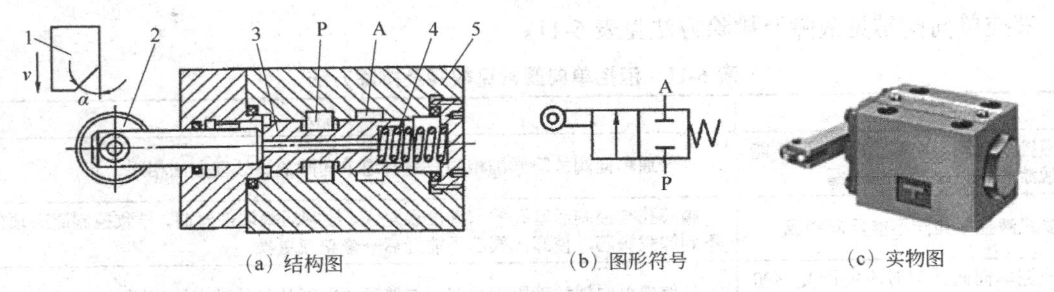

图6-30 二位二通机动换向阀

1—活动挡块；2—滚轮；3—阀芯；4—弹簧；5—阀体

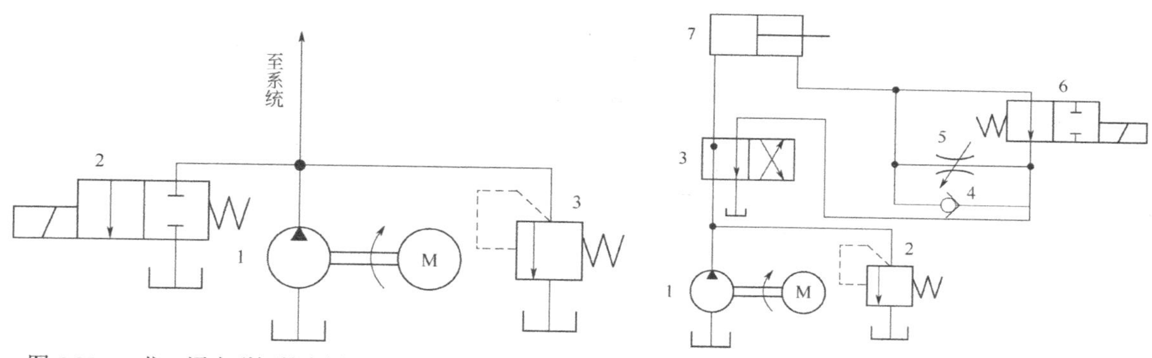

图6-31 二位二通电磁阀的应用——旁路卸荷回路
1—液压泵；2—二位二通电磁换向阀；3—溢流阀

图6-32 二位二通电磁阀的应用——快慢速度换接回路
1—液压泵；2—溢流阀；3—二位四通换向阀；4—单向阀；5—节流阀；6—二位二通电磁阀；7—液压缸

（3）二位三通电磁换向阀（见图6-33、图6-34）

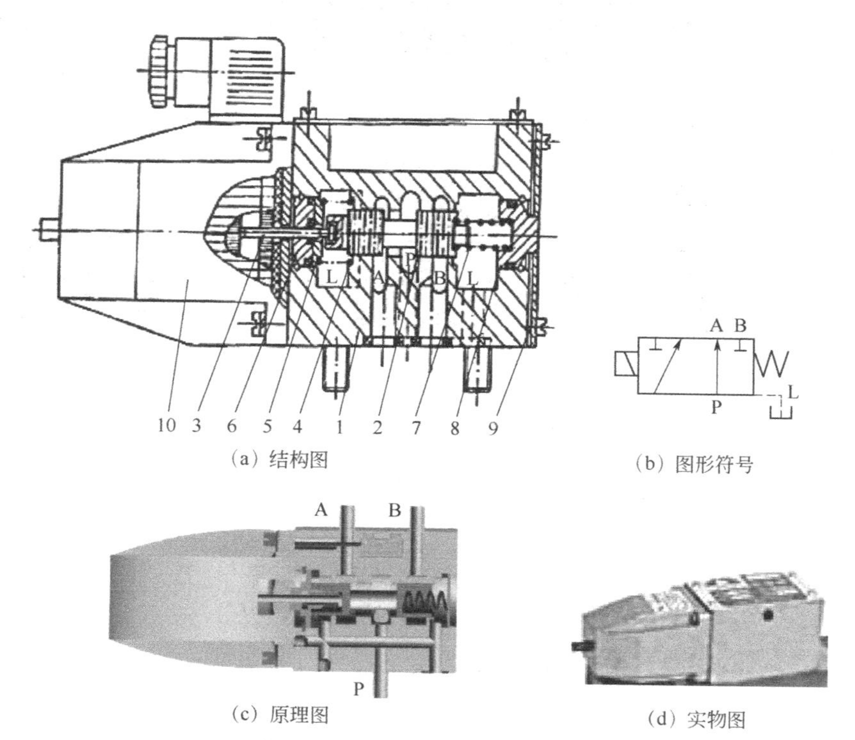

图6-33 二位三通电磁换向阀
1—阀体；2—阀芯；3—推杆；4—支承弹簧；5—弹簧座；6—O形圈座；7—复位弹簧；8—复位弹簧座；9—后盖；10—电磁铁

（4）三位四通电磁换向阀（见图6-35～图6-37）

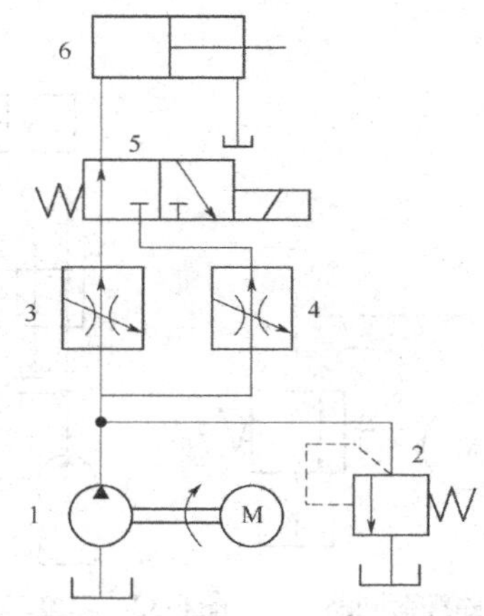

图 6-34　二位三通电磁换向阀的应用——二次工进速度换接回路

1—液压泵；2—溢流阀；3，4—调速阀；5—二位三通电磁换向阀；6—液压缸

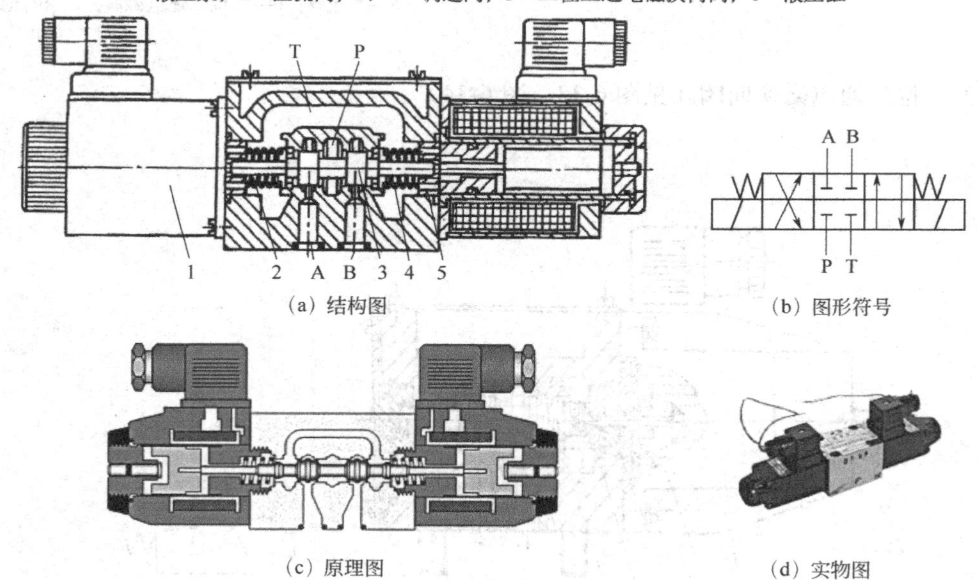

(a) 结构图　　(b) 图形符号

(c) 原理图　　(d) 实物图

图 6-35　三位四通电磁换向阀

1—电磁铁；2—推杆；3—阀芯；4—弹簧；5—挡圈

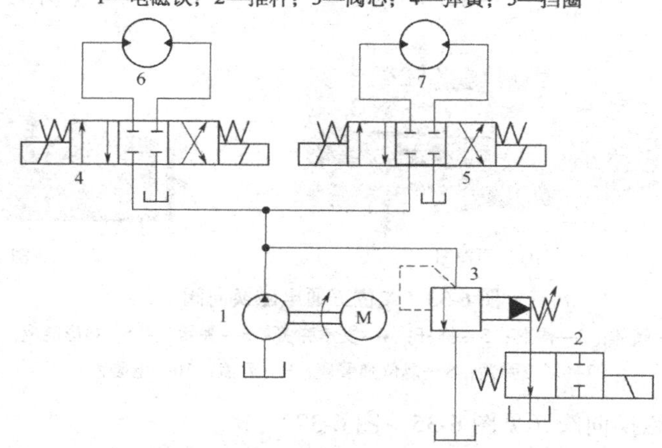

图 6-36　三位四通电磁换向阀的应用——双马达并联控制回路

1—液压泵；2—二位二通电磁换向阀；3—溢流阀；4，5—三位四通主换向阀；6，7—液压马达

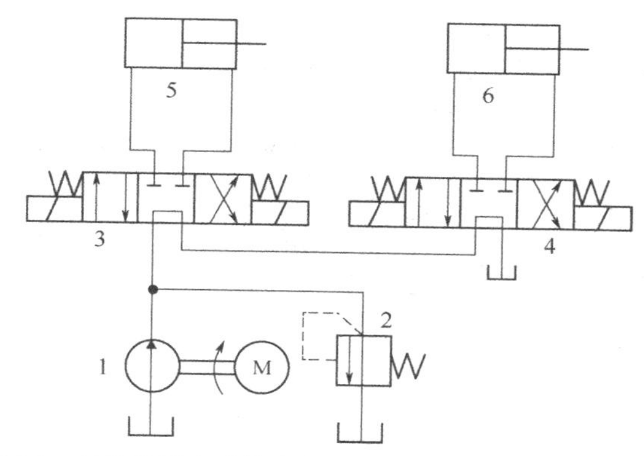

图 6-37　三位四通电磁换向阀的应用——双缸串联控制回路

1—液压泵；2—溢流阀；3，4—M型中位能；三位四通主换向阀；5，6—液压缸

（5）三位四通液动换向阀（见图 6-38）

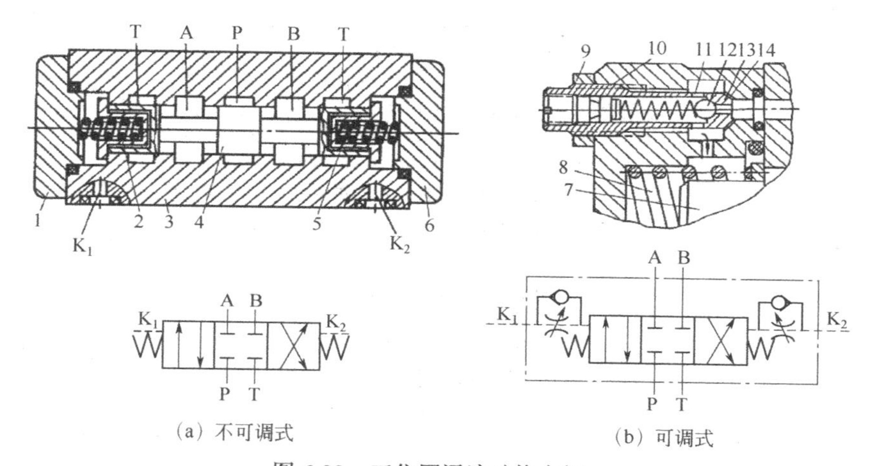

图 6-38　三位四通液动换向阀

1，6—端盖；2，5—弹簧；3—阀体；4—阀芯；7—换向阀芯；8—控制腔；9—锁定螺母；10—螺纹；11—径向孔；12—钢球式单向阀；13—锥阀式节流器；14—节流缝隙

（6）三位四通电液动换向阀（见图 6-39）

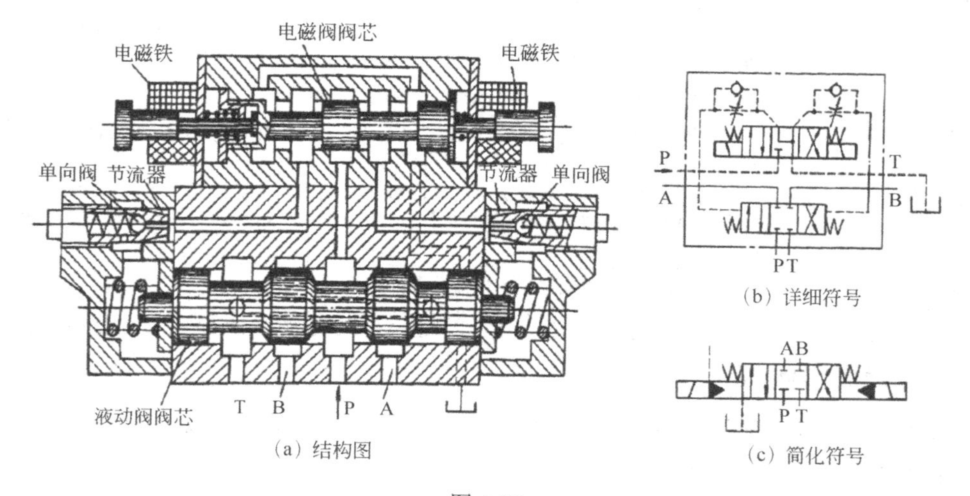

图 6-39

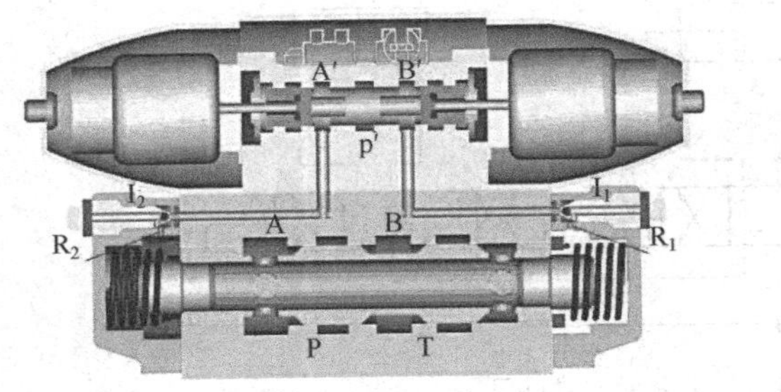

(d) 原理图

(e) 实物图

图 6-39 三位四通电液动换向阀

换向阀常见故障及排除方法见表 6-12。

表 6-12 换向阀常见故障及排除方法

故障现象	排除方法
换向阀阀芯不能移动（卡阻）	① 换向阀阀芯表面划伤阀体内孔划伤、油液污染使阀芯卡阻、阀芯弯曲→卸开换向阀，仔细清洗，研磨修复阀体，校直或更换阀芯 ② 阀芯与阀体内孔配合间隙不当，间隙过大，阀芯在阀体内歪斜，使阀芯卡住；间隙过小，摩擦阻力增加，阀芯移不动→检查配合间隙：间隙太小，研镗阀芯；间隙太大，重配阀芯。也可以采用电镀工艺，增大阀芯直径（阀芯直径小于 20mm 时，正常配合间隙在 0.008～0.015mm 范围内；阀芯直径大于 20mm 时，间隙在 0.015～0.025mm 正常配合范围内） ③ 弹簧太软，阀芯不能自动复位；弹簧太硬，阀芯推不到位→更换弹簧 ④ 手动换向阀的连杆磨损或失灵→更换或修复连杆 ⑤ 电磁换向阀的电磁铁损坏→更换或修复电磁铁 ⑥ 液动换向阀或电液动换向阀两端的单向节流器失灵→仔细检查节流器是否堵塞，单向阀是否泄漏，并进行修复 ⑦ 液动或电液动换向阀的控制压力油压力过低→检查压力低的原因，对症解决 ⑧ 油液黏度太大→更换黏度适合的油液 ⑨ 油温太高，阀芯热变形卡住→查找油温高原因并降低油温 ⑩ 连接螺钉有的过松，有的过紧，致使阀体变形，致使阀芯移不动，另外，安装基面平面度超差，紧固后面体也会变形→松开全部螺钉，重新均匀拧紧。如果因安装基面平面度超差阀芯移不动，则重磨安装基面，使基面平面度达到规定要求
换向阀电磁铁线圈过热或烧坏	① 线圈绝缘不良→更换电磁铁线圈 ② 电磁铁铁芯轴线与阀芯轴线同轴度不良→拆卸电磁铁重新装配 ③ 供电电压太高→按规定电压值纠正 ④ 供电电压太高→按规定电压值纠正 ⑤ 阀芯被卡住，电磁力推不动阀芯→拆开换向阀，仔细检查弹簧是否太硬、阀芯是否被脏物卡住以及其他推不动阀芯的原因，进行修复并更换电磁铁线圈 ⑥ 回油口背压过高→检查背压过高原因，对症解决
换向阀外泄漏	① 泄油腔压力过高或 O 形密封圈失效造成电磁阀推杆处外渗漏→检查泄油腔压力，如对于多个换向阀泄油腔串接在一起，则将它们分别接回油箱；更换密封圈 ② 安装面粗糙、安装螺钉松动、漏装 O 形密封圈或密封圈失效→磨削安装面使其粗糙度符合产品要求（通常阀的安装面的表面粗糙度 *Ra* 不大于 0.8μm）；拧紧螺钉；补装或更换 O 形密封圈
换向阀噪声过大	① 电磁铁推杆过长或过短→修整或更换推杆 ② 电磁铁铁芯的吸合面不平或接触不良→拆开电磁铁，修整吸合面，清除污物

6.2.14 溢流阀的维修

溢流阀的功能主要是控制液压系统中的油液压力，以满足执行元件对输出力（输出转矩）及运动状态的不同需求。

溢流阀的类型有直动式溢流阀、减压阀、顺序阀和压力继电器等，其共同特点是利用液压力和弹簧力的平衡原理进行工作，调节弹簧的预压缩量（预调力）即可获得不同的控制压力。

（1）直动式溢流阀（见图6-40、图6-41）

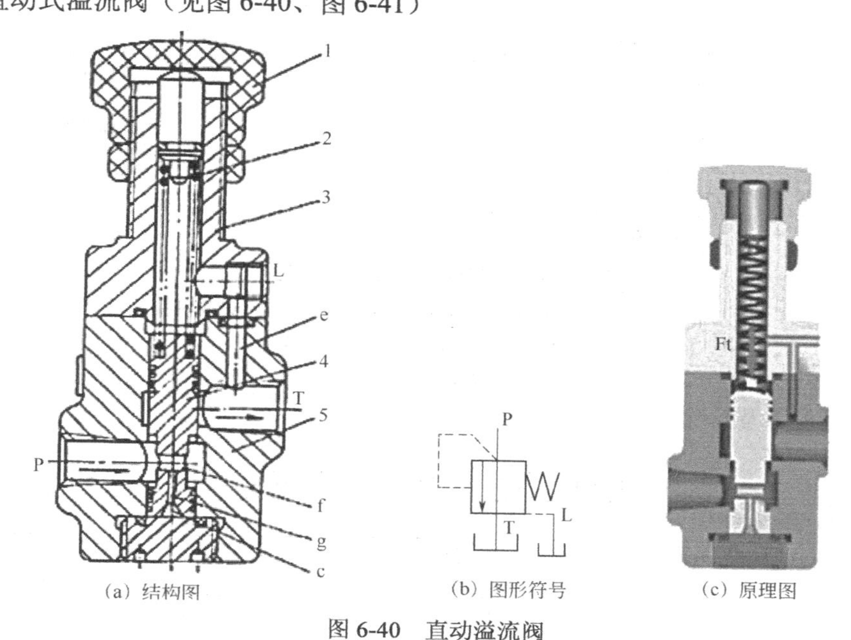

（a）结构图　（b）图形符号　（c）原理图

图6-40 直动溢流阀

1—调压螺母；2—调压弹簧；3—阀盖；4—阀芯；5—阀体

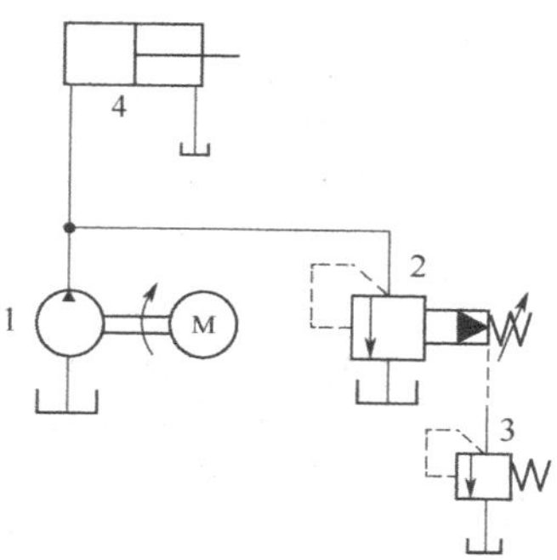

图6-41 直动溢流阀应用——远程调压回路

1—定量泵；2—先导式溢流阀；3—直动溢流阀；4—液压缸

（2）二节同心先导式溢流阀（见图6-42）

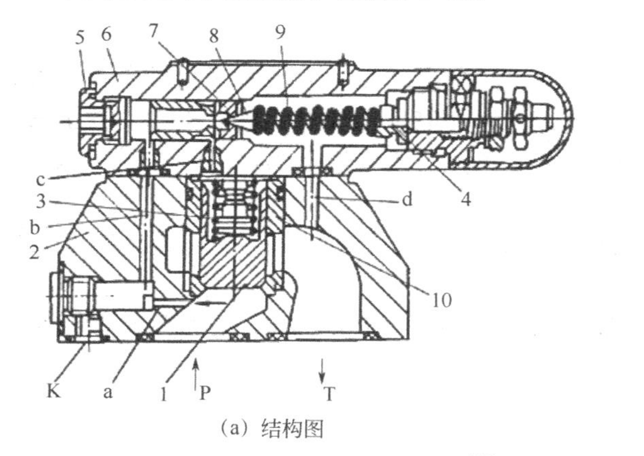

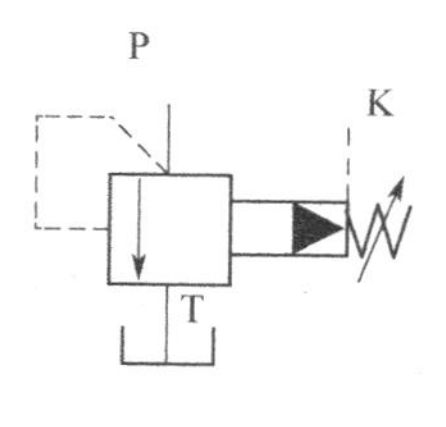

（a）结构图　（b）图形符号

图6-42

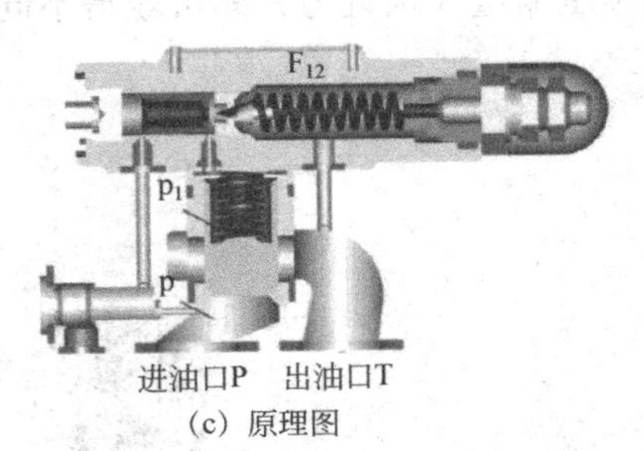

(c) 原理图

(d) 实物图

图 6-42 二节同心先导式溢流阀

1—主阀芯；2—主阀体；3—复位弹簧；4—弹簧座及调节杆；
5—螺堵；6—阀盖；7—锥阀座；8—锥阀芯；
9—调压弹簧；10—主阀套

溢流阀常见故障及排除方法见表 6-13。

表 6-13 溢流阀常见故障及排除方法

故障现象	排除方法
溢流阀调紧调压机构不能建立压力或压力不能达到额定值	① 进出口装反→检查进出口方向并更正 ② 先导式溢流阀的导阀芯与阀座出密封不严，可能有异物（如棉丝）存在于导阀芯与阀座间→拆检并清洗导阀，同时检查油液污染情况，如污染严重，则应换油 ③ 阻尼孔被堵塞→拆洗，同时检查油液污染情况，如污染严重，则应换油 ④ 调压弹簧变形、压并或折断→更换
溢流阀调压过程中压力非连续、不均匀上升	调压弹簧弯曲或折断→拆检换新
溢流阀调松调压机构压力不下降甚至不断上升	① 先导阀孔堵塞→检查导阀孔是否堵塞，如正常，再检查主阀芯卡阻情况 ② 主阀芯卡阻→拆检主阀芯，若发现阀孔与主阀芯有划伤，则用油石和金相砂纸先磨后抛；如检查正常，则应检查主阀芯的同心度，如同心度差，则应拆下重新安装，并在试验台上调试正常后再装上系统
溢流阀噪声和振动过大	先导阀弹簧自振频率与调压过程中产生的压力-流量脉动合拍，产生共振→迅速拧调节螺杆，使之超过共振区，如无效或实际上不允许这样做（如压力值正在工作区，无法超过），则在先导阀高压油进口处增加阻尼，如在空腔内加一个松动的堵，缓冲先导阀的先导压力-流量脉动

6.2.15 顺序阀的维修

顺序阀的功能主要是控制多个执行元件的先后顺序动作。通常顺序阀可看做二位二通液动换向阀，其开启和关闭压力可用调压弹簧设定，当控制压力（阀的进口压力或液压系统某处的压力）达到或低于设定值时，阀可以自动打开或关闭，实现进、出口间的通断，从而使多个执行元件按先后顺序动作。

顺序阀可分为直动式和先导式，按压力控制方式的不同，有内控式和外控式之分，如图 6-43～图 6-45 所示。

顺序阀与单向阀组合可以构成单向顺序阀（平衡阀），可以防止立置液压缸及其工作机构因自重下滑。

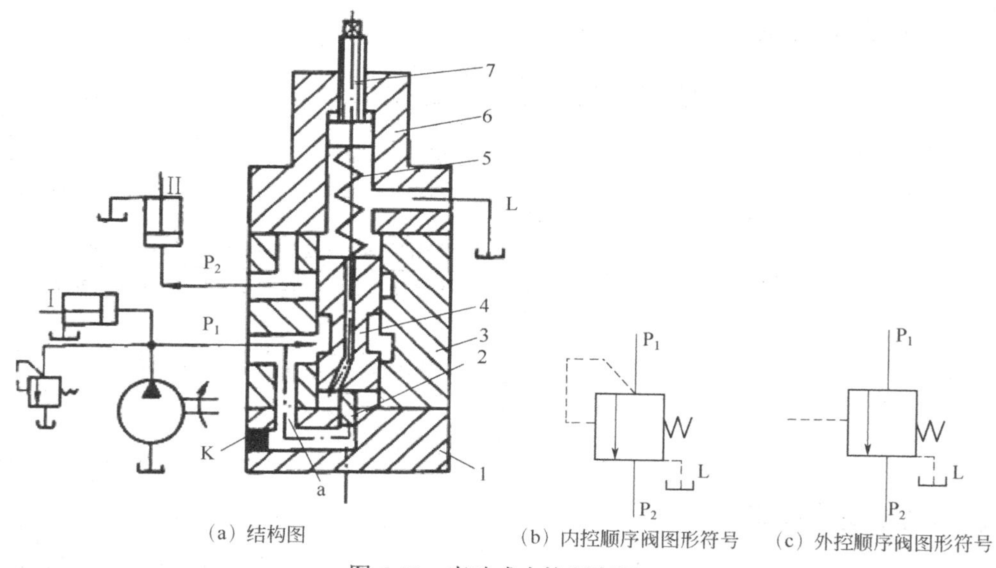

（a）结构图　（b）内控顺序阀图形符号　（c）外控顺序阀图形符号

图 6-43　直动式内控顺序阀

1—端盖；2—柱塞；3—阀体；4—阀芯（滑阀）；5—调压弹簧；
6—阀盖；7—调压螺钉；Ⅰ，Ⅱ—液压缸

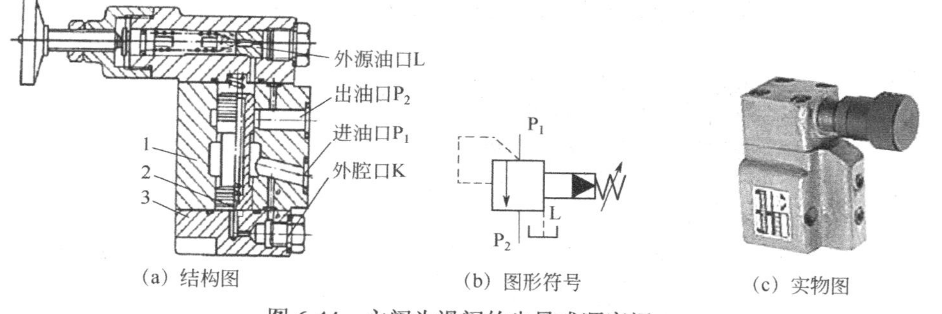

（a）结构图　（b）图形符号　（c）实物图

图 6-44　主阀为滑阀的先导式顺序阀

1—阀体；2—阻尼孔；3—底盖

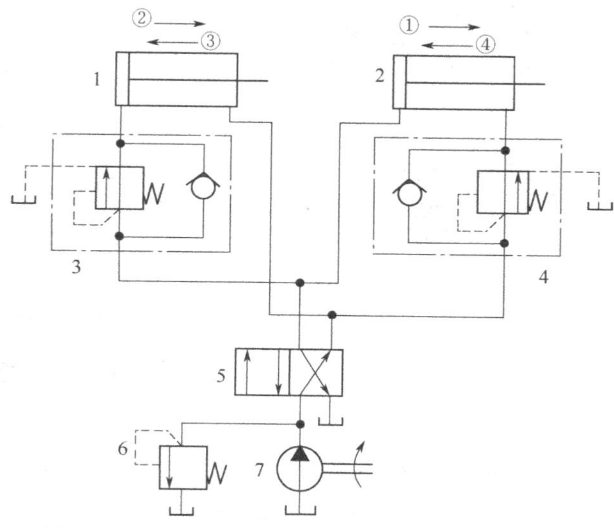

图 6-45　单向顺序阀的应用——双缸顺序动作回路

1，2—液压缸；3，4—单向顺序阀；5—二位四通换向阀；6—溢流阀；7—定量液

顺序阀常见故障及排除方法见表6-14。

表6-14 顺序阀常见故障及排除方法

故障现象	排除方法
顺序阀不能起顺序控制作用（子回路执行元件与主回路执行元件同时动作，非顺序动作）	① 先导阀泄漏严重→拆检、清洗与修理 ② 主阀芯卡阻在开启状态不能关闭→拆检、清洗与修理，过滤或更换油液 ③ 调压弹簧损坏或漏装→更换损坏调压弹簧或补装
顺序阀执行元件不动作	① 先导阀不能打开、先导管路堵塞→拆检、清洗与修理，过滤或更换油液 ② 主阀芯卡阻在关闭状态不能开启、复位弹簧卡死→拆检、清洗与修理，过滤或更换油液、修复或更换复位弹簧
顺序阀振动与噪声	① 回油阻力（背压）太高→降低回油阻力 ② 油温过高→控制油温在规定范围内

6.2.16 减压阀的维修

减压阀的功能主要是将较高的进口压力降低为所需的压力，然后输出，并保持输出压力恒定。

减压阀可分为直动式和先导式两类。

减压阀与单向阀组合可以构成单向减压阀，如图6-46、图6-47所示。

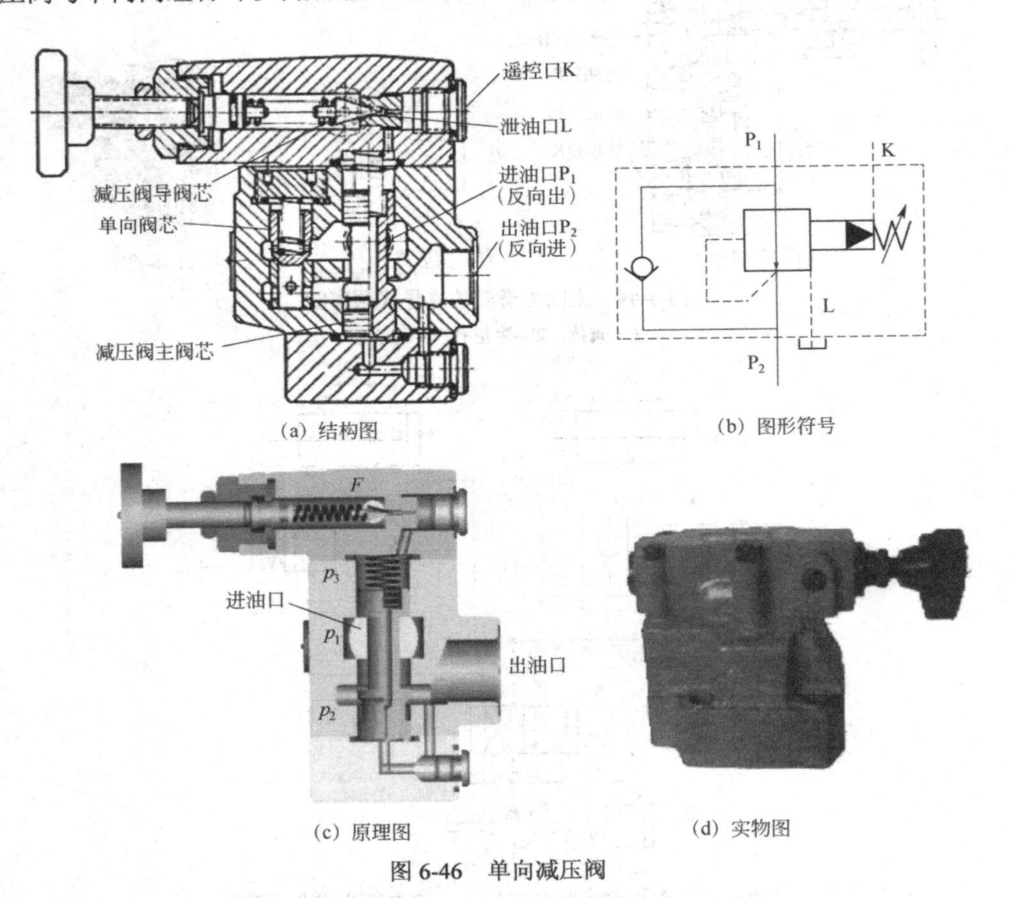

图6-46 单向减压阀

减压阀常见故障及排除方法见表6-15。

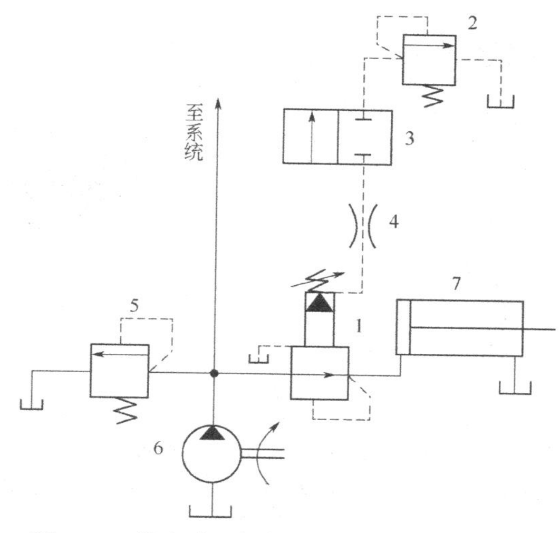

图 6-47　单向减压阀的应用——二级减压回路

1—先导式减压阀；2—远程调压阀；3—二位二通换向阀；4—固定节流器；5—溢流阀；6—定量液压泵；7—液压缸

表 6-15　减压阀常见故障及排除方法

故障现象	排除方法
减压阀不能减压或无输出压力	① 泄油口不通或泄油通道堵塞，使主阀芯卡阻在原始位置，不能关闭→检查拆洗泄油管路、泄油口使其通畅，若油液污染，则应换油 ② 无油源→检查油路，排除故障 ③ 主阀弹簧折断或弯曲变形→拆检换新
减压阀输出压力不能继续升高或压力不稳定	① 先导阀密封不严→修理或更换先导阀或阀座 ② 主阀芯卡阻在某一位置，负载有机械干扰→检查拆洗泄油管路、泄油口使其通畅，若油液污染，则应换油，检查排除执行元件机械干扰 ③ 单向减压阀中的单向阀泄漏过大→拆检、更换单向阀零件
减压阀调压过程中压力非连续升降，而是不均匀下降	调压弹簧弯曲或折断→拆检换新
减压阀噪声和振动大	原因与溢流阀相同→参照溢流阀故障处理方法

6.2.17　压力继电器的维修

压力继电器又称压力开关（pressure switch，PS），是利用液体压力与弹簧力的平衡关系来启闭电气微动开关触点的液电转换元件。

压力继电器由压力-位移转换机构和电气微动开关两部分组成。按压力-位移转换机构不同，压力继电器主要有柱塞式和薄膜式等类型。其中柱塞式应用较为普遍，如图 6-48～图 6-50 所示。

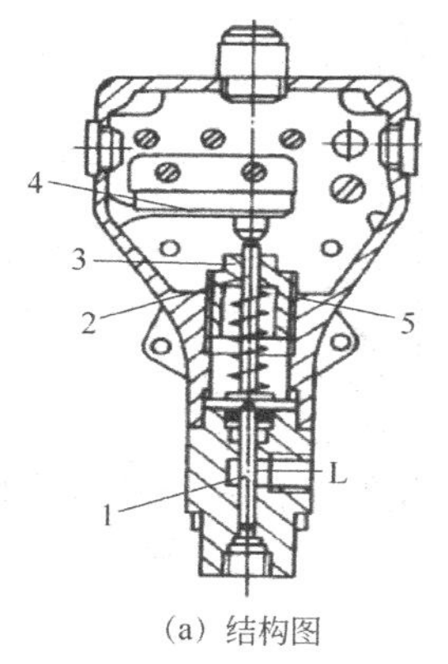

（a）结构图

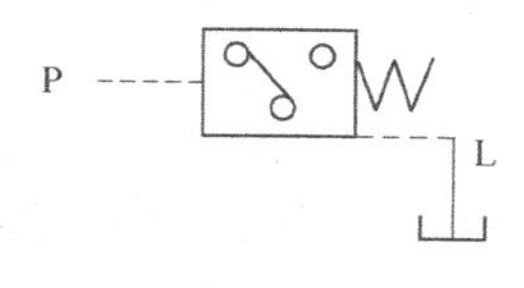

（b）图形符号

图 6-48

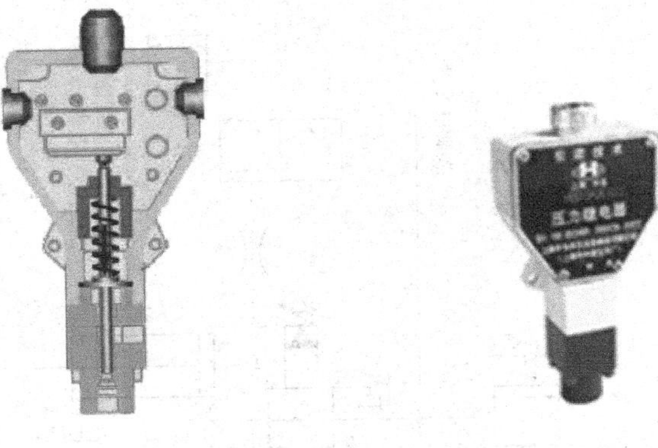

（c）原理图　　　　（d）实物图

图 6-48　柱塞式压力继电器

1—柱塞；2—顶杆；3—调节螺钉；4—微动开关；5—弹簧

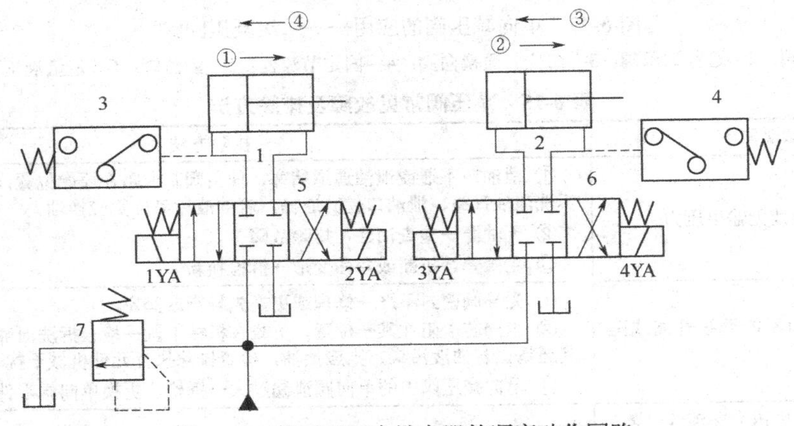

图 6-49　使用了压力继电器的顺序动作回路

1，2—液压缸；3，4—压力继电器；5，6—三位四通电磁换向阀；7—溢流阀

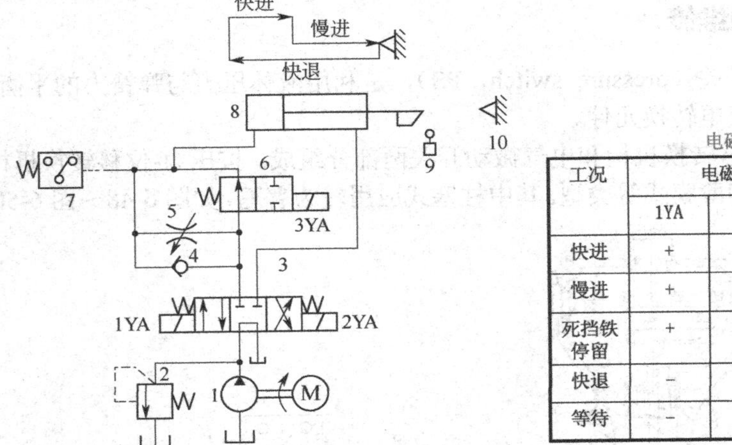

电磁铁动作顺序表

工况	电磁铁状态			备注
	1YA	2YA	3YA	
快进	+	−	−	
慢进	+	−	+	
死挡铁停留	+	−	+	压力继电器
快退	−	+	−	
等待	−	−	−	卸荷

图 6-50　压力继电器用于控制液压缸换向

1—液压泵；2—溢流阀；3—三位四通电磁换向阀；4—单向阀；5—节流阀；6—两位两通电磁换向阀；7—压力断电器；8—液压缸；9—行程开关；10—挡铁

压力继电器常见故障及排除方法见表 6-16。

表 6-16 压力继电器常见故障及排除方法

故障现象	产生原因	排除方法
压力断电器失灵	微动开关损坏不发信号	修复或更换
	微动开关发信号，但 ① 调节弹簧永久变形 ② 压力-位移机构卡阻	① 更换弹簧 ② 拆洗压力-位移机构
压力继电器灵敏度降低	① 压力-位移机构卡阻 ② 微动开关支架变形或零位可调部分松动引起微动开关空行程过大 ③ 泄油背压过高	① 拆洗压力-位移机构 ② 拆检或更换微动开关支架 ③ 检查泄油路是否接至油箱或是否堵塞

6.2.18 节流阀的维修

节流阀功能主要是通过改变阀芯与阀口之间的节流通流面积的大小来控制阀的通过流量，从而调节和控制执行元件运动速度（或转速）。

节流阀节流通流面积越小，通过的流量越小；反之，通过的流量越大。

流量阀常用类型的有节流阀和调速阀等，其中节流阀是结构最简单应用最广泛的流量阀，如图 6-51 所示。

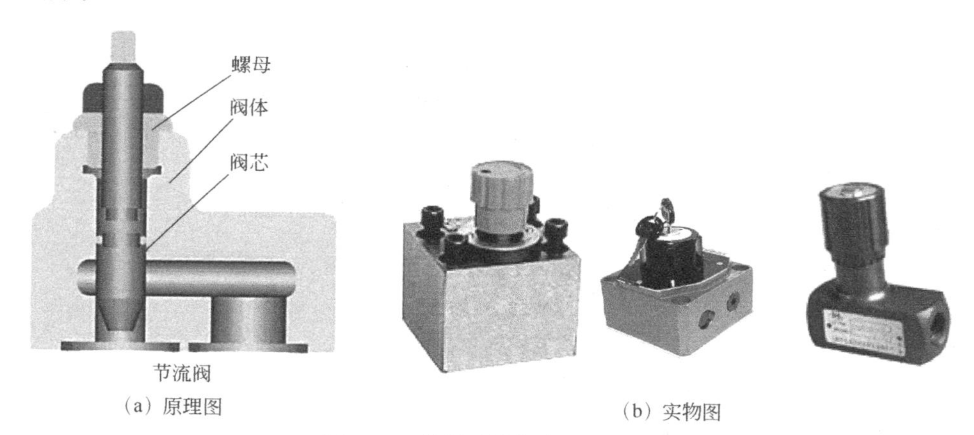

（a）原理图 （b）实物图

图 6-51 普通节流阀实物外形图

节流阀常见故障及排除方法见表 6-17。

表 6-17 节流阀常见故障及排除方法

故障现象	排除方法
节流阀流量调节失灵	① 密封失效→拆检或更换密封装置 ② 弹簧失效→拆检或更换弹簧 ③ 油液污染致使阀芯卡阻→拆开并清洗阀或换油
节流阀流量不稳定	① 锁紧装置松动→锁紧调节螺钉 ② 节流口堵塞→拆洗节流阀 ③ 内泄漏量过大→拆检或更换阀芯与密封 ④ 油温过高→降低油温 ⑤ 负载压力变化过大→尽可能使负载不变化或少变化

6.2.19 调速阀的维修

调速阀本质上是由减压阀与节流阀串联而成，如图 6-52 所示。

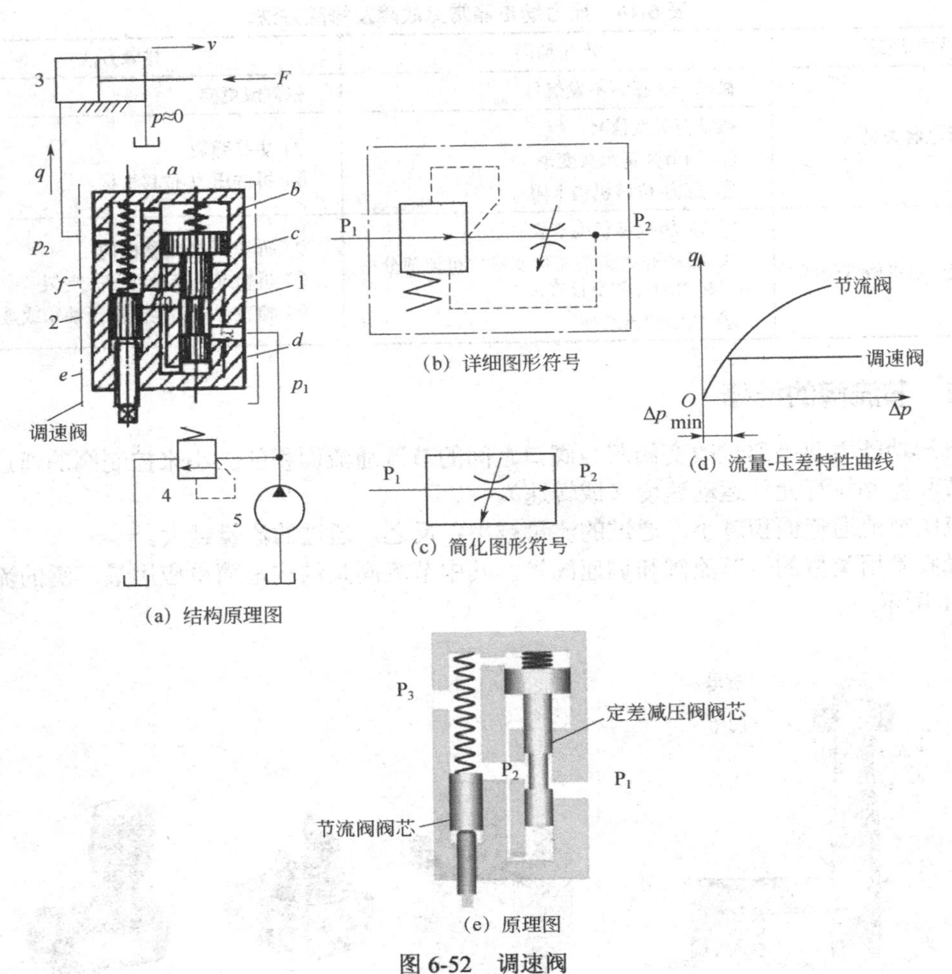

图 6-52 调速阀

1—减压阀；2—节流阀；3—液压缸；4—溢流阀；5—液压泵

调速阀常见故障及排除方法见表 6-18。

表 6-18 调速阀常见故障及排除方法

故障现象	排除方法
调速阀流量调节失灵	与节流阀相同
调速阀流量不稳定	① 调速阀进出口接反，压力补偿器（减压阀）不起作用→检查并正确连接进出口 ② 锁紧装置松动→锁紧调节螺钉 ③ 节流口堵塞→拆洗节流阀 ④ 内泄漏量过大→拆检或更换阀芯与密封 ⑤ 油温过高→降低油温

6.2.20 注塑机典型动作的液压回路

（1）方向阀控制合模动作回路（见图 6-53）

（2）插装阀控制合模动作回路（见图 6-54）

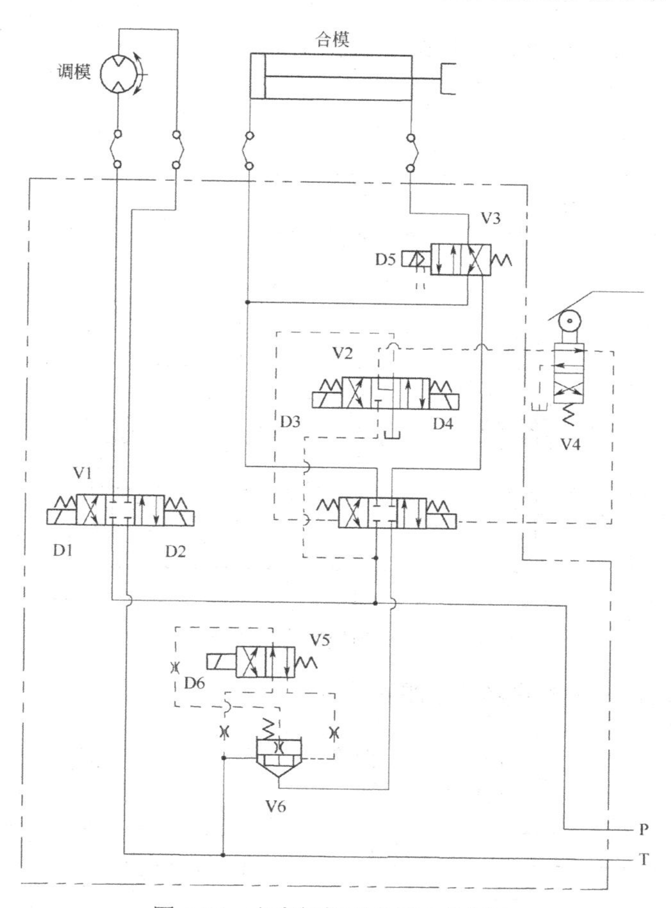

图 6-53　方向阀控制合模动作回路

图 6-54　插装阀控制合模动作回路

（3）方向阀控制注射/预塑回路（见图 6-55）

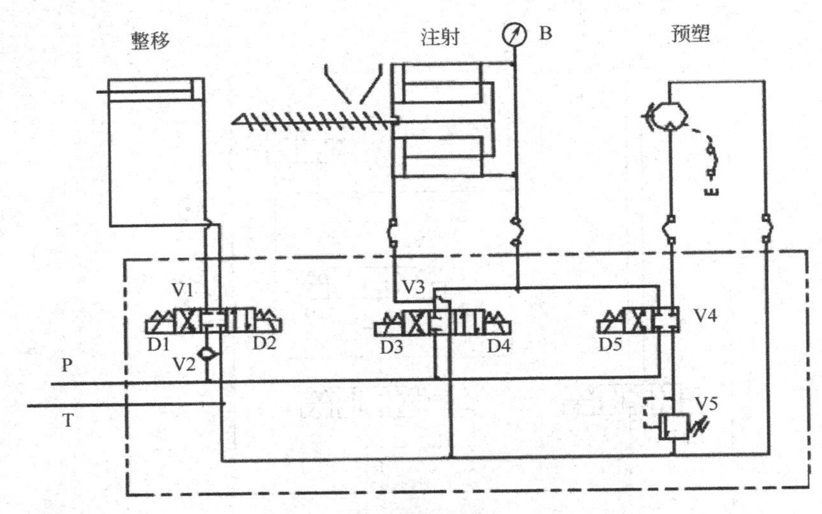

图 6-55 方向阀控制注射/预塑回路

（4）插装阀控制注射/预塑回路（见图 6-56）

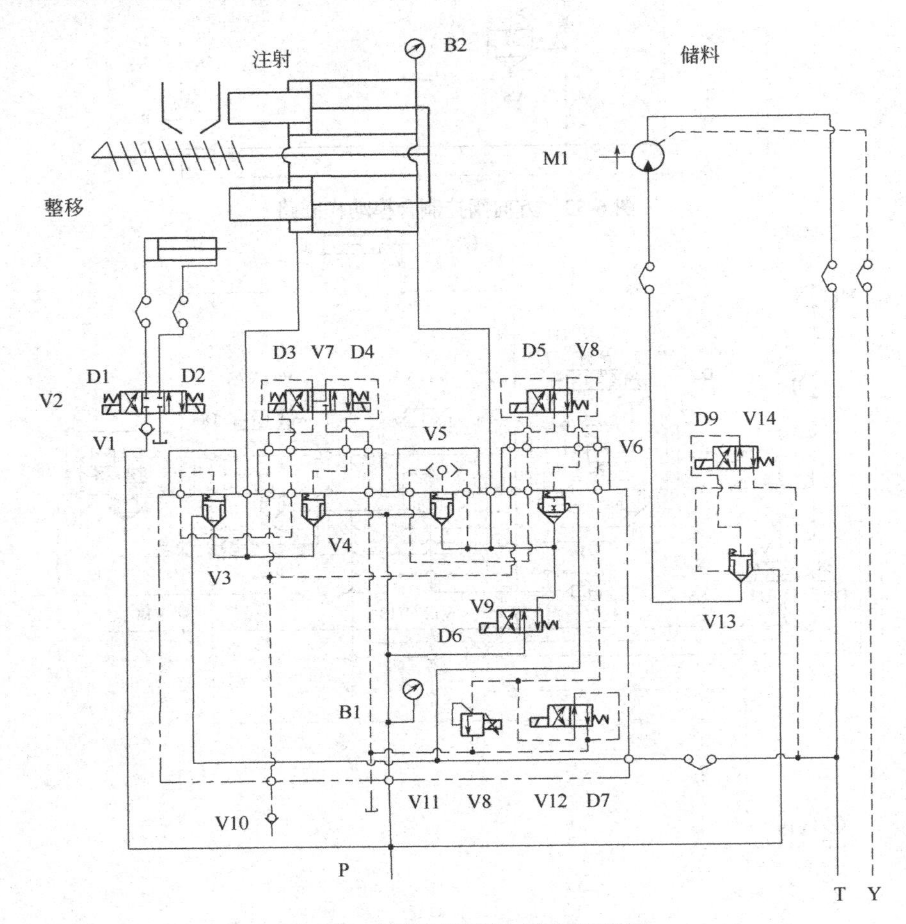

图 6-56 插装阀控制注射/预塑回路

6.3 电气控制系统的维修

6.3.1 注塑机电控系统的组成与类型

（1）注塑机电控系统的组成

如图6-57所示，注塑机电气控制系统是一套以控制器为控制核心，由各种电器、电子元件、仪表、加热器、传感器等组成，与液压系统配合，正确实现注塑机的压力、温度、速度、时间等各工艺过程以及调模、手动、半自动、全自动等各程序动作的系统。

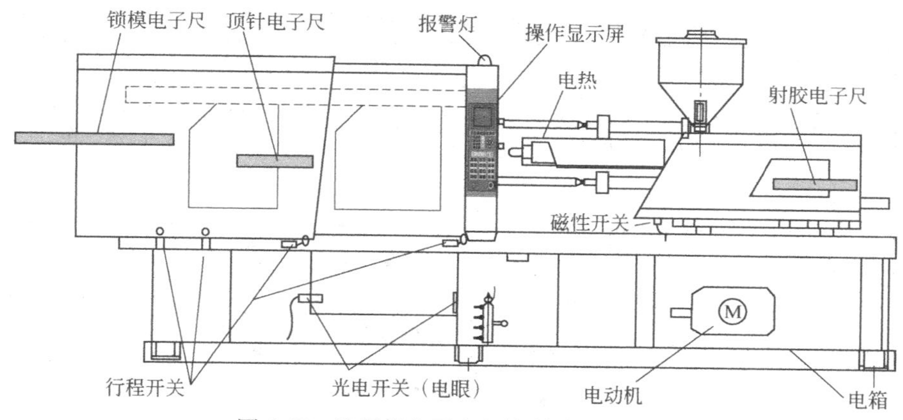

图6-57 注塑机主要电气控制系统示意图

（2）注塑机电控系统的类型

常用的注塑机控制系统有四种，即传统继电器型、单板机控制型、可编程控制器（PLC）型和微电脑PC机控制（电脑控制）型。随着技术的发展，继电器型控制系统逐步被PLC型和微机控制型所取代。

（3）注塑机电控系统的组成

① 检测系统电器：行程开关、接近开关、位移及速度传感器、光电开关、热电偶、压力传感器、压力继电器、应力传感器，如图6-58所示。

图6-58 电控系统元器件

② 执行系统电器：电磁阀线圈、加热线圈、电动机、接触器、报警灯、蜂鸣器。

③ 逻辑判断及指令形成系统电器：各类通用或者专用控制器、显示器、继电器、按钮、拨码开关、电源器。

④ 其他电气系统主要电器：刀闸开关、空气开关、低压断路器、快速熔断器、变压器、导线、电阻、电容、过渡电器、冷却风扇、电流表。

6.3.2 电控元器件的功能符号

（1）常用电控元器件功能符号

注塑机电控元器件功能符号，如表 6-19 所示。

表 6-19 注塑机电控元器件功能符号

说明	符号	说明	符号	说明	符号	说明	符号
导线连接		电热偶	HTR	带熔断器开关	FU	得电延迟时间继电器	TR
连接点		闪光灯	LT	开关电源	PS	失电延迟时间继电器	TR
端子		保护接地		固态继电器	SSR	电磁阀	D
端子板	TB 1 2 3 4	接框架		热电偶	T/C	常开解头	
导体		插头插座		接近开关（常开接点三线）	PRS	常闭解头	
单元框架		突波吸收器		接近开关（常闭接点，三线）	PRS	闭合时延迟常开触头	TR
备注		限位开关（常开接点）	LS	压力开关（常开接点）	LS	闭合时延迟常闭触头	TR
接地		限位开关（常闭接点）	LS	压力开关（常闭接点）	LS	重闭时延迟常开触头	TR
重闭时延迟常闭触头	TR	紧急停止开关（常开接点）	ENG	压力开关（常开接点）	LS		
热过载继电器常开触头	DL	紧急停止开关（常闭接点）	ENG	钥匙开关（常闭接点）	LS		
热过载继电器常闭触头	DL	接触器	M	继电器、接触器	CR.M		
两个独立绕组的变压器		三极开关（带隔离功能）	DISC	热过载继电器	OL		
三相电动机	M 3~	三相断路器	DISC	位置尺	POT 1 2 3		
风扇	FAN	熔断器	FU	热敏开关	θ		

（2）常用电控元器件代号

注塑机常用电器元件代号，如表 6-20 所示。

表 6-20 注塑机常用元件代号

代号	名称	代号	名称
TB1	接线座	LS19	压力继电器
DISC1	三相断路器	POT1	电子尺
DISC2	小型断路器	POT2	电子尺
DISC3	小型断路器	POT3	电子尺
DISC4	小型断路器	EMG1	紧急停止按钮
DISC11	小型断路器	EMG2	紧急停止按钮
DISC12-15	小型断路器	HTR11	电热圈 $\phi 60\times 30$
M1	接触器	HTR12	电热圈 $\phi 120\times 50$
CR3	继电器	HTR21	电热圈 $\phi 120\times 50$
T1	变压器	HTR22-53	电热圈 $\phi 120\times 50$
FU1-FU5	保险丝	T/C1	小型热电偶
SSR1-5	固态继电器	T/C2	热电偶
PS1	开关电源	T/C3	热电偶
PS2	开关电源	T/C4	热电偶
EX37H	32 点数字量输入板	T/C5	热电偶
VIO32C	32 点输出板	T/C0	热电偶
PRS1	近接开关	FAN1-2	电风扇
PRS2、3	近接开关	RECP1	插头插座
LS3	行程开关	RECP2、3	插头插座
LS4-7	行程开关	A1、A2	电流表
LS18	液位计	Z1、2	突波吸收器

6.3.3 注塑机电气故障查找方法

当注塑机控制电路发生故障时，首先要问、看、听、闻， 做到心中有数。所谓问，就是询问注塑机操作者或报告故障的人员故障发生时的现象情况，查询在故障发生前有否做过任何调整或更换元件工作；所谓看，就是观察每一个零件是否正常工作，看控制电路的各种信号指示是否正确，看电气元件外观颜色是否改变等；所谓听，就是听电路工作时是否有异声；所谓闻，就是闻电路元件是否有异味。

在完成上述工作后，便可采用表 6-21 所列方法查找电气控制电路的故障。

表 6-21 注塑机电气故障查找方法

方法	说明
程序检查法	注塑机是按一定程序运行的，每次运行都要经过合模、座进、注射、冷却、熔胶、射退、座退、开模、顶出及出入芯的循环过程，其中每一步称为一个工作环节，实现每一个工作环节，都有一个独立的控制电路。程序检查法就是确认故障具体出现在哪个控制环节上，这样排除故障的方向就明确了，有了针对性对排除故障很重要。这种方法不仅适用于有触点的电气控制系统，也适用于无触点控制系统，如 PC 控制系统或单片机控制系统
静态电阻测量法	静态电阻法就是在断电情况下，用万用表测量电路的电阻值是否正常，因为任何一个电子元件都是一个 PN 结构成的，它的正反向电阻值是不同的，任何一个电气元件也都是有一定阻值，连接着电气元件的线路或开关，电阻值不是等于零就是无穷大，因而测量它们的电阻值大小是否符合规定要求就可以判断好坏。检查一个电子电路好坏有无故障也可用这个方法，而且比较安全。

续表

方法	说明
电位测量法	上述方法无法确定故障部位时，可在通电情况下进行测量各个电子或电气元器件的断电电位，因为在正常工作情况下，电流闭环电路上各点电位是一定的，所谓各点电位就是指电路元件上各个点对地的电位是不同的，而且有一定大小要求，电流从高电位流向低电位，顺电流方向去测量元器件上的电位大小应符合这个规律，所以用万用表去测量控制电路上有关点的电位是否符合规定值，就可判断故障所在点，然后再判断为何引起电流值变化，是电源不正确，还是电路有断路，还是元件损坏造成的
短路法	控制环节电路都是开关或继电器、接触器触点组合而成。当怀疑某个或某些触点有故障时，可以用导线把该触点短接，此时通电若故障消失，则证明判断正确，说明该电气元件已坏。但是要牢记，当发现故障点做完试验后应立即拆除短接线，不允许用短接线代替开关或开关触点。短路法主要用来查找电气逻辑关系电路的断点，当然有时测量电子电路故障也可用此法
断路法	控制电路还可能出现一些特殊故障，这说明电路中某些触点被短接了，查找这类故障的最好办法是断路法，就是把怀疑产生故障的触点断开，如果故障消失了，说明判断正确。断路法主要用于“与”逻辑关系的故障点
替代法	根据上述方法，发现故障出于某点或某块电路板，此时可把认为有问题的元件或电路板取下，用新的或确认无故障的元件或电路板代替，如果故障消失则认为判断正确；反之则需要继续查找。往往维修人员对易损的元器件或重要的电子板都备有备用件，一旦有故障马上换上一块就解决了问题，故障件带回来再慢慢查找修复，这也是快速排除故障方法之一
经验排故法	为了能够做到迅速排故，除了不断总结自己的实践经验，还要不断学习别人的实践经验。往往这些经验可以使维修人员快速排除故障，减少事故和损失。当然严格来说应该杜绝注塑机事故，这是维修人员应有的职责。查找注塑机电气系统故障方法除上述几种外，还有许多其他办法，不管用什么方法，维修工作者必须要弄懂注塑机的基本原理和结构，才能维修好注塑机。
电气系统排故基本思路	电气控制系统有时故障比较复杂加上现在注塑机都是微机控制，软硬件交叉在一起，遇到故障首先不要紧张，排故时坚持：先易后难、先外后内、综合考虑、有所联想 注塑机运行中比较多的故障是开关接点接触不良引起的故障，所以判断故障时应根据故障及柜内指示灯显示的情况，先对外部线路、电源部分进行检查，即门触点、安全回路、交直流电源等，只要熟悉电路，顺藤摸瓜很快即可解决 有些故障不像继电器线路那么简单直观，PC 注塑机的许多保护环节都是隐含在它的软硬件系统中，其故障和原因正如结果和条件是严格对应的，找故障时秩序对它们之间的关系进行联想和猜测，逐一排除疑点直至排除故障
测试接触不良的方法	① 在控制柜电源进线板上通常接有电压表，观察运行中的电压，若某项电压偏低或波动较大，该项可能就有虚接部位 ② 用点温计测试每个连接处的温度，找出发热部位，打磨接触面，拧紧螺钉 ③ 用低压大电流测试虚接部位，将总电源断开，再将进入控制柜的电源断开，装一套电流发生器，用 10mm^2 铜芯电线临时搭接在接触面的两端，调压器慢慢升压，短路电流达到 50A 时，记录输入电压值。按上述方法对每个连接处都测一次，记录每个接点电压值，哪一处电压高，就是接触不良

6.3.4 海天牌微注塑机电控系统维修示例

（1）操作面板及电控系统（见图 6-59）

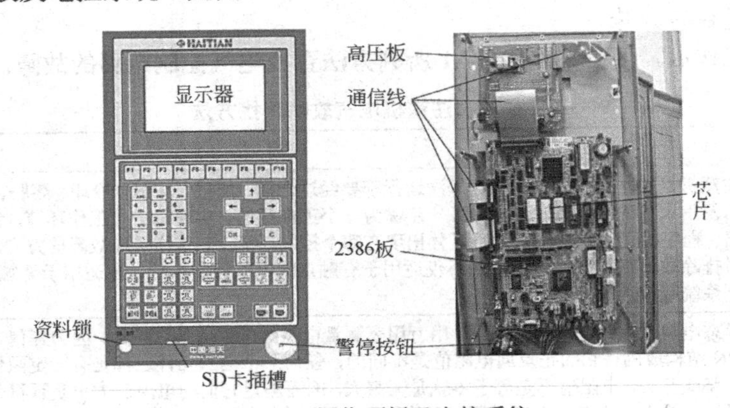

图 6-59 操作面板及电控系统

（2）现场维修判断流程（见图6-60）

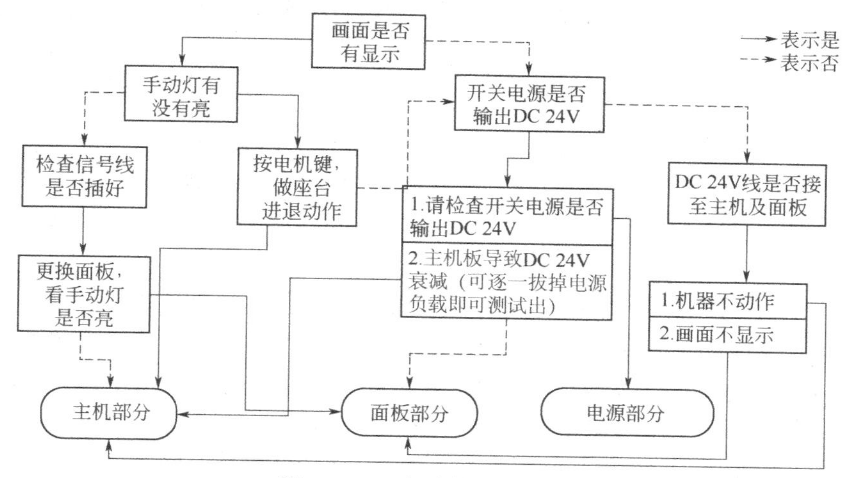

图6-60 现场维修判断流程

（3）机器动作判断步骤

① 按下座台进，查面板信息[（动作压力：xxx，动作流量：xxx）面板（信息）…→主机（信息）…→面板]。

② 查电流表，应按照压力、流量设定值有对应的电流。

③ 方向阀灯是否输出？

注意：若主机板上的绿灯未闪烁，则面板与主机器无通信，机器不做任何动作。

（4）主机部分——CPU的检测（见图6-61）

（5）主机部分——输出\入检测（见图6-62）

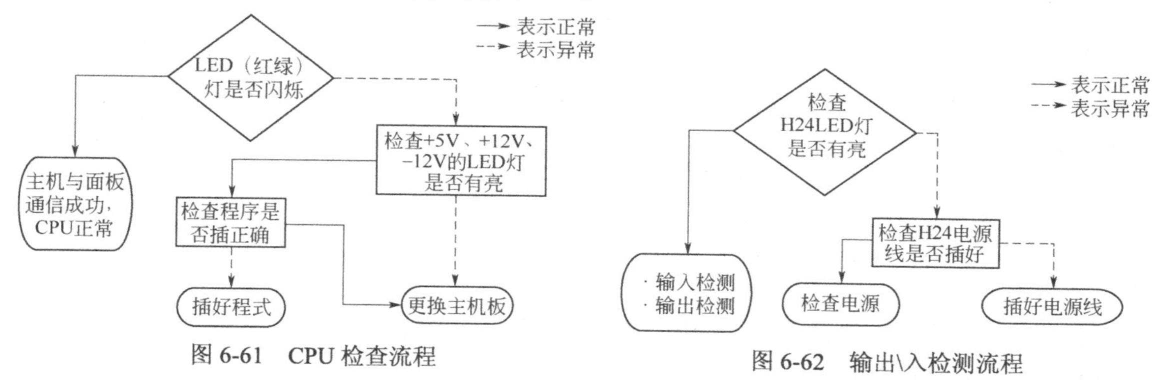

（6）输出/入——输入检测（见图6-63）

① 确认控制器输入信号。红灯亮代表有输入信号；灰灯代表无输出信号。

② 确认INPUT点是否坏掉：将故障的输入电线拆掉。将故障点与HCOM短路（拿一条导线接即可），若一直显示1或0，则代表此点损坏。短路会显示1，放开会显示0，即正常。

③ 故障解决方法：利用PB点对调方式，将坏的PB点与良好的点对调。利用设定PB画面，输入“原设定点：07”，薪设定点：20（假如要换到PB20），再输入确认即可（原PB07的接线点，亦要换到PB200）。

（7）输出/入——输出检测二（见图6-64）

① 可利用此检测画面（PC）来查看输出。如将光标移到01关模，再按“OK”键，这时01关模输出板会亮灯，表示正常。

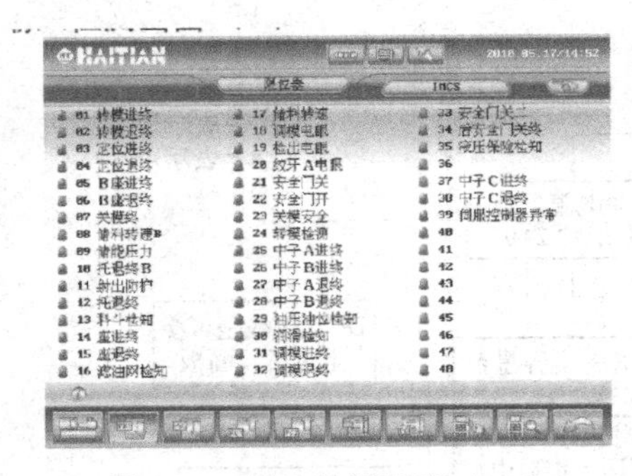

图 6-63 输入检测界面（PB）

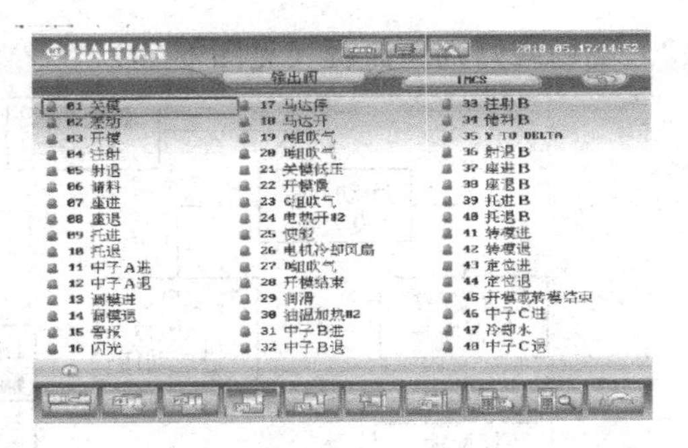

图 6-64 输出检测界面（PC）

② 确认是否 OUTPUT 点坏掉：将故障的输入点（01 关模）线拆下。按照上述方式输出，若输出板（01 关模）灯不亮，看看灯是否会亮，若仍然不亮，表示（01 关模）损坏。如果画面（01 关模）显示为灰色等，主机 LED 灯却亮，表示此点损坏。

③ 故障解决方法：利用 PC 点对调方式，将坏的 PC 点与良好的对调。利用设 PC 画面，假如输入“原设定点：01”，新设定点：20（假如要换到 PC20），再输入确认即可（原 PC01 的接线点，亦要换到 PC20）。

（8）温度不显示或显示为零时的检测

① 以万用表 RX10K 挡检测所有 AC/DC 电源与机台的阻抗（应在 1MΩ以上）。

② 将感温线拆除，以短路代替感温线，如显示室内温度则表示电路板一切正常。

③ 若温度仍显示零，先更换感温线接线板（TMP EXT）。

④ 若仍显示为零，再更换主机（温控板）。

（9）无法加温时的检测（见图 6-65）

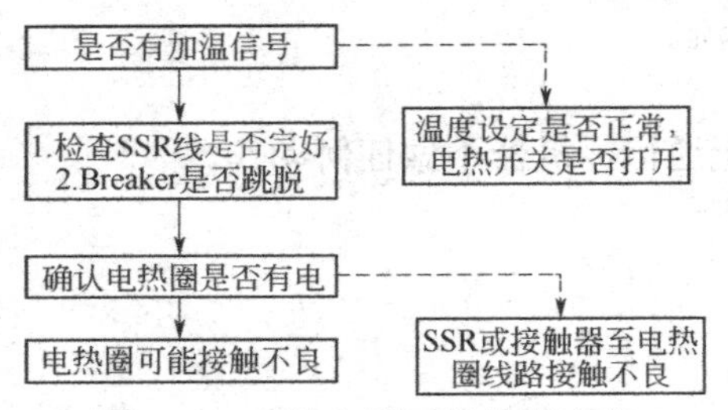

图 6-65 无法加温时的检测流程

（10）温度显示不正常飘动或跳动时的检测

① 确认机台是否已接地（至少需一铜柱块埋入地下 50cm）。

② 检查系统电源与机台是否短路。

③ 温度感应线需要接线良好。

④ 电热圈上的电压必须足够。

⑤ 系统电源是否已正确装上滤波器。

⑥ 若一切正常，则应更换感温线输入板或主机板。

（11）温度特殊显示时的维修（见表 6-22）

表 6-22 温度特殊显示时的处理方式

显示状况	处理方式
777 970	① 应为小变压器 T1015 未接入温度板 ② 检查 T1015 插座是否正常 ③ 以上若无法排除故障，应更换主机板（温度板）
888 988	① 感温线正负是否接反 ② 感温线是否断掉 ③ 以上若无法排除故障，应更换感应线输入板
999 990	① 标示超过了感温线许可的最高温度（449℃） ② 感温线的连接电线是否接好 ③ 电热圈线路是否正常

（12）温度偏高或偏低时的维修

当某段温度偏高或偏低时，应确认以下情况：

① 偏高，电热圈（HEATER）持续有电时，偏低，电热圈（HEATER）持续无电时，检查SSR或热继电器。

② 温度偏高或偏低，电热圈（Heater）送电正常时更换感温线。若检查结果皆正常，可能是主机板控制加温部分损坏。

③ 当温度持续偏高，有可能是螺杆与料筒摩擦所造成的自然升温。

④ 当温度持续偏低，有可能是原料与料筒问题，可以更换电热圈测试。

（13）面板无画面时的检测（见图6-66）

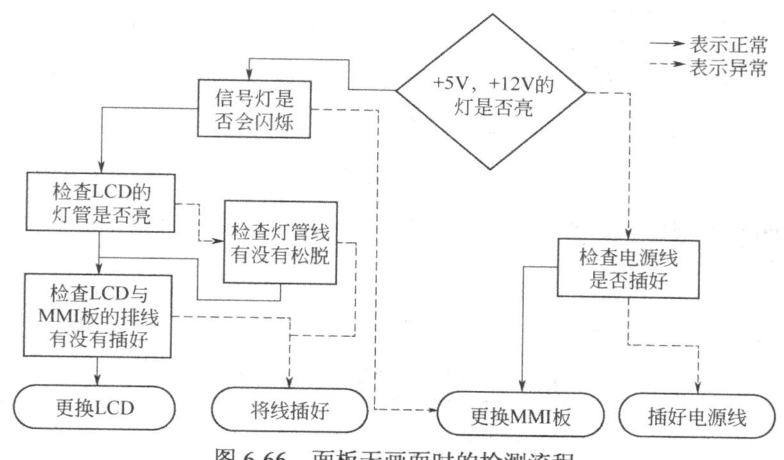

图6-66 面板无画面时的检测流程

（14）面板按键不动作的维修

① 检查MMI板到Keyboard板的2条排线是否插好。

② 检查面板锁的开关是否打开或电线是否断裂。

③ 更换MMI板。

④ 更换Keyboard板。

（15）面板画面不正常的维修

① 检查MMI板到LCD的排线有没有插好。

② 检查程序是否插反或差错。

③ 更换LCD。

④ 更换MMI板。

（16）面板亮度不足时的维修

① 检查灯管是否有亮。

② 调整MMI板的可调电阻。

③ 将MMI板上的51Ω或39Ω接地电阻直接短路（原本接电阻是限制灯管电流，如果直接短路，则灯管是全电流，对灯管会比较容易损耗）。

（17）面板资料无法储存时的维修

① 资料设定后是否有按输入键。

② 检查电池是否漏液。

③ 测量面板CPU上的电池是否有3.5V以上，且关机时候时是否会立刻逐渐降低电压，如果是则应更换电池或面板。

（18）电源器检查（见图 6-67）

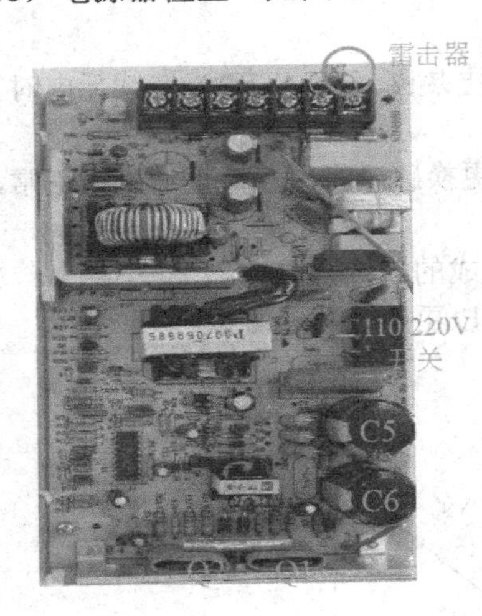

① 先将电源器输出端 DC24V 的线卸下。

② 确认电源器手动开关。

③ 输入电源确认。

④ 绿灯需亮起并有 DC 24V

⑤ 为防止雷击时的干扰影响系统动作，请于 AC 输入部分加装雷击器。

图 6-67 电源器检查

6.3.5 海天牌注塑机维修答疑

表 6-23 所列方法中所述的海天牌注塑机，问题①～⑨针对的是采用台湾弘讯电脑芯片的机器，问题⑩～⑭为采用日本富士（Fiji）芯片的机器。

表 6-23 海天牌注塑机维修答疑

序号	问题	方法与步骤
1	如何利用检测画面，检查行程开关（PB 部分）？	答：当某个输入限位开关失效时，可以在 PB 输入端，用导线直接短路 PBX 与 HCOM。在检测画面看 PBX 点是否有显示（该点变亮），如果该点变亮，则电脑部分正常，而是外部线路故障（断路）或该行程开关有问题；如果不变亮，即问题出在电脑本身 解决办法：可以利用更换输入点的方法，把故障点更换到空余的输入点上，或更换 I/O 板
2	如何利用检测画面检查输出（PC）点？	答：当某个动作不能做，而压力流量正常时，可以利用检测画面，强制输出，即在输出检测画面把某一输出点确认输出（点亮），看 I/O 板上此点指示灯是否亮，或此点与 H24 之间有无 24V 输出。如强制输出时有 24V，则电脑正常，而是外部线路故障或方向阀故障；如无 24V 确认此点已坏，也可以通过更换输出点的方法，把此点更换到空余的输出点上，或更换输出板
3	如何判断开关电源故障？如何维修开关电源简单故障？	答：如果发现开关电源不输出，一般检查以下几个方面： a. 检查输入电压（220V 或 110V）是否正常，如输入电压不对（超过额定电压 15%）则易引起电源损坏。注意 220V/110V 转换开关的位置 b. 取消电源负载，看能否输出+24V，此开关电源有短路保护功能，如负载短路，则自动保护。查找并解除负载短路 c. 看内部保险丝是否有损坏，或保护用的压敏电阻是否有裂开。可以暂时取消压敏电阻 如以上都正常，还不能正常工作，则需要更换开关电源
4	如无压力有流量或有压力无流量（控制器输出电流），应如何检查？	答：a. 查线路有无断路 b. 检查比例阀电源 24V（或 38V）是否有输出 c. 更换输出功率管，确认是否为功率管故障 d. 更换 D/A 板
5	压力流量电流不够大（控制器输出电流），应如何检查？	答：a. 测定比例阀阻抗大小，比例压力阀一般为 10Ω，比例流量阀一般为 40Ω 左右，测定电流电压（24V 或 38V）计算最大值 b. 调节电位器电阻 c. 更换 D/A 板

续表

序号	问题	方法与步骤
6	如果温度实际值显示为零，应如何检查？	答：a．控制器工作不正常 b．检查各电源与机壳之间有无漏电 c．感温线正负两两短路，看温度是否显示，检查感温线
7	控制器使用K型热电偶，现实测TR1+，TR1−电压为7.2MV，室内温度为28℃，如何计算应该显示的温度？	答：显示温度=7.2×25+28=208（℃）。显示温度与实际值有偏差（偏高、偏低） 原因：a．热电偶或控制器故障； b．原料和螺杆剪切引起的。 以上情况可通过万用表测定，热电偶电压来判断显示值是否正确。如果显示值正确，则由原因b引起。如果显示值与电压值不符，则由原因a引起
8	温度显示值在较大范围内跳动应如何处理？	答：a．干扰，系统没有接地 b．某段跳动，热电偶引起 c．电脑板本身故障，更换D/A板
9	料筒不加温应如何处理？	答：a．控制器无输出，检查控制器 b．加热线路有短路，检查线路 c．加热圈故障
10	为什么导致警报发生的原因消除后，屏幕上警报栏中还是有警报显示？	答：警报发生后，首先要按“取消”键清除警报，然后再排除警报发生原因
11	日本Fuji控制器程序是如何实现对中子的保护的？	答：日本Fuji控制器程序在设计时从保护用户模具的角度出发，对模具保护设计了周密的方案。详细如下： a．合模过程中检测中子是否到位，如果没有到位，立即停止合模动作 b．开模过程中检测中子是否到位，如果没有到位，立即停止开模动作 c．顶针前进中检测中子是否到位，如果没有到位，停止顶针前进动作 所谓的“中子是否到位”，就是中子是否进终或者退终。举例如下：如果设定中子进位置为300，中子退位置为250，此时实际动模板位置为270。此时合模，程序会自动判断中子是否进终，如果中子没有进终，则不允许合模。如果此时开模，程序会判断中子是否退终，如果中子没有退终，则不允许开模。如果设定中子进位置为200，中子退位置为300，如果此时动模板位置为250。此时合模，则会判断中子是否退终，如果中子没有退终，则不允许合模。如果此时开模，则会判断此时中子是否进终，如果没有，则不允许开模。 d．中子有两种控制方式：分别为“行程”和“时间”。对于行程控制方式：中子进终或退终，是以中子进终或者中子退终信号是否有输入来进行确认。如果中子进终信号在合模过程中没有检测到，则立即停止合模动作。对于时间控制方式：中子进终或退终，是以中子进或者中子退动作时间是否完成来确认。如果中子进动作时间完成，程序则认为中子进已经结束，但是如果此时按“中子退”键使控制中子后退的阀门有信号输出，则程序认为中子进没有结束。如果此时重新启动控制系统，程序也认为中子进没有结束。
12	电眼全自动，制品检测信号有输入，但是还是会出现“制品检出故障”警报？	答：电眼自动时，如果在循环间隔时间内，控制器没有检测到“制品检测信号”有输入，则会产生报警。此时，可以根据实际生产需要加大此间隔时间。此间隔时间设定在“时间/计数”画面
13	为什么无法进入输出测试画面？	答：输出测试画面只有在手动及电热关闭的状态下才能进入
14	HPC01电脑所有温度都显示50℃左右？	答：如果I/O板电热部分无烧伤痕迹，可能原因是位置尺连线的屏蔽层破损与信号线接触造成I/O板接地信号干扰，从而引起电热不正常

参考文献

[1] 刘朝福编著. 注塑成型实用手册. 北京：化学工业出版社，2013.

[2] 李忠文，陈巨等编著. 注塑机操作与调校实用教程. 北京：化学工业出版社，2014.

[3] 郗志刚，张鹏，刘朝福等主编. 液压与气压传动. 成都：西南交通大学出版社，2014.

[4] 《就业金钥匙》编委会. 注塑机操作工上岗一路通. 北京：化学工业出版社，2013.

[5] 李忠文，朱国宪，年立官等编著. 注塑机维修实用教程. 北京：化学工业出版社，2013.

[6] 李忠文等著. 精密注塑工艺与产品缺陷解决方案100例. 北京：化学工业出版社，2009.

[7] 刘来英编. 注塑成型工艺. 北京：机械工业出版社，2005.

[8] 李忠文，陈巨等著. 注塑机操作与调校实用教程. 北京：化学工业出版社，2007.

[9] 崔继耀，崔连成，梁敢贤等著. 注塑生产：质量与成本管理. 北京：国防工业出版社，2008.

[10] 杨卫民，高世权等著. 注塑机使用与维修手册. 北京：机械工业出版社，2007.

[11] 蔡恒志等著. 注塑制品成型缺陷图集. 北京：化学工业出版社，2011.

[12] 刘朝福主编. 注塑模具设计师速查手册. 北京：化学工业出版社，2010.

[13] 李力等. 塑料成型模具设计与制造. 北京：国防工业出版社，2007.

[14] 叶久新,王群主编. 塑料成型工艺及模具设计. 北京：机械工艺出版社 2009.

[15] 懿卿. 多级注射成型工艺的设计. 工程塑料应用，2006，34（9）.